雾霾时代，我们该如何养生?

靠物不如靠人，靠人不如靠己，

强身才是王道

雾霾时代的养生密码

康建[illegible]

中国青年出版社

（京）新登字 083 号

图书在版编目（CIP）数据
雾霾时代的养生密码 / 康建中著 . --
北京 : 中国青年出版社 ,2015.10
ISBN 978-7-5153-3901-6

Ⅰ . ①雾… Ⅱ . ①康… Ⅲ . ①空气污染—影响—健康—基本知识
②养生（中医）—基本知识 Ⅳ . ① X510.31 ② R212

中国版本图书馆 CIP 数据核字 (2015) 第 243607 号

责任编辑：孙梦云
书籍设计：后声・王国鹏　叶子秋

中国青年出版社出版发行
社址：北京东四 12 条 21 号
邮政编码：100708
网址：www.cyp.com.cn
编辑部电话：（010）57350505
门市部电话：（010）57350370
北京科信印刷有限公司印刷　新华书店经销

710mm × 1000mm　1/16　18.5 印张　242 千字
2015 年 11 月北京第 1 版　2015 年 11 月北京第 1 次印刷
印数：0001—7000 册
定价：35.00 元

序　传统文化遇上雾霾

麻将文化在中国源远流长，很多人乐于此种娱乐方式（非赌博）。小麻将，大人生。麻将桌上体现着生活智慧。比如，听牌的时候最容易点炮。凡事皆如此，关键的几步，走得好一帆风顺，稍有不慎则提前出局。再如，摸牌、吃牌遵循一定的顺序，体现人与人之间的合作；碰和杠则是打破规则，反映个体的能量，就像原子核的聚变。顺子居多，纵向发展能和牌；碰牌居多，横向发展也能和牌；即使13张牌完全不相关（十三幺），也能成功。

麻将的规则多种多样，但很多地方都有一个共同的打法：258将。我们知道，麻将要和牌的话，必须有两张单独并且是牌点、花色相同的牌，这两张牌被称为将。258将则是指牌点为2、5、8的万、筒、条才能作为将牌。之所以规定258将，显然是为了增加打牌的难度，牌点为2、5、8的万、筒、条使用频率高，凑出将牌也就不容易。

2、5、8这三个数字不仅在麻将中蕴含了更多排列组合的可能性，而且也是中国传统文化的精髓和高度概括，是东方民族最朴素的世界观和万金油似的方法论。

2是阴阳。它是人类对自然界的一种最基本的认识，渗透到哲学、医学、建筑、天文、地理等领域，乃至生活的方方面面。凡事都是运动变化的，也是对立统一的。有白天，就有黑夜；有男，就有女；有积极，就有消极。并且，阴阳不是绝对的对立，而是纠结在一起，相互影响，相互转化。

5是五行，即木、火、土、金、水，用这五个元素来演绎说明更复杂的事物发展规律以及相互之间的关系。五行来自阴阳。当阴阳本身再作两分，就出现了四季、四方等，再加上那个非阴非阳的中间状态，就构成了五行。五行不是封建迷信，它是认识并解释世界的一种方式。

8则是八卦。八卦同样起于阴阳。对阴阳作两次两分，就出现了八卦；或者说，天、地、人这三元关系中，每个元素都有阴阳两种状态，它们有八种不同的排列方式，即八卦。前者解释了八卦如何出现，后者解释了三爻构成不同卦象的成因。八卦不光用于占卜、预测等，而且渗透到医学、军事、建筑、管理等很多的领域。

除这三个外，还有一个非常重要的数字——12。它代表着12月、12时辰、12星座、12生肖、12经脉等。12的出现，在天文学上与地球绕日一周、月球绕地一周的时间差相关。而实际上，它依然是2的变数，反映的是天、地、人三者在四种不同的阴阳状态中的发展变化。

有人会说，2、5、8所代表的传统文化离现代人太远，对现实生活没有什么指导意义。也有人说，阴阳、五行、八卦这些东西根本没什么用，纯属文化糟粕。

其实，对自己不熟悉的领域，不必急于下结论。传统的东西究竟是精华还是糟粕，自然是交由时间来验证的。一种古老的理论和方法，能否穿越历史长河仍熠熠生辉，自然要看它对21世纪现代人的生活产生什么样的影响。

凡是两元关系，皆遵循阴阳的对立统一规律。如果一方过于强大，平衡就会被打破。比如人和自然的关系，中国古代所倡导的“天人合一”，正是两者之间的和谐相处，凡事遵循自然规律。日出而作、日落而息是和谐的生活方式，饮食有节制、天冷多穿衣是科学的行为模式。但我们看到的却是，经常熬夜，暴饮暴食，要风度不要温度，结果落得一身的毛病，正应了那句话："不作死就不会死（NO ZUO NO DIE）"。

很多人信奉"人定胜天"，于是就有了GDP连续几十年的高增长，过分开采资源，过分依靠人口红利，不考虑环境污染，也不考虑幸福指数。当一大堆问题出现的时候，不得不为历史买单。可喜的是，政府决策者们已经认识到其严重性，提出科学发展观，并致力于社会和谐，当然也包括人与自然的和谐相处。

小的家庭关系也是如此。在女强人的家庭模式中，单位女领导延伸到家里的女汉子、绝对权威，习惯于动口不动手；而男方不得不承担更多传统意义上的照顾家庭的责任。这种阴阳错位，再加上双方缺少有效的沟通方式，纠纷、暴力、红杏出墙等不好的结局就容易出现。

在多元关系中，五行的相生相克则具有普遍性。木、火、土、金、水构成一个循环，相互制约、相互影响，形成一种相对稳定的结构。自然生态如此，食物链上的各物种达到一种平衡，捕杀狼、麻雀等则打破生态平衡，带来新的问题，大家都知道这方面的教训。社会生态也如此，从一国领导人到官吏，再到平民百姓，一级一级的管理、制约；反过来，最底层的老百姓又影响、制约着最高的领导人，正是唐太宗念念不忘的那句名言"水能载舟，亦能覆舟"。

很多娱乐游戏也折射出五行规律的光辉。比如前面提到的麻将，"十三幺"本来是一把最烂的牌，但却能创造出异乎寻常的成功。比如象棋，卒子原本是最小的，但过河之后，威力无边。

家庭关系也是如此。在很多现代家庭中，往往是关起门来妻子最厉害，丈夫怕老婆，四川话叫"粑耳朵"。那丈夫有没有克制老婆的秘密武器呢？有，那就是家里的孩子。中国传统家庭大多是父严母慈，母亲疼孩子，孩子怕父亲。孩子不仅是家庭的情感黏合剂，而且是实现反向制约、让夫妻关系更稳定的关键因素。而这正是五行理论所揭示的，木克土，土生金，金又克木，三者之间达成一种和谐又稳定的平衡关系。

阴阳五行理论确实具有很强的普适性，能解释很多现象，也为很多难题指出了破解之道。但问题是，阴阳五行理论形成的年代非常久远，那时候，没有 PM2.5，也没有 H7N9、非典、癌症、艾滋病等现代病菌和疾病，当然也没有 CT、B 超、放疗、化疗等现代化的治疗手段。

可以说，“老革命遇上新问题”。阴阳五行确实是流传千年的法宝，但面对汽车尾气、PM2.5 这些老祖宗闻所未闻的新生事物的时候，它还起作用吗？能不能因时制宜地提出有效的应对之策？

《黄帝内经》这本中医学的皇皇巨著，两千多年来，一直被渴望健康、长寿的人们奉为圭臬。在这本巨著中，有“食饮有节，起居有常，不妄作劳”这样的长寿秘籍，也有“不知持满，不时御神，务快其心，逆于生乐”的反面案例；有“不治已病治未病”的谆谆教导，有“正气内存，邪不可干”的方向指引，也有“虚邪贼风，避之有时，恬淡虚无，真气从之，精神内守，病安从来”的养生哲理。

可问题是，面对 PM2.5 这个新型的健康杀手，传统中医还管用吗？还能如屠龙刀般锋利，屡试不爽吗？古老的《黄帝内经》穿越两千年的沧桑，依然能顺应时代潮流，为我们送上防霾养生的健康宝典吗？

当您翻开本书的时候，就开启了一段新时代的养生之旅。

目录

第一章　雾霾与五行

从 APEC 蓝到约谈蓝、阅兵蓝，各种与蓝天有关的新名词越多，越表明其稀缺性和人们的渴望，也反衬出空气污染的普遍性。与之相伴，雾霾、PM2.5、汽车尾气等专业名词，也“飞入寻常百姓家”，成为人们生活的一部分。

雾霾是什么？ PM2.5 又是什么？它们从哪里来？到哪里去？究竟该如何治理？这些问题，相信读者或多或少知道一些答案。笔者也不想复述一遍，或重新整理，而是希望换个视角，提供给读者一条非同寻常的分析思路。

阴阳五行，这个中国最传统的学术理论和思维模式，从自然规则到社会人文，从生辰八字、建筑布局到制度变迁、新旧更迭，包罗万象，鲜有败绩。这一次，用它来解释新生的雾霾天气，以及“舶来品”的 PM2.5，还能无往而不利吗？两个看起来风马牛不相及的事物，又将碰撞出什么样的智慧火花？

此雾非彼雾

黄山以云雾闻名天下。天气好的时候，看远处云海，奇特壮观，如梦如幻，不经意间，几缕云雾随风飘过近处山峰，让人感觉如临仙境。

一时间，感慨万千，赞天地自然之灵妙壮美，悟人生万物之多姿善变。碰上雨天，则美景皆失，只能低头看路，因为身处云雾中，前无游客，后无同伴，唯恐走错路。

从赞美、赞叹到懊恼、抱怨，从天晴心晴到迷失雨雾中，各种心态在黄山游中都曾遭遇到，并且笔者还因走错路无法乘坐缆车，不得不徒步三四个小时下山，在湿滑的山道上，可真是“一失足就成千古恨”。

一百个读者心中有一百个哈姆雷特，每个人对黄山的印象也不尽相同。对于黄山雾景的描写，建议大家读一下袁瑞良先生的《黄山雾赋》，文美景更美。

这里提到黄山雾，其实是想跟北京的雾作对比。两者是同样的天气现象，在黄山与云雾亲密接触，在北京却是口罩、空气净化器等十八般武器全上阵，唯恐避之而不及。这又是为什么呢？

显然，此雾非彼雾。两者的形成都需要有水汽、低温和凝结核三个必要因素，但水汽附着的凝结核却是不同的，黄山雾的凝结核可能是水滴、微尘等，但绝非空气污染物；在北京，雾的凝结核是细颗粒物，是PM2.5。

这就说到了PM2.5，这个最近两年才流行起来的洋名词。PM是英文颗粒物的首字母缩写，PM2.5指的是直径小于2.5微米的颗粒物。至于微米，则是米的百万分之一。

而颗粒物越小，危害越大。直径较大的颗粒物可以被鼻毛阻挡在外，可以通过痰液排出体外；但是，对于PM2.5来说，自身的生理构造和免疫系统都不起什么作用，它在呼吸道里畅通无阻，可以通过支气管进入肺泡，自然危害也就更大。

接下来，我们就重点看一下PM2.5。

PM2.5：半火半土

至于 PM2.5 从何而来，无外乎两个途径：一个是自然源，如火山爆发、森林大火、沙尘暴、地震等非人为原因导致大量颗粒物扩散到空气中；另一个是人为源，如化工、火电、水泥等重污染企业的排放物，汽车尾气，煤炭、秸秆等不完全燃烧，建筑物的拆除等，人为导致空气中的颗粒物增加。

显然，人为源是空气中颗粒物最重要的来源，应引起人们足够的重视。至于这些人为源如何转化为颗粒物，则有赖于两个外部条件：外力和高温燃烧。

先说外力。建筑物的拆除，是通过外力使颗粒物增加的典型案例。无论通过何种手段，建筑物瞬间坍塌，颗粒物漫天飞扬。再比如挖掘煤矿，由于开采改变了矿石的状态，同时煤粉尘会四处弥漫。

再说高温燃烧，人为形成的颗粒物大多来源于此。以火力发电厂为例，燃烧煤炭、石油、天然气等，把热能转化为电能。但与此同时也释放出二氧化硫、一氧化氮等有害气体，以及粉煤灰渣（其主要成分是二氧化硅、三氧化二铝、氧化铁、氧化钙、氧化镁及部分微量元素）。

汽车尾气则是汽油燃烧提供动力带来的副产品，其中的污染物有固体悬浮微粒、一氧化碳、二氧化碳、碳氢化合物、氮氧化合物、铅及硫氧化合物等。一辆轿车一年排出的有害废气比自身重量大 3 倍。英国空气洁净和环境保护协会曾发表研究报告称，与交通事故遇难者相比，英国每年死于空气污染的人要多出 10 倍。[1]

显然，从成因来看，PM2.5 分为两大类：一类是因外力由整化零形成的颗粒物，颗粒物大多是固体，所发生的变化属于物理变化；另一类

---

[1] 《全球空气污染触目惊心》，《人民日报（海外版）》2013 年 7 月 16 日。

则是由于燃烧而释放的颗粒物，多为气体，大多属于化学变化。

由物理变化而来的颗粒物，物质成分并没有发生变化，而原来的存在形式被细分了，比如扬尘、煤粉灰等。这一类PM2.5，跟五行中的土是相似的。化整为零跟运化万物具有相似性，尘土漫天飞扬、无所不在与土在五行中居中的位置十分相像。

由化学变化而来的颗粒物，是因为高温燃烧改变原来的物质成分，而形成新的物质，像二氧化硫、一氧化氮等。这一类PM2.5，跟五行中的火是相似的。《尚书·洪范》中记载，“火曰炎上”。意思是说，火具有炎热、向上的属性。显然，燃烧产生的那些颗粒物，也是具有这些属性的。既然因燃烧而得，这些颗粒物都是火的产物也就顺理成章。

那五行究竟是什么？各自有什么样的特性和关系？让我们从头说起。

五行是啥

五行就是人们常说的金、木、水、火、土五样东西。有人会说，这五样东西是按一定顺序排列的，上面的说法有问题。实则不然，五行一词最早出现在《尚书·洪范》，并没有一定的顺序。原文是这样的：“五行，一曰水、二曰火、三曰木、四曰金、五曰土。”后来，才慢慢衍生出相生、相克等关系。

五行最早被称为“五材”，即木、火、土、金、水五样东西，后来逐渐侧重于五者之间的关系和变化规律，行是发展变化之义。慢慢地，五行被抽象化，木、火、土、金、水不再是本来的含义，而只是五个符号，跟A、B、C、D、E没有区别，关键看它们之间的变化规律。

接下来，我们就简单介绍一下五行之间的四大类关系：

（一）相生

木、火、土、金、水就是五行相生的排列顺序，相邻两者之间就是相生的关系。木生火，来自人类早期钻木取火的生活经验；火生土，指的是只要温度足够高，所有东西最后都将变为灰烬，人也不例外，火葬和骨灰皆源于此；土生金，所有金属矿藏都是从土里开采出来的；金生水，含有金属成分的矿石具有非常好的导热性，它们在高山之上就变得极为寒凉，天空中的水蒸气遇到这些寒凉的东西就凝结为水，世界上所有大江大河的源头均在高山之上；水生木，则是一种生活常识，水不仅生木，还是生命起源必不可少的元素。

相生关系反映的是不同事物之间的和谐发展和积极促进作用，换个时髦的说法，是在传递正能量。

顺便提一下，很多人这样理解金生水：金属是固体的，高温冶炼后就变为液体，也就是水。这种说法是不恰当的，金属即使变为液体，它还是金属，也不是水。

（二）相克

在木、火、土、金、水构成的循环中，只要两者前后不相邻，中间隔着一个或两个元素，那两者就是相克的关系。以木为例，水、火与之相邻，所以是水生木、木生火；土、金与木前后不邻，木与土之间隔着火，木与金之间隔着火、土（金与木之间隔着水），所以木克土、金克木。

下面进行详细地说明：

木克土。我们知道抵御沙尘暴，防止水土流失、土壤沙化，最好的方法就是植树造林。另外，从属性看，自然界的风跟木是一样，都有不确定性，而遇到扬尘、雾霾天气的时候，加速空气流动无疑是缓解之道。

土克水。每次洪涝灾害的时候，加固堤坝都是防洪必做的功课。面对特大暴雨，考验的是一座城市的排水系统，所以排水系统也被称为“城市的良心”。而排水系统的核心就在地下，是在土里面做文章。

水克火。这是有着数千年历史的灭火法则。但需要思考的是，既然水克火，那杯水车薪又如何去解释？显然，相克关系也必须去考虑数量对比。

火克金。所有金属的东西，经过高温冶炼后，固体化为液体，有形化为无形。再锋利、再坚固的东西，都经不住火攻。

金克木。再坚硬的树木，都可以被金属制成的、锋利的砍伐工具所摧毁。在动画片《熊出没》中，伐木工光头强最常用的工具正是电锯。另外，如果一块土地中石头太多，或者含有金属矿石，就非常贫瘠，寸草不生。

五行相克，简单地说就是“爷爷克孙子”。但这种相克关系似乎不合常理，历史上也有不少人提出质疑。比如，明末的意大利传教士利玛窦在《乾坤体义》中质问道，“水既生木，而木生火，水乃祖，火乃孙，何祖如此不象？何其祖之如此不仁，恒欲灭孙也？”这又该如何去解释呢？

首先，相生相克不能望文生义。所谓相生，更侧重于两者之间的协调发展，母为子的成长提供积极的有利因素，而非两者类似血缘的传承关系。相克则是指两者之间的不和谐，爷爷制约了孙子的发展，不排除发生矛盾和冲突，而非爷爷要灭掉孙子。

其次，相生相克不遵循数学逻辑规则。逻辑学的三段论为，如果A大于B，B大于C，则A一定大于C。五行中的相生关系如果理解为产生、出生的话，由木生火、火生土得出木生土的结论也是没错的。但是，相生用来描述两者之间的融洽、促进关系，就不遵循上面的传导性。其中的道理也很简单，A和B关系非常好，是好朋友，B和C也是好朋友，但并不能保证A和C就一定能成为好朋友。

最后，隔代相克反映的其实是自然世界和人类社会的螺旋式发展规律。木生火，火生土，这种和谐的发展关系持续时间长了，土会寻求创新和变化，而木会制约这种创新，成为变化的阻力。现实生活中比较常见的，一个家族企业或一门祖传手艺，子承父业是容易的，但孙子愿不愿意接班，以及有没有能力接班就成为一个问题。所谓“富不过三代”，实际上出现衰败的苗头正是从第三代开始的。我们常听说过“隔辈亲”，爷爷对孙子会过分溺爱，单一的教育方式导致孙子的成长出问题，性格骄横、易走偏路。

另外，发展创新过程中所遇到的阻力，来自祖辈的往往是最大的。比如尧舜禹时代的禅让制，禹要改变这种制度，传位于自己的儿子启，作为禅让制创立者的尧虽已去世，但却是无形的、最大的阻力。再如，明朝最后一位皇帝崇祯，虽有心挽救如油灯将尽的大明朝，勤政、俭朴，却无力回天，而其根源正是他的爷爷万历，那位几十年不上朝的皇帝。《明史》中写道，“明之亡，实亡于神宗（即万历皇帝）。”

凡事都有两面性，既为后代开辟了大好局面，又为未来埋下绊脚石。而这就是自然世界和人类社会共同的规律，都不会一帆风顺，发展中都会遇到阻力，螺旋式前进。感兴趣的读者可以看一下《易经》中乾卦的爻辞，描述的就是螺旋式发展规律。

（三）相乘

在解释水克火的时候曾提到过，双方的数量对比也决定了相克关系。换言之，水克木描述的是双方数量均衡时的属性关系；而当双方数量悬殊时，结果就可能强化或者恰恰相反。

火苗刚刚出现的时候，原本只需一杯水就能浇灭，却动用消防车来灭火，完全是用牛刀宰鸡。当然，结果可谓万无一失。这种恃强凌弱的情况就被称为相乘。乘在这里是乘虚而入的意思。

相克也是一种平衡。可是，当相乘出现的时候，这种平衡就被打破：一方是大材小用，效率降低；另一方则是克制太过，无法正常发展。

读《三国》的人都熟悉水镜先生的那句话，“卧龙、凤雏，得其一可安天下。”凤雏指的就是庞统。当初，庞统投奔刘备的时候，有推荐信却不用，仅得县令一职。庞统终日饮酒，不理县政。后张飞视察时暴怒，庞统竟将积压几个月的事务在几小时内全部妥善处理。显然，大材小用是一种资源浪费，造成的后果则是效率低下，人才还怨气冲天。

子女教育也存在一个过犹不及的问题。很多父母或者祖辈对孩子可以说是谆谆教导，苦口婆心，唯恐小孩不听，就天天唠叨，像极了《大话西游》里的唐僧。面对父辈或祖辈的权威，有的小孩成为乖乖仔，懦弱、缺乏主见，20多岁从未碰过异性一根手指，更不懂得性为何物；有的小孩则进入叛逆期，性格乖张，胡作非为，用另一种方式证明自己的存在价值。

（四）相侮

杯水车薪反映的则是数量决定质量，本来水克火，但面对这滔天大火，一杯水根本就无济于事，只能是火反克于水。这种反克就被称为相侮，侮是欺侮的意思。

封建社会里，皇帝拥有至高无上的权力，但在一些特殊情况下，却是“虎落平阳被犬欺”。安史之乱爆发后，长安失陷，唐玄宗逃至马嵬驿，随行的士兵发动兵变，堂堂帝王竟连自己的爱妃也无法保护，不得不赐死杨贵妃以平息众怒。汉献帝的例子更加极端，名为皇帝，实则傀儡，从董卓到曹操，终其一生，一直是被权臣操控的棋子。

在历史上，相侮发生后，只要力量对比回到正常轨道，疯狂的报复和清算就会开始，我们不妨称之为“二把手不得好死”定律。诸葛亮之于刘禅，是鞠躬尽瘁的相父，但刘禅的想法却是复杂的。诸葛亮病逝后，刘禅坚决不同意为诸葛亮立祠纪念，直到29年后才在距成都千里之外的沔阳为其建庙。张居正之于万历，亦师亦父，变法新政为大明中兴点亮最后一丝微光。张居正去世后，新政措施大部分都被废止，张府被抄，长子被逼自尽，次子和三子被充军。多尔衮之于顺治，是皇叔父摄政王，不考虑与孝庄皇太后之间的绯闻，不管怎样，他都是大清入关、统一中国的奠基者。多尔衮死后，不光削爵抄家，而且是开棺鞭尸，砍掉脑袋，暴尸示众。可以想象，若不是反克的仇恨如此之深，断不会出现丧心病狂的清算。

五行理论该如何应用？特别是健康养生领域，存在哪些对应关系？这些我们将在下一章进行详细解答。下面，主要看一下五行的特性。

特性与克星

《尚书·洪范》中这样记载五行的特性："水曰润下，火曰炎上，木曰曲直，金曰从革，土曰稼穑。润下作咸，炎上作苦，曲直作酸，从革作辛，稼穑作甘。"

润下是滋润万物，向低处流的意思。总而言之，水具有滋润寒凉、性质柔顺、流动趋下的特性。进而引申为，水有寒凉、滋润、向下、闭藏、终结等特性。凡具有此类特性的事物和现象，均可属于水。"润下作咸"是指润下的味道能够变成咸的味道。润下在五行中属水，水为咸。

详细说来，水具有这样的特点：（1）承载性。一切液体循环都是以水为介质来完成的，带来新的物质，代谢掉废物。离开水，生命就不会存在；离开水，世界将不再干净。（2）平衡性。水平面是最平的，无论海底是高山还是深谷。水本身具备动态平衡的特性。当温度高时，它蒸发为水蒸气漂浮在空中，打破常规渠道（如河道、洋流等）完成跨区域的移动；当温度低时，表面的水会凝固成冰，隔开低温环境，保证水面下生物生存所适宜温度的环境。（3）传承性。在五行中，水是一个循环的结束，也是一个新循环的开始。水能滋润万物，水能孕育生命。所以，朱熹说，"问渠那得清如许？为有源头活水来。"

炎上，从字面看，是炎热、向上的意思。具体是指热情、热烈、外向，高昂、喜欢往上走，不喜欢往下行。“炎上作苦”是指火与苦味相对应。实际上，苦难是一所最好的成功大学。不经历风雨，又怎能见彩虹？没有人能随随便便成功。反过来，当一个人心高气傲、藐视一切的时候，吃点苦头、磨砺一下也并非坏事。

火的炎上可以这样理解：首先是身先士卒、冲锋陷阵。火是一位先锋官，自己必须能冲在第一线，起到很好的带头示范效应。其次，感动自己、感染别人。火的角色决定其必须有非常强的鼓动性，能鼓舞士气，振臂一呼，应者众，前赴后继。最后，不惧险阻，历久弥新。面对困难，火必须百折不弯，具有必胜的信心和不抛弃、不放弃的韧性，时时刻刻传递正能量，不达目的誓不罢休。

曲，弯曲、卷缩；直，伸展、伸直。凡具有生长、升发、伸展、舒展、扩展、能曲、能直等特征和作用趋势的事物和现象，归属于木。“曲直作酸”意思是木与酸味相对应。科学研究发现，用少量的碳酸饮料浇灌有利于植物的生长。其原因在于，碳酸分解产生二氧化碳，可以促进植物的光合作用；碳酸与土壤中的不溶性盐作用变成可溶性的酸式盐，有利于植物对无机矿物质的吸收。可见，适度、少量的酸有利于植物的生长。

木的特性包括这样两方面：（1）伸展性。在曲直中，直非常重要，并且力量无穷大。著名作家夏衍先生有一篇文章，名为《种子的力量》，入选小学课本。文章记述了这样一个故事：人的头盖骨结合得非常紧密，人们用尽各种办法都无法将它完好无损地分开。后来，有人想了个办法，把一些植物的种子放进去，配合适当的温度，让种子发芽，头盖骨就被慢慢地完整地分开了。（2）不确定性。木可曲可直，也就是说它具有随意性、多变性。在自然界，风同样具有这种属性，大小、方向、位置等都无法固定下来。多变意味着更多的不确定性。当然，有了不确定性，也就有了对未来更多的希望。

“从革”两字的解释，历来就颇有争议，大多数牵强附会。比如，解释为顺从、变革，显然是后人根据金的肃杀、收敛反推过来的。再如，作通假字“纵戈”处理，即操控兵器，理解上似乎更通顺，但明显存在着过度演绎和推理。

笔者认为，“从革”必须回归这两字的本义。从是跟随，革是去毛的兽皮。在古人看来，金和皮革的属性是相同的。那它们有哪些共同的属性呢？如下：

（1）都有一个去毛刺的过程。一张兽皮要变成一件穿在身上的皮衣，要经过很多工序，其中最基础的工作就是去毛，并且使其变得柔软。金同样具有肃杀的武力倾向，让不听话的都变得听话。朱元璋在晚年的时候，对很多开国元老大开杀戒。长孙朱允炆对此不解。朱元璋把一根荆棘放到他的手上，朱允炆因上面有刺而不敢拿。朱元璋解释道，杀掉功臣就跟把木棍上的刺拔掉一样，一根光滑的木棍才能放心地传下去。

（2）都有收敛、归一的特性。兽皮要变成名贵的皮草，一定是融合了多张兽皮。金属要从矿石中提炼出来，同样是众多矿石精华的集合。把很多精华的东西集中呈现出来，不正是硕果累累的秋天吗？

（3）过刚易折，过韧易破。兽皮在制成皮草的过程中要经过多个工序，柔韧性降低，容易破损；成衣后，在穿戴过程中，不小心碰到锋利的东西容易被划破。金属也同样的道理，过于坚硬、锋利，则容易被折断。我们看铁轨，两根铁轨之间的接合部总要留出一定的缝隙，而非无缝连接，只有这样才能保证铁路的安全。在五脏中，肺属金，肺朝百脉，主治节，不可谓功能不强大；但肺同样又被称为“娇脏”，每次气温变化，它都最先受伤。而这就是金的两面性：刚柔并济。

“从革作辛”指的是金与辛辣的味道相对应。辛辣能刺激人的味蕾，从而遮盖了其他味道，并且容易上瘾。

“稼穑”的本义是播种和收割，后来泛指农业劳动。土有种植和收获农作物的作用。因而，引申为具有生化、承载、受纳作用的事物，均归属于土。故有“土载四行”和“土为万物之母”之说。

关于土的属性，作如下详细说明：

一是中间性。土居中决定了它到达其它四元素的距离都是最短的，是五行运转的一个中心。土的阴阳属性不明显，非阴非阳；做事不激进，也不保守。这一属性在东方传统文化中被大力提倡，中和、中庸，守规矩，不偏不倚。

二是包容性。无论水的平和、金的收敛，还是火的热情、木的伸展，都能在土提供的平台上施展。土与水、木之间即便存在着相克关系，也不如水与火、金与木之间那样的格格不入，而是一种潜移默化的制约。《黄帝内经》探讨养生的道理，其核心只有三个字，那就是“仁者寿”。而“仁”所蕴含的宽容、爱人，不正是土的特性？

三是静止性。在五行中，水、火、金、木都是动态的，唯有土是相对静止的。而唯有相对静止的土，才能为其它四个元素提供一个基础的平台。离开土，一切生命将无以维系。

“稼穑为甘”指的是土与甘甜相对应。因为土中生长植物的果实，以甘味最为引人注意，也最能成为一种追求的目标。甘为百味之王，对人体的补益作用最强。五谷皆生于土中，为甘味之品，大家都有一个体会，小麦、大米、小米、玉米等谷物做的食品，咀嚼到最后均会出现淡淡的甜味。同时，具有补养作用的药物也多是甘味之品，如人参、桂圆、大枣、山药等。

我们回头再看 PM2.5 的五行属性。属火，在人的身体内横冲直撞，从呼吸道到血液循环系统，危害甚大；属土，漂浮在空气中，由于静风现象和逆温效应而无法扩散，雾霾显然是相对静止的。

从五行上看，水克火，而雨水能够冲刷空气中的尘土和颗粒物，雨过天晴，空气也变得更清新；木克土，木跟风是联系在一起的，大风可以吹散雾霾。有这样一个谜语，谜面是连日雾霾，打一电影名，而谜底正是《等风来》。

【链接】 雾霾与PM2.5

1. 什么是雾?

大气中因悬浮的水汽凝结，能见度低于1000米时，气象学称这种天气现象为雾（大雾预警信号以能见度区分，能见度小于500米且大于200米为黄色、能见度小于200米且大于50米为橙色、能见度小于50米为红色）。水汽、低温和颗粒物，是雾形成的三因素。具体说来，无论何种成因的雾，都必须是接近地面的大气中饱含水蒸气，当温度降低时，这些水蒸气附着在颗粒物上凝结成雾滴或冰晶。

显然，雾这种天气现象本身是中性的，并不必然会带来空气污染。如果空气中的颗粒物较少且非有害的，雾天除了影响能见度外，对人们身体的影响并不大。例如，很多山区在秋、冬两季，就很容易出现雾天。再如，《三国演义》中有名的“草船借箭”，诸葛亮之所以能预测出雾天，则跟深秋季节早晚温差大，长江上不缺水蒸气有关，而当时空气中的有害颗粒物少，这样的天气对身体健康的影响并不大。

相反，如果空气中的颗粒物大多是二氧化硫等有害颗粒物的话，雾天则对身体健康产生不好的影响。一方面，雾滴的形成以这些有害的颗粒物为凝结核，并且有的会转化成危害更大的颗粒物，比如，二氧化硫被催化氧化成硫酸盐，硫酸盐颗粒对光线有很强的散射能力，是形成霾的罪魁祸首之一。另一方面，雾的出现使大气中的污染物更不易扩散出去，从而持续影响身体健康。

2. 什么是霾？

空气中的灰尘、硫酸、硝酸、有机碳氢化合物等粒子使大气混浊，视野模糊并导致能见度恶化，水平能见度小于10000米，这种天气现象被称为霾。

霾的出现，主要有以下两类原因：

一是空气中悬浮颗粒物增多。随着经济增长，尤其是粗放型经济的原始积累阶段，一切为了GDP增长而不惜以环境、资源等为代价，煤矿、水泥、化工等重污染企业遍地开花，先发展后治理。在中国，汽车保有量飞速增长。2003年，全国仅北京机动车保有量超过百万辆；到2014年，全国有31个城市超过百万辆。截至2014年底，中国机动车保有量达2.64亿辆，其中汽车1.54亿辆，机动车驾驶员数量突破3亿人。汽车排放的尾气，是空气中颗粒物的重要来源之一。随着城市发展和基础设施的改造，以及如火如荼的房地产行业，建筑工地层出不穷，中国的英文名字CHINA被音译为“拆哪”，很多城市居民都生活在工地的周边。工地扬尘也是PM2.5的重要来源之一。

二是气候条件不利于空气中颗粒物的扩散。具体说来，又有两类：首先，静风现象不利于颗粒物在水平方向的扩散。随着城市建设的迅速发展，大楼越建越高，增大了地面摩擦系数，使风流经城区时明显减弱。静风现象增多，不利于大气污染物向城区外围扩展稀释，并容易在城区内积累高浓度污染。其次是垂直方向的逆温现象。我们知道，正常情况下，随着高度上升气温是下降的。比如，在万米高空，飞机的机舱外温大都在 −50℃以下。这样的大气结构可以形象地比喻为“头重脚轻”，不稳定的结构使空气出现上下流动，形成垂直方面的对流。但是，由于寒潮过境、特殊地形、昼夜温差大等原因，近地气温急速下降，高空气温则变化不大，从而出现高空气温比近地气温高的逆温现象。这时候，“头轻脚重”的大气结构是相对稳定的，不易形成垂直方向的对流，所以，空气中的污染物也难以扩散和稀释。

3.PM10 是什么？

颗粒物的英文名称为 Particulate Matter，简称 PM。PM10 是指直径在 10 微米以下的颗粒物，又被称为可吸入颗粒物。PM10 浓度指标以每立方米空气中可吸入颗粒物的微克数来表示，根据中国政府 1996 年制订的《GB 3095–1996 环境空气质量标准》，PM10 日均标准为 150 微克 / 立方米。2012 年 1 月 10 日北京出现大雾天，官方首次公布 PM10 最高浓度，当日监测点 PM10 最高小时浓度在 300 ~ 560 微克 / 立方米之间。

PM10 之所以被称为可吸入颗粒物，是因为可以通过呼吸进入上呼吸道，从而影响身体健康。但相对而言，由于鼻毛的阻挡和痰液的排出，PM10 会得到一定程度的清除，所以其危害并不算太大。

4.PM2.5 是什么？

PM2.5 是指直径在 2.5 微米以下（不到头发丝的 1/20）的颗粒物，又被称为细颗粒物。由于开展相关监测和研究较晚，中国目前尚未执行 PM2.5 的标准。不过，中国政府拟定于 2016 年实施与世卫组织“过渡时期目标 –1”等同的新版《环境空气质量标准》，即 PM2.5 浓度年均值 35 微克 / 立方米、日均值 75 微克 / 立方米。

与 PM10 相比，PM2.5 直径更小，富含大量有毒、有害物质，在大气中的停留时间长，输送距离远，因而，对人体健康和大气环境质量的影响更大。PM2.5 被吸入人体后会进入支气管，干扰肺部的气体交换，引发包括哮喘、支气管炎和心血管病等方面的疾病。这些颗粒还可以通过支气管和肺泡进入血液，其中的有害气体、重金属等溶解在血液中，对人体健康的伤害更大。

第二章　五脏之伤

金庸名著《天龙八部》中有一种产于西夏的毒气，叫“悲酥清风”。非常高雅的名字，却是威力无比，就连“四大恶人”之首的段延庆，这个武功极高的人中毒后依然无法靠自己的内功破解。书中写道，“中毒后泪如雨下，称之为‘悲’；全身不能动弹，称之为‘酥’；毒气无色无臭，称之为‘清风’。”

诚然，跟这种极品毒气相比，中国的华北和中东部地区经常出现的雾霾，大气中弥漫的 PM2.5，还算是小巫见大巫。但反过来考虑，两者又是惊人的相似：长期暴露在雾霾之中，易得咳嗽、流涕等呼吸道疾病，眼睛容易出问题，出现干涩、流泪、结膜炎等；PM2.5 好比人体气血循环中的路障，气血不足会导致乏力、头晕、精神不集中、免疫力下降等；至于细微颗粒物本身，同样是无色无臭，构成无形的健康杀手。

PM2.5，这个现代版的“悲酥清风”，对人体会产生什么样的危害？用五行理论来说，PM2.5 既属于火，又属于土；人体内部的五脏——肝、心、脾、肺、肾同样是跟五行相对应。那 PM2.5 对五脏的伤害，又该如何去解释？

五行是盒万金油

五行理论可以说是中国传统文化的精髓，反映的是多元事物之间的发展变化规律。木、火、土、金、水脱离本来的意义，成为五个抽象化的符号；而自然世界和人类社会中，大凡数量近似的事物都与之相对应。下表仅列出部分归类为五行的事物。

五行	木	火	土	金	水
五方	东	南	中	西	北
四季	春	夏	长夏	秋	冬
五色	青	赤	黄	白	黑
五味	酸	苦	甘	辛	咸
五音	角	徵	宫	商	羽
五兽	苍龙	朱雀	黄龙	白虎	玄武
五脏	肝	心	脾	肺	肾
五官	目	舌	口	鼻	耳
五体	筋	脉	肉	皮毛	骨
五液	泪	汗	涎	涕	唾
五情	怒	喜	思	悲	恐
五神	魂	神	意	魄	志
五谷	麦	菽	稷	麻	黍
五化	生	长	化	收	藏
五气	风	热	湿	燥	寒
五数	八	七	五	九	六

我们再举两个五行应用的例子。

《西游记》中的取经团队是跟五行相对应的。先说唐僧和孙悟空。唐僧属水，他虽一介凡夫俗子，没有什么法术，实为佛祖如来的二徒弟，担负着取经重任。水意味着传承。孙悟空属火，也没有什么异议，他是贯穿全书的绝对男一号，武功盖世，取经途中与妖精作战的绝对主力，但他又桀骜不驯，脾气暴躁。而紧箍咒，正是水克火的命运安排，而非刻意设计。

猪八戒属金，他的抱怨、畏难情绪，对高小姐的念念不忘，都构成取经团队内部的离心力，跟金的肃杀、收敛、悲秋是相似的。沙僧属木，他朴实寡言，任劳任怨，看似打酱油的角色，实际上保卫着行李和通关文牒，是最坚固的大后方，也最得师父的信任。火克金，金克木，反映的正是三个徒弟之间的排名和法力差距。

白龙马属土，他最默默无闻，甘愿化身马匹，比沙僧的话还少；他最具包容心，踏上取经路后，跟其他任何一位都没有发生过冲突。木克土，从武功值差距来看容易理解；而土克水，也就是白龙马制约着唐僧，似乎就无法讲得通。实际上，取经行程的快慢，不是由孙悟空的筋斗云，抑或猪八戒、沙僧所擅长的腾云驾雾所决定的，而是取决于白龙马的速度。这跟管理学上的“木桶原理”是相似的。正是从这个意义上讲，土是克水的。

刘镇伟导演有一部电影，叫《情癫大圣》。剧中唐僧和女妖岳美艳发生了一段旷世之恋，结尾时岳美艳接受佛祖的惩罚，化为一匹白马，跟随唐僧踏上西去的道路。这可能是关于土克水的另类解读。

至于唐僧与猪八戒、沙僧，孙悟空与白龙马、沙僧，因为是相生的关系，彼此之间是融洽的，基本上是没有摩擦的。

《非诚勿扰》是国内收视率最高的婚恋类电视节目。该节目某阶段的人员设置也遵循五行的规律。主持人孟非居中串场，当气氛不够活跃的时候，他会把发言机会优先给那些观点犀利的嘉宾，或者自己挑起话题，带动全场；当多方争执的时候，他又扮演和事佬的角色，让大家冷静下来，并发表一些更为客观、理性的观点。所以，孟非是土。

乐嘉以说话不留情面、一针见血而著称，所以是金。替代乐嘉的宁财神，虽然说话不如乐嘉尖刻，但其异于常人的思维模式，蔫坏的个性，也扮演着金的角色，先把不好的东西和风险考虑到。黄菡则以美丽、善良、知性的女性形象示人，善解人意，温柔似水，让节目多了人文关怀，少了火药味，所以她是水。

至于24位女嘉宾，因为发言的时候只有一个人，所以可以归结为一个人。很多时候，女嘉宾在节目中扮演着火的角色，发言五花八门，带动全场气氛。而男嘉宾往往是木，有曲有直，什么样的性格都有，每一次新的男嘉宾上场，都带来新一轮的憧憬和希望。

当然，这些角色并非固定不变的。比如，某一期节目，男嘉宾脾气火爆，并且自以为是，属火；女嘉宾则丝毫不留情面，咄咄逼人，与之水火不容，属水；黄菡则插不进话，成了默默无闻的木；乐嘉则加入论战，依然扮演金的角色；孟非依然在把控全场，尽量引导大家去理性思考，属土。

当我们这样去琢磨五行的时候，传统文化是不是也变得更加有趣，更加贴近现代人的生活？

从五行到五脏

五行理论对中国传统医学具有非常重要的指导意义，历代医家对体内脏器的研究均以五行为纲。五脏与五行严格对应，并且完全符合相生、相克的规律。下面，我们就简单介绍一下五脏及其相互之间的关系。

肝属木。木曰曲直，肝喜条达，主疏泄。肝可以调节气机，也就是说体内气的运动受肝控制，促进脾胃消化，调节情志。肝可以解毒，加速体内脂肪的代谢。肝藏血，并且可以调节血量。《黄帝内经》中讲，“人卧血归于肝”。所以，晚上卧床睡觉，是最好的缓解疲劳、补足能量的方法。适时、充足的睡眠是新的一天精力充沛的保证。从这个意义上讲，肝是五脏循环的起点。

心属火。心曰炎上，心为君主之官，“心为阳中之太阳”。心脏必须保持强大的阳气，才能温运血脉，振奋精神，温煦周身。心主血脉。首先，心能推动和调控血液的生成与运行，以输送营养物质至全身；其次，心能推动和调控心脏的搏动和脉道的运行，使血流通畅，便于输送营养物质。心主神明。人跟动物最大的区别在于，人有意识和思想。而这方面的功能正是由心来实现。显然，中医里所讲的心包含了脑的功能。

脾属土。土曰稼穑，即运化万物，脾则是运化水谷，把经过胃消化的食物作进一步的细化、分解，直至变为人体可吸收的营养物质，然后脾再将其输送至全身。当然，脾在运化水谷的同时也必须运化水液，把体内多余的水液运输，并通过排泄系统代谢出去。脾主升清。升清是指脾把小肠吸收的营养物质向上运输，一方面补足心肺所需的能量，另一方面通过心肺推动气血，从而将营养物质输布全身。脾统血，是指脾气固摄血液，使其在脉管内运行，而不逸出；另外，脾运化水谷精微，还生化成血液。脾为后天之本，人只有从外界源源不断地摄取营养物质，才能维持正常的生存状态。

肺属金。金曰从革，为肃杀、收敛之义，肺主宣发、肃降。宣发是指肺气具有向上、向外升宣布散的生理功能。宣发之物包括卫气、水谷精微、津液、排出体外的浊气等。肃降是指肺气具有向下通降和使呼吸道保持清洁的生理功能。在肺宣发肃降的作用下，水液布散于皮毛和周身，部分以汗液的形式排出体外，多余的水液向下经肾、膀胱排出体外。从这个意义上讲，肺还具有通调水道的功能。肺主气，司呼吸。肺负责体内与外界的气体交换，形成体内之气，支配气在体内的各种运动。

肺朝百脉，主治节。肺主一身之气，而气可以推动血的运行。肺完成清气与浊气的互换，是体内之气的源头。经脉是气血运行的通道，而气的生成在肺，所以肺朝百脉。所谓治节，体现在肺对呼吸、气机、气血运行、水液代谢的治理和调节上。身体各器官的运动可分为两类：受意识控制和不受意识控制。前者如手脚运动等，后者像肠胃的蠕动、心的搏动等。唯有呼吸，是介于两者之间的。平时呼吸是不受意识控制的，但是可以通过一定的锻炼方法或者无氧运动，有意识地加快呼吸节奏，起到调节心肺机能的作用。所以，肺主治节还体现在，通过有意识的调节呼吸节奏，起到修复脏腑功能，发挥潜能等方面的作用。（道家养生术、气功等皆源于此。）

肾属水。水曰润下，肾藏精，为先天之本，肾主水，负责水液的代谢。肾藏精，这个精首先是先天之精，是从父母身上继承来的，也是个体存在发展的物质基础；其次还有后天之精，即通过脾胃从食物中摄取来的营养物质，它使先天之精得以维系。前者是存量，后者是流量。肾还负责生殖系统，造就下一代。肾主水是指肾在体液的生成、输布、代谢、排泄过程中发挥着重要作用，肾负责体液的升清降浊，以及浊液在膀胱中暂时储存，适时排泄。

肾主纳气。我们知道，人的呼吸是通过鼻孔和口来完成，气在体内循环运动。如果身体没有其他有形的孔的话，气在体内的运动就是一个闭合的循环。但是，人的下身还有 2 ~ 3 个有形的孔（男：尿道口、肛门；女：尿道口、阴道口、肛门）。所以，要保证气在体内形成一个闭合的循环，说得通俗一点，以防漏气，就必须有一个脏器来承担纳气的功能，就好比是自行车轮胎的气门芯。又因为“肾开窍于二阴”，所以肾主纳气。

接下来，简要介绍一下五脏之间的关系。

（一）相生关系

1. 肝生心。肝的藏血功能为心主血脉提供续航的动力，就好比汽车的发动机与加油站之间的关系，肝是心背后最稳固的大本营。我们知道，水往低处走。血液从心脏流向下半身是不存在任何问题的，这符合牛顿的地球万有引力定律；但血要供给心脏上方的组织器官，就无法依赖自身实现，靠的正是肝喜条达、主疏泄的功能。肝可以调节情志，而心主神明，显然，位置决定脑袋，情绪影响判断力，少受情绪影响，才能作出更理性、更客观的思维判断。

2. 心生脾。脾统血的功能，显然是心主血脉的一个延伸。脾主升清，脾对清的判断无疑来自心主神明的功能。脾的运化，把营养物质输送至全身，更是离不开血液的支持。

3. 脾生肺。肺正常机能的发挥也有赖于营养物质，自然离不开脾的升清、运化功能。肺主一身之气，五谷之气显然也是气的来源之一，而五谷之气正是脾所提供的。脾先运化水液，肺才能宣发肃降，把水液输布全身，并把多余的水液排出体外。也就是说，脾的运化是肺通调水道功能得以发挥的先决条件。

4. 肺生肾。肺司呼吸，肾纳气。没有吸入体内的清气，肾的纳气功能将失去意义。肾藏精，后天之精的摄入有赖于肺气的推动。另外，体内水液的排泄，是建立在肺通调水道的基础上的。

5. 肾生肝。肾是先天之本，肝的正常功能发挥有赖于肾精的提供。肝藏血跟肾藏精的功能相关，如果肾不藏精，肝的藏血功能也会失常。肝主疏泄、调节气机，这些功能跟肾负责排泄系统是相关联的。肾主纳气的功能出问题，肝调节气机的功能就失去了一个稳固的根基，从而无法正常发挥。

（二）相克关系

1. 肝克脾。肝主疏泄、调节气机，一旦疏泄太多或是抑郁不得疏泄的时候，会影响食欲，或通过乱吃东西得以发泄，从而影响脾的运化功能。古人所讲的“食不言”，同样是因为说话打乱了吃饭的节奏，水谷不但颗粒大而且包含了气体，这时候就需要肝来进行疏泄和调节气机，脾胃就要经历从淤堵到疏通的一个过程，从而影响脾的运化。还有，肝藏血，脾统血，藏血功能显然制约了统血功能。

2. 脾克肾。肾是先天之本，脾是后天之本，肾功能的正常发挥当然也是依赖于脾为其提供营养物质的。如果脾的运化功能不足，则肾正常工作所需的营养物质就会跟不上。脾不升清，会造成便溏、久泻，而频繁排便必然造成气的亏耗，从而连累肾不纳气。脾的运化功能下降，必然造成水液的代谢不畅，从而体内的水液增多，自然就会增加肾的工作，影响肾功能。

3. 肾克心。心火过旺、做事急躁、思虑过多的时候，水的润下，肾通过对体液运动的调控可以克制心火。心火的降与肾水的升构成一种平衡，也是人体机能正常发挥的一个基础。肾藏精，心主血脉，精血之间相互资生，形成一种制约。心主神明包含了脑的功能，脑为髓海，而肾主骨生髓。肾其实为一切精神活动提供了物质基础。

4. 心克肺。心主血，肺主气，“血为气之母”，气的运行以血为载体，气的生化以血为物质基础。心主血脉，肺朝百脉，主治节，肺这一功能的发挥是建立在心功能正常的基础上的。心主血脉，肺通调水道，显然是一种制约关系。

5. 肺克肝。肺肃降，肝升发、条达，气机的一降一升构成一种动态的平衡。肝主疏泄，调节气机，这一功能是建立在肺主气的基础上的。肺主气，肝藏血，“气为血之帅”，有气的推动，人卧时血才归于肝，起床后血由肝入脉。

在相克的关系中，当克人方功能亢奋时，会出现相乘的情况；当被克方过于强大时，则出现相侮（即反克）的异常状况。

隐形杀手

雾霾是一种天气现象，PM2.5 则是空气中的一类颗粒物，但两者却又纠缠在一起，成为无形的健康杀手。

PM2.5 浓度决定着雾霾天气是不是一场灾难。如果 PM2.5 浓度在正常范围内，雾霾天气也只不过是影响交通和生活，并不会对身体造成太多的不良影响；反之，如果 PM2.5 浓度远远超出正常范围，室外的雾霾无疑就成为生化实验室，成为现代版的“悲酥清风”。

雾霾天气又是 PM2.5 能否危及健康的关键因素。我们知道，量变引起质变。在天气晴朗或是有风的时候，PM2.5 并不会对健康造成多大的威胁，一来空气流通使颗粒物快速扩散，无法聚集，浓度下降；二则少量的细颗粒物即使被吸入呼吸道，人体依然能通过免疫系统将其处理掉，并排出体外。可是，在雾霾天气中，空气中的颗粒物难以被稀释，聚集在一起，量变引起质变，从而严重影响身体健康。

接下来，我们就详细分析一下雾霾天气下高浓度的 PM2.5 对人体会产生哪些危害。

1. 呼吸系统疾病

一般说来，直径 10 微米以上的颗粒物，会被挡在人的鼻子外面；直径在 2.5 微米至 10 微米之间的颗粒物，能够进入上呼吸道，但部分可通过痰液等排出体外，对人体健康危害相对较小；而直径在 2.5 微米以下的细颗粒物被吸入人体后，首先会刺激并破坏呼吸道黏膜，使鼻腔变得干燥，破坏呼吸道黏膜的防御能力，细菌进入呼吸道，容易造成上呼吸道感染。其次会进入支气管，干扰肺部的气体交换，引发包括哮喘、支气管炎等方面的疾病。

2. 肺癌

据医院统计，肺癌患者的增长人群主要集中在 50 岁以上。但是最近几年，增长率最快的是 30 ~ 50 岁的人群。华东地区最小的肺癌患者仅 8 岁，发病则跟空气中的 PM2.5 有关。这名 8 岁女童患肺癌的原因是家住在马路边，由于长期吸入公路粉尘，才导致癌症的发生。[1]

2013年10月17日，世界卫生组织下属国际癌症研究机构发布报告，首次指认大气污染会致癌，并视其为普遍和主要的环境致癌物。该报告称，接触颗粒物和大气污染的程度越深，罹患肺癌的风险越大。尽管

[1] 《雾霾天会导致肺癌 华东地区最小患者年仅 8 岁》，中国新闻网 2013 年 11 月 4 日。

大气污染物成分以及人们与污染的接触程度因地点不同而差异明显，报告给出的结论仍适用于全球所有地区。根据这一机构现有的最新统计数据，全球 2010 年因肺癌死亡的患者中，22.3 万人因大气污染患癌。[1]

3. 心血管疾病

PM2.5 通过支气管和肺泡进入血液，其中的有害气体、重金属等溶解在血液中，加大了心血管疾病的患病几率。《整体环境科学》刊登过北京大学医学部公共卫生学院教授潘小川及其同事的一项新发现：2004 年至 2006 年期间，当北京大学校园观测点的 PM2.5 日均浓度增加时，在约 4 公里以外的北京大学第三医院，心血管病急诊患者数量也有所增加。

4. 结膜炎

雾霾天空气中的微粒附着到角膜上，可能引起角膜炎、结膜炎，或加重患者角膜炎、结膜炎的病情。随着雾霾天数量的增加，角膜炎、结膜炎患者也明显增多，有老年人、儿童，同时也有整天对着电脑的上班族。人们出现的情况大致一样：眼睛干涩、酸痛、刺痛、红肿和过敏。

5. 小儿佝偻病

中国疾控中心环境所的一项研究结果表明，雾霾天气除了引起呼吸系统疾病的发病 / 入院率增高外，还会对人体健康产生一些间接的影响。雾霾的出现会减弱紫外线的辐射，从而影响维生素 D 的合成，导致小儿佝偻病高发，并使空气中传染性病菌的活性增强。

6. 影响生殖或致胎儿畸形

中国社科院联合中国气象局发布的《气候变化绿皮书》称，雾霾天气影响健康，除众所周知的会使呼吸系统及心脏系统疾病恶化外，还会影响生殖能力。

---

[1] 《世卫组织首次指认大气污染“对人类致癌”》，新华网 2013 年 10 月 18 日。

上海交通大学附属仁济医院研究团队对上海男性不育进行了长达10年的研究证实，环境日趋恶化，男子精液质量每况愈下。在上海各大医院的生殖门诊里，男性因无精、少精、弱精、精子畸形导致不育的越来越多。不孕不育已成为影响人类健康的第三位疾病，仅次于肿瘤、心脑血管。

国内外很多数据也显示，环境因素可能造成不孕不育。加拿大曾经做过一个试验，工作人员将同时生出来的老鼠分别放在城市和乡村喂养。结果发现，城市里的老鼠活得短，生育能力下降，而在乡村中成长的老鼠不仅寿命长，生育能力也很强。据专家介绍，雾霾中的PM2.5小颗粒，不光是粉尘，还有烟尘，包括汽车尾气、工业排放的废气等，这些物质都含有很多环境污染毒素，学术统称为环境雌激素污染，可以通过多种途径吸收侵入人体。

7. 缩短寿命

世界卫生组织在2005年版《空气质量准则》中指出，当PM2.5年均浓度达到每立方米35微克时，人的死亡风险比每立方米10微克的情形约增加15%。

2012年联合国环境规划署公布的《全球环境展望5》则指出，每年有70万人死于因臭氧导致的呼吸系统疾病，有近200万的过早死亡病例与颗粒物污染有关。《美国国家科学院院刊》发表的研究报告称，人类的平均寿命因为空气污染很可能已经缩短了5年半。

世界银行发布的报告表明，由室外空气污染导致的过早死亡人数，平均为每天1000人，每年有35万～40万的人面临着死亡。具体来讲，早在1997年，世界银行就预计，5万中国人因为空气污染而过早死亡。总体来说，这份报告发现，中国的空气污染使得城市居民的寿命减少了

18年。[1]

缘何累及池鱼?

PM2.5引发呼吸系统方面的疾病，是显而易见的；但导致心血管病、不孕不育等疾病，究竟是什么原因？用传统的阴阳五行和中医理论能否解释得通?

PM2.5主要是通过呼吸道进入体内的，首当其冲受到伤害的就是肺，从痰多、咳嗽到哮喘、支气管炎等，乃至危害最大的肺癌。

我们知道，PM2.5从成因看，部分属火，部分属土。吸入过多的PM2.5，在初期，身体为了尽快把这些有毒物质排出去，必然尽可能地调动各种能量，导致心火过旺。由于火克金，肺的受伤就容易理解。

另外，PM2.5的摄入，会影响正常的气血循环，从而累及脾胃的功能。脾的运化、升清功能下降，向身体各器官提供营养物质的功能就会下降，自然会影响到肺的功能。脾的运化功能失常，体内原本正常运化的水液就难以处理掉，体内积累的水液过多，肺就必须过度使用通调水道的功能，从而影响肺整体功能的发挥。土生金，所以母病累其子。

小儿佝偻病是因为雾霾天气导致紫外线辐射减弱，影响了体内维生素D的合成。其实，这一原因的背后正是，受PM2.5的影响，脾胃功能失调，人体从外界摄取营养物质的功能下降，而导致个子长不高。

前面我们提到过“血为气之母，气为血之帅”。一方面，气的运行以血为载体，气的生化以血为基础；另一方面，血的运行依赖于气的推动。气血作为生命物质运动的基本形式，两者紧密结合在一起。吸入PM2.5，最初危害的一定是肺气。可是，气在体内的循环必须以血为载体，

---

[1] 《霾劫》，《东方早报》2013年11月30日。

有害颗粒物就随气溶入了血液。而血液一旦出问题，必然影响到心脏的功能。

从另外一方面讲，火克金，心克肺，受雾霾天气的影响，肺功能出现问题，这时候，心与肺的相克关系还停留在原来水平，自然就出现了心火过旺、肺气不足的相乘状况。相乘出现后，身体的平衡被打破，时间一长，心也变得懈怠，功能相应地下降。

肺与肝之间是相克的关系。受雾霾天气影响，肺的宣发肃降功能下降，体内气机的升降平衡就被打破。肺气难以肃降，它对肝的制约就会减弱，于是，肝的升发就会太过，肝火旺。气作为血液运行的推动者，肺气不足，肝的藏血功能也会减弱。另外，肺作为体内清气的源头，因吸入 PM2.5，体内清气不足，必然会影响肝调节气机的功能下降。还有，为把有毒物质排出体外，肝的疏泄功能必然过度使用，从而导致功能失调。

动态地看，肺功能出问题的时候，原本的相克关系就变成了相侮，也就是说，肝反克肺。失去制约的肝变得功能亢奋，而长时间的功能亢奋，最后则导致肝功能下降。这就好比跟父母住一起的时候，老人总是提醒子女晚上早点休息，早晨起床吃早餐，三餐按时吃等；可年轻人一旦独立居住，过上自己的小日子，没有了父母的唠叨，开始饥一顿、饱一顿，晚上熬夜看电视或上网打游戏，早晨睡懒觉。这种“无拘无束”的生活时间长了，身体也就慢慢垮掉了。

肝主目，结膜炎只是肝功能失常的表现之一。肝功能失调的症状，还有疲劳、乏力、厌油、食欲不振、恶心、呕吐、低烧、肌肉或关节痛、腹痛、黄疸等。

最后，我们再来看肾功能失调的原因。

肺与肾之间是相生的关系，母病必然累其子。首先，吸入体内的清气不足，肾无清气可纳，时间一长，纳气的功能必然受到影响。其次，肺气不足，导致脾的运化功能下降，从食物摄取的后天之精就会减少，而另一方面，吸入 PM2.5 后，身体会调动免疫系统尽可能地把有害物质排出体外，这必然消耗比常规状态下更多的肾精。肾精不但得不到后天之精很好的补充，而且比以往消耗得更多，肾功能的下降也就在所难免。最后，肺通调水道功能的下降，会增加肾排泄的工作负担，从而导致肾功能失调。

五脏本来就是一个有机的整体，肺功能下降只是第一块被推倒的多米诺骨牌，其他脏器接连出问题也就变得“顺理成章”。

【链接】 五指与五行

自然界一旦出现跟数字“5”有关的东西，很多人就生出一种用五行来解释的冲动来。比如五指，与五行是什么样的对应关系？望闻问切是中医诊断最常用的四种方法，通过外部的、能肉眼观察到的局部特征，来判断体内脏腑出现哪些问题。五指也是经常观察的对象，它们跟五脏又是什么样的对应关系呢？

要研究五指与五脏的对应关系，必须先弄明白两件事情：（一）十二经脉的走向是做出推断的重要依据，尤其要关注各自的井穴，而不能信口开河。（二）人体是对称的，相对称的部位通常是联动的。人的手和足是对称的（直立行走前，手足严格对称；之后，两者依然是对称的，只不过，不再是严格意义上的对称关系），所以，五指和五趾能够相互代表。

五指（趾）与经脉、井穴对应表

<table>
<tr><th>五指（趾）</th><th>经脉</th><th>井穴</th></tr>
<tr><td>拇指</td><td>肺经</td><td>少商</td></tr>
<tr><td>食指</td><td>大肠经</td><td>商阳</td></tr>
<tr><td>中指</td><td>心包经</td><td>中冲</td></tr>
<tr><td>无名指</td><td>三焦经</td><td>关冲</td></tr>
<tr><td rowspan="2">小指</td><td>小肠经</td><td>少泽</td></tr>
<tr><td>心经</td><td>少冲</td></tr>
<tr><td rowspan="2">大趾</td><td>脾经</td><td>隐白</td></tr>
<tr><td>肝经</td><td>大敦</td></tr>
<tr><td>第二脚趾</td><td>胃经</td><td>厉兑</td></tr>
<tr><td>第四脚趾</td><td>胆经</td><td>足窍阴</td></tr>
<tr><td rowspan="2">小趾</td><td>膀胱经</td><td>至阴</td></tr>
<tr><td>肾经</td><td>涌泉（注：该穴与小趾无关，但肾经起于小趾之下）</td></tr>
</table>

先解释一下井穴。井穴顾名思义像井一样的穴位，它是经脉气血循环的源头，如涓涓细流，后汇聚成江河海洋。另外，既然是源头，井穴在经脉负责的体内外能量交换过程中扮演着重要角色。

在金庸名著《天龙八部》中，大理段氏的武功绝学六脉神剑，就是以井穴来命名的。具体招式如下：（1）右手大拇指—少商剑；（2）右手食指—商阳剑；（3）右手中指—中冲剑；（4）右手无名指—关冲剑；（5）右手小指—少冲剑；（6）左手小指—少泽剑。

我们汇总一下，并且脚趾所对应的也归于手指，如下：

拇指——肺、脾、肝

食指——大肠、胃

中指——心包

无名指——三焦、胆经

小指——小肠、心、肾、膀胱

脏腑之间是相表里的，并且把心包也归于心，这样，食指、中指、无名指就是一对一的对应关系，分别是：脾、心、肝。余下的拇指和小指则是一对多的关系，拇指对应肺、脾、肝，小指对应心、肾。

鉴于中指已经对应心，小指就来对应肾。鉴于食指对应脾，无名指对应肝，那拇指对应的脏器就剩下了肺。

综上，具体的对应关系如下表：

五指与五脏、五行的对应表

五指	五脏	五行
拇指	肺	金
食指	脾	土
中指	心	火
无名指	肝	木
小指	肾	水

实际上，五指的命名也暗合了五行的规律。

拇指是特立独行的，与其它四指的位置、弯曲方向完全不同。拇指所对应的肺也是特立独行的，只有它负责气体，其它脏器对应的都是液体、固体。呼吸是维持生命体征的第一要义，充足的氧气是人类生存的重要基础。拇指体现的就是这种重要性。

食指的名字透露了它与脾胃的关系。毕竟“民以食为天”。在筷子、勺子等餐具发明之前，接触食物用得最多的就是食指。

中指是五指中最长的手指，它代表了人通过自身努力，不借助外部器具的情况下，所能触及的最远距离。它所代表的心脏的健康状况，决定了一个人的生命长度。中指的位置，跟心脏居中偏左也大体相似。

无名指是默默无闻的，它所对应的木也是最沉默的，既有向上的伸展性，也有无限的不确定性。朱自清的散文名篇《春》这样写道，“盼望着，盼望着，东风来了，春天的脚步近了。一切都像刚睡醒的样子，欣欣然张开了眼。山朗润起来了，水涨起来了，太阳的脸红起来了。小草偷偷地从土地里钻出来，嫩嫩的，绿绿的。”不知不觉间，春天悄然而至。另外，无名指佩戴戒指意味着结束单身，婚后的新生活开始了。无名指所对应的木，不也是五行的开始，意味着新一轮循环的开始吗?

小指是个头最小的一个，它所对应的肾也是最小的，而生命正是从来自父母的肾阳一点点开始的，由小到大。

第三章　那些防霾“神器”

在《西游记》第十六回中，孙悟空“炫富”，向金池长老卖弄袈裟，后者遂起贪念，要把唐僧师徒烧死。孙悟空向广目天王借来辟火罩，任寺院火光滔天，唐僧却安然无恙。

像辟火罩这样的神器，在雾霾弥漫的现代社会也盛行起来。从传统的口罩、绿植到空气净化器，从过滤嘴鼻塞、橘皮防护罩到负离子电子口罩、制氧机，无一不承担着防霾重任，希望把 PM2.5 挡在外边，使用者安然无恙。

再说一下《西游记》，它可以说是一部关于神器的大百科全书。在取经途中，唐僧师徒见识过金角大王的葫芦、净瓶，铁扇公主的芭蕉扇；吃过赛太岁紫金铃的苦头；面对黄眉怪的金铙、人种袋，孙悟空和他的神仙帮手们都无可奈何。显然，随着高科技的发展，孙悟空的金箍棒都算不上什么厉害神器了。

我们要问的是，在现代的防霾战争中，哪些神器还算靠谱？哪些神器只不过是贴上防 PM2.5 标签的大忽悠？

口罩：戴还是不戴？

关于防霾口罩，需要弄明白的问题是：何时何地该戴口罩？戴什么样的口罩才能起到过滤 PM2.5 的作用？正确的佩戴方法又是什么？

先说第一个问题，戴口罩应当在室外空气严重污染的时候。至于如何判断空气污染情况，则可以参照空气质量指数（AQI）。

AQI 分级表

AQI	空气质量级别	空气质量状况	出行说明
0–50	一级	优	空气质量令人满意，基本无空气污染，各类人群可正常活动。
51–100	二级	良	空气质量可接受，但某些污染物可能对极少数异常敏感人群健康有较弱影响，建议极少数异常敏感人群应减少户外活动。
101–150	三级	轻度污染	易感人群症状有轻度加剧，健康人群出现刺激症状。建议儿童、老年人及心脏病、呼吸系统疾病患者应减少长时间、高强度的户外锻炼。
151–200	四级	中度污染	进一步加剧易感人群症状，可能对健康人群心脏、呼吸系统有影响，建议疾病患者避免长时间、高强度的户外锻炼，一般人群适量减少户外运动。
201–300	五级	重度污染	心脏病和肺病患者症状显著加剧，运动耐受力降低，健康人群普遍出现症状，建议儿童、老年人和心脏病、肺病患者应停留在室内，停止户外运动，一般人群减少户外运动。
大于 300	六级	严重污染	健康人群运动耐受力降低，有明显强烈症状，提前出现某些疾病，建议儿童、老年人和病人应当留在室内，避免体力消耗，一般人群应避免户外活动。

实时的 AQI 可以在中国环境监测总站（www.cnemc.cn）上查询，或者从该网站下载相关的 APP，然后在手机上查询。

当然，AQI 到达哪个区间就应当在室外戴口罩并无硬性要求，完全看决策者对自身健康状况的判断和对空气污染状况的认识。

真正能起到阻挡细颗粒物作用的，只有遵循 N95 或 KN90 标准生产的口罩（它们也是市面上最常见的防尘口罩）。普通的纱布口罩、医用口罩等，均无法阻挡空气中的细颗粒物。

N95 型口罩，是美国国家职业安全卫生研究所（NIOSH）认证的 9 种防颗粒物口罩中的一种。“N”的意思是不适合油性的颗粒（炒菜产生的油烟就是油性颗粒物，而人说话或咳嗽产生的飞沫不是油性的）；“95”表示暴露在规定数量的专用试验粒子下，口罩内的粒子浓度要比口罩外粒子浓度低 95%。其中 95% 这一数值不是平均值，而是最小值，所以实际产品的平均值大多设定在 99% 以上。

N95 不是特定的产品名称。只要符合 N95 标准，并且通过 NIOSH 审查的产品就可以称为“N95 型口罩”。

根据中国国家质量监督检验和检疫局、国家标准化管理委员会公布的呼吸防护用品 GB2626-2006 标准，生产防尘口罩的单位必须依法取得生产经营许可证，所有防尘口罩的生产技术规范必须符合相应标准，遵循防尘口罩的材料、结构、外观、性能、过滤效率（阻尘率）、呼吸阻力、检测方法、产品标识、包装等方面的严格要求。

KN90 正是上述标准中的一种，它是指对 0.075 微米以上的非油性颗粒物的过滤效率大于 90%。

两者相比，N95 口罩的过滤效率更强，但其密闭严、透气性差，不适合普通人佩戴。对于特殊人群，如儿童、老年人、患有呼吸系统疾病和心血管疾病的人则更应谨慎选择，否则可能因缺氧出现呼吸困难、头晕等不适。KN90 口罩虽然过滤效率稍弱，但佩戴的舒适度更高，所以被很多医务工作者所推荐。

下面，我们看看戴 / 卸 N95 口罩的正确步骤。

戴口罩：（1）先洗手；（2）遮盖口、鼻、下巴；（3）根据鼻梁固定鼻夹；（4）固定用松紧带置于头部；（5）进行密闭度检查，看吸气时口罩是否内陷。

卸口罩：（1）先洗手；（2）先抓住颈部系带提过头部；（3）然后提下头部系带；（4）移开口罩，丢于专用污物桶；（5）再洗手。

然而，对佩戴者来说，口罩虽说能防尘，但也会带来一些新的问题：

第一，长期戴口罩，会使鼻黏膜变得脆弱，对寒冷天气的抵抗力下降。由于人的鼻腔黏膜血液循环非常旺盛，鼻腔里的通道又很曲折，鼻毛成为一道过滤的“屏障”。当空气吸入鼻孔时，气流在曲折的通道中形成一股旋涡，使吸入鼻腔的气流得到加温。在吸入零下几摄氏度的冷空气时，其气流已被加温至 28.8 摄氏度，这就非常接近于人体的温度。反之，长期戴口罩，鼻黏膜会变得脆弱，无法抵御吸入的冷空气，抵抗力下降，易得病。

根据德国的劳保条例，工人每次佩戴 N95 口罩不能超过半小时；半小时后，必须摘下口罩正常呼吸半小时以上。否则，有可能对呼吸系统造成永久性损伤。

第二，口罩的过滤效率越高，通透性就越差，佩戴者呼吸越困难。长时间戴口罩，呼吸不畅会导致缺氧，出现不同程度的头晕、头痛、耳鸣、眼花、四肢软弱无力、恶心、呕吐、心慌、气短等症状。

长期的呼吸不畅则会导致：（1）呼吸肌疲劳。戴口罩后，随着活动量的加大，呼吸阻力相应增加。久之，引起呼吸肌及机体的疲劳。（2）心脏负担加重。用力吸气使胸腔内负压加大，以致回心血量增加，右心过度充盈，而左心排出量相对减少，肺内压升高；同时使肺循环压力增加，心脏负担加重，则可导致心脏功能代偿不全。（3）有害空间影响加重。呼吸比较浅，有效换气量减少，会加重有害空间的影响。

所以，老人、小孩、呼吸系统疾病患者、心脑血管疾病患者是不宜佩戴 N95、KN90 口罩的。

第三，使用不当或选择不当，导致防尘效果大打折扣，甚至失效；还有就是，有可能带来损害健康的其他问题。

出于成本方面的考虑，很多人无法做到戴过一次后就丢弃。于是，就涉及到戴过口罩的保藏问题。正确的方法应当是，把紧贴口鼻的一面向里折好，然后放入清洁的储物袋。但是，有人却保藏不当，比如随便塞进口袋，挂在脖子上等。这样，口罩的内外两面容易出现交叉污染或感染，影响第二次佩戴的效果。

防尘效果好、通透性差的口罩，佩戴时间一长，口罩内侧就会变得湿润。而湿润的环境，就容易滋生细菌，从而影响健康。

很多人为了彰显个性，偏好佩戴五颜六色、带卡通图案的时尚口罩。但是，这些口罩往往含有化纤成分，正面印上色彩鲜艳的卡通图案，透气性比较差。健康人戴这种口罩对呼吸系统没有太大好处，化纤面料有可能刺激支气管，从而出现皮肤过敏、鼻子难受等症状。一些患有过敏、哮喘的病人戴了这种口罩可能会加重病情。另外，洒在口罩上的芳香物也有刺激性，会诱发呼吸系统疾病。

综上，佩戴合适的口罩确实能起到阻挡 PM2.5 的作用，但也会带来一些有损身体健康的新问题。是否应当戴口罩，我们给出的建议是：当雾霾天气、空气严重污染的时候，尽量待在室内，不要出门；如果出门，要按正确的方法佩戴合适的口罩，尽量缩短待在户外的时间（最好控制在半小时以内）；如果不得不长时间待在户外，戴不戴口罩都会对身体造成伤害，主要是根据自己的身体状况、既往病史等，作出一个“两害相权取其轻”的选择。

空气净化器管用吗？

马年央视春晚上有一个小品，名为《我就是这么个人》。冯巩为了发表剧本，给杂志社的主任送礼，主任家的小保姆抖包袱，说出主任退休—返聘—辞职—再上岗的曲折状态，而冯巩也在送礼和不送之间不断地摇摆。

小品有个非常重要的道具，就是冯巩行贿用的空气净化器。可见，近年来的雾霾天气让空气净化器大受追捧，有条件的家庭恨不得每个房间都放一台，也成为送礼行贿者的首选。接下来，我们就详细了解一下空气净化器。

空气净化器是指能够吸附、分解或转化各种空气污染物，有效提高空气清洁度的产品。在居家、医疗、工业领域均有应用，居家领域又分为系统式的新风系统和单机两类，主要解决由于装修或者其他原因导致的室内、地下空间、车内空气污染问题。

当户外空气质量指数“爆表”的时候，室内的 PM2.5 浓度也会一定程度的提高。即便排除抽烟、装修、厨房油烟这三大室内空气污染源，即便门窗紧闭，室内 PM2.5 浓度还是会受户外空气污染的影响。这也应了那句俗话“天下没有不透风的墙”，空调的排气孔、厨房的油烟管道等的存在，户外的空气还是会流向室内。

长期待在室内，尤其是户外连续出现雾霾天气的时候，用空气净化器来降低室内的 PM2.5 浓度似乎就成为一种必然之选。

但我们要问的是，空气净化器真的管用吗？能否有效去除室内的空气污染？答案显然并不容乐观。在封闭的空间中，空气净化器确实能起到改善局部空气质量的作用；但面对大面积、多空间的空气污染和人们的流动性行为模式，一台固定位置的空气净化器所起的效果确实微乎其微，难以担当除霾大任，更多只是消费者的一个心理安慰。

河北省疾病控制中心病毒防治所副所长刘京生就认为，单纯为了雾霾天气而购买净化器的消费者，与其说是在买健康不如说买的是放心。[1]实际上，除了极端的雾霾天气，开窗通风仍然比开机器更有效。

[1] 《对抗灰霾，空气净化器有用吗？》，《南方日报》2013 年 3 月 28 日。

详细说来，空气净化器的局限性或不足之处表现在以下几方面：

首先，空气净化器的相对固定性和使用者的流动性行为模式之间存在着矛盾。我们知道，放在室内的空气净化器位置是相对固定的，其作用的空间也就仅限于附近的地方。尽管空气净化器是可移动的，但搬来搬去总归是不方便的。严重雾霾天气出现的时候，最好是减少户外停留的时间，尽量待在室内。但问题是，由于工作、生活等种种原因，您无法一直宅在家里，那又有谁能保证办公室、饭店、咖啡馆等都安装了空气净化器呢？退一步讲，即使您一整天都不出门，不可能一直待在空气净化器附近，总会去卧室、厨房和卫生间。有人会说，那就每个房间包括厨房、卫生间各安装一台净化器吧。理论上可行，但对大多数家庭来说考虑到成本预算，三居室的房子至少需要五台净化器，再加上更换滤芯的成本，就未必可行。

顺便提一句，商场、写字楼等建筑采取统一通风口，安装空气净化器效果比较好；而住宅主要是多个门窗通风，空气净化器的效果就要打些折扣。

其次，很大一部分空气净化器都采用滤芯、滤网等过滤吸附装置，来达到局部空气净化小效果。但这些过滤装置都有一定的使用寿命，必须定期更换。这样，更换与否就让消费者面临一个两难选择：要么增加后续的更新成本，要么空气净化效果降低，并带来二次污染。

一般说来，过滤装置至少包括三层：第一层是预过滤网，这一层滤网各个品牌选用的材料不甚相同，但其作用都是一样的，主要为了除去颗粒较大的灰尘毛发等。通常，最外层的预过滤网脏了，在打开机器时，就能很清晰地看到黑灰色。此时，可通过吸尘器进行清洁，若允许水洗，也可以放在水龙头下冲掉脏东西。

第二层是高效空气过滤网（HEPA），这一层过滤网主要过滤空气中的过敏原如螨类碎屑、花粉等，可过滤直径在 0.3 微米到 20 微米的可吸入颗粒物。这一层滤网过滤掉的正是目前消费者普遍关心的PM2.5。这一层滤网的使用寿命一般在几年。

第三层是活性炭滤网。主要用于祛除异味，这一层滤网寿命较长，定期拿到阳光下晾晒可很好地延长滤网使用寿命。

以夏普空气净化器为例，我们看一下滤网的价格。HEPA 滤网更换的时间为 5-10 年，价格在 430 ~ 630 元之间。脱臭、除甲醛一体化滤网更换的时间为 10 年，价格在 221 ~ 300 元。脱臭滤网更换的时间在 5 ~ 10 年，价格在 221 左右。除甲醛滤网更换的时间在 2 年左右，价格在 132 ~ 246 元之间。加湿滤网更换的时间在 2 ~ 5 年，价格为 162 元。活性炭滤网更换的时间在 2 年，价格为 221 元。[1] 上面所说的时间其实是使用寿命的理论数值，在雾霾天气严重的城市，滤网的实际使用寿命要远远短于上述时间。

如果长时间使用而不更换，过滤网积满灰尘、颗粒，这些堆积物很可能随着空气再次吹到空气中。而除甲醛网里的甲醛也有可能再次集中挥发到空气里，这都是典型的二次污染。

再次，那些采用新技术的空气净化器，虽然一定程度上阻挡了PM2.5，但却带来一些影响健康的新问题，如臭氧、紫外线等。

凡采用高压静电原理的空气净化器，比如静电除尘、负离子发生器、等离子技术、EMF 技术等，都会产生不同浓度的臭氧。研究表明，空气中臭氧浓度引起人员一定反应的浓度为 0.5 ~ 1ppm，时间长了会感到口干等不适，浓度在 1 ~ 4ppm 会引起人员咳嗽。原因就在于，作为强氧化剂，臭氧几乎能与任何生物组织反应。当臭氧被吸入呼吸道时，就会与呼吸道中的细胞、流体和组织很快反应，导致肺功能减弱和组织损伤。对那些患有气喘病、肺气肿和慢性支气管炎的人来说，臭氧的危

[1] 《真的不便宜 空气净化器滤网更换价格曝光》，网易家电 2013 年 3 月 14 日。

害更为明显。

另外，过量的臭氧会造成人的神经中毒，头晕头痛、视力下降、记忆力衰退；对人体皮肤中的维生素 E 起到破坏作用，致使人的皮肤起皱、出现黑斑；还会破坏人体的免疫机能，诱发淋巴细胞染色体病变，加速衰老，致使孕妇生畸形儿。

采用紫外线、光触媒技术的空气净化器，在使用时，人不可距离机器太近，否则容易受到紫外线的伤害。过量的紫外线引起光化学反应，可使人体机能发生一系列变化，尤其是对人体的皮肤、眼睛以及免疫系统等造成危害。

综上，空气净化器确实对室内空气污染的清除起一定的作用，但由于净化器的效用半径较短、滤网更换的后续成本、二次污染等问题的存在，空气净化器的除霾效果大打折扣。

在空气净化器的选购过程中，要注意以下几方面的问题：

（1）采用静电除尘、负离子等技术的空气净化器都释放臭氧，欧美国家是严格禁止使用的。所以，请谨慎选择。

（2）应当考虑使用环境和要达到的效果。如果室内烟尘污染较重，可选择购买装有 HEPA 空气过滤材料和催化活性炭的空气净化器。如果室内刚刚装修、需要去除甲醛，则应当购买除装修污染型净化器。

（3）应当考虑空气净化器的净化能力。如果房间较大，应选择单位时间净化风量较大的空气净化器。一般来说体积较大的净化器净化能力更强。

（4）应当考虑耗材的更换问题。耗材是空气净化器的主要过滤设备，例如活性炭网、HEPA 网。因为耗材对于空气净化器来说非常关键，在购买时，耗材的价格、更换周期、购买途径也是首要考虑的的。空气净化器的耗材多种多样，不同品牌、不同机型的耗材都有可能不同，但大多数都是 HEPA 网和活性炭过滤网。

（5）应当考虑维修是否便捷。购买之前还要了解空气净化器清洗是否方便，一般的空气净化器只有预过滤网需要自己清洗，其他部件一般需要到维修商处更换或维修。购买之前需将此事确认清楚。

植物大战雾霾？

有一款游戏风靡网络，名字叫《植物大战僵尸》。如今，在与雾霾和PM2.5作战的过程中，有些植物再次披挂上阵。哪些植物能净化空气？居室摆上几盆绿植，就能把PM2.5挡在门外，您觉得这事靠谱吗？

有些植物的确能够起到吸收污染物的作用，但要注意选择品种。叶面比较粗糙、表面有毛、能分泌黏液、叶面较大的植物，能够吸收更多的颗粒物，起到一定程度的净化空气的功效。

室内植物净化空气主要依靠两种手段：一种是依靠植物表面吸附微尘；另一种是通过植物的呼吸作用，增加室内的氧气含量。

下表所列的是常见的“防霾”植物：

名称	功效
龟背竹	天然的清道夫，可以清除空气中的有害物质。
绿萝	被誉为生物中的“高效空气净化器”。能同时净化空气中的苯、三氯乙烯和甲醛，非常适合摆放在新装修好的居室中。
金心吊兰	可以清除空气中的有害物质，净化空气。
非洲茉莉	产生的挥发性油类具有显著的杀菌作用。可使人放松、有利于睡眠，还能提高工作效率。
滴水观音	有清除空气灰尘的功效。
金琥珀	昼夜吸收二氧化碳、释放氧气，且易成活。
绿叶吊兰	不择土壤，对光线要求不严。有极强的吸收有毒气体的功能，有“绿色净化器”之美称。
巴西铁	又称香龙血树，可以清除空气中的有害物质。

散尾葵	绿色的棕榈叶对二甲苯和甲醛有十分有效的净化作用。
桂花	可以清除空气中的有害物质，产生的挥发性油类具有显著的杀菌作用。
巴西龙骨	昼夜吸收二氧化碳、释放氧气，且易成活。
白掌	抑制人体呼出的废气如氨气和丙酮的“专家”。同时它也可以过滤空气中的苯、三氯乙烯和甲醛。它的高蒸发速度可以防止鼻黏膜干燥，使患病的可能性大大降低。
银皇后	以独特的空气净化能力著称，空气中污染物的浓度越高，它越能发挥其净化能力。非常适合通风条件不佳的阴暗房间。
常春藤	能有效抵制尼古丁中的致癌物质。通过叶片上的微小气孔，吸收有害物质，并将之转化为无害的糖分与氨基酸。
铁线蕨	每小时能吸收大约 20 微克的甲醛，因此被认为是最有效的生物“净化器”。成天与油漆、涂料打交道者，或者身边有喜好吸烟的人，应该在工作场所放至少一盆蕨类植物。另外，它还可以抑制电脑显示器和打印机中释放的二甲苯和甲苯。
鸭脚木	给吸烟家庭带来新鲜的空气。叶片可以从烟雾弥漫的空气中吸收尼古丁和其他有害物质，并通过光合作用将之转换为无害的的物质。另外，它每小时能把甲醛浓度降低大约 9 毫克。
千年木	叶片与根部能吸收二甲苯、甲苯、三氯乙烯、苯和甲醛，并将其分解为无毒物质。
黄金葛	可以在其他室内植物无法适应的环境里“工作”。通过类似光合作用的过程，它可以把织物、墙面和烟雾中释放的有毒物质分解为植物自有的物质。
垂叶蓉	叶片与根部能吸收二甲苯、甲苯、三氯乙烯、苯和甲醛，并将其分解为无毒物质。
米兰	天然的清道夫，可以清除空气中的有害物质。淡淡的清香，雅气十足。

尽管摆放绿植可以除尘放氧，不过专家提醒，绿植的摆放有很多的讲究，比如房子的入口处人来人往，尽可能不要摆放脆弱的阔叶植物；在客厅和餐厅面积较大的地方则适合集中摆放如常春藤等植物，不仅能

对付从室外带回来的细菌，还能够吸纳难清理的死角灰尘；在卧室则不要种植夜间呼吸作用强的植物，否则会增加室内二氧化碳含量，也不要摆放香味强烈的植物，否则容易造成呼吸不畅，影响睡眠。

此外，家庭成员的构成决定选用和摆放植物的品种。如在老人房内切忌放置大叶片植物，因其蒸发水分较多，释放到空气中，对有风湿病的老人不利。如果家里有小孩，则不要摆放观刺、观根类植物，以免小孩玩耍时被刺伤。

但大家必须清楚的是，绿植的空气净化效果并没有想象的那么显著。中国疾病预防控制中心博士李强就表示，无论是绿色植物，还是空气净化器，其吸附作用都“非常有限”，人们不能“太指望”它们去治理空气污染物。

中国环境科学研究院研究员张金良所做的一个试验佐证了这一点。他通过芦荟吸附甲醛，验证了绿色植物对污染物有一定的吸附作用，但他同时发现，植物的吸附强度只能对局部的空气进行改善，却不能完全清洁空气。[1]

换言之，要依赖居室里的绿植来防霾，就要种满花草，跟植物园的温室大棚一般。而区区几盆绿植，不过是生活的小点缀，充其量只能对局部空气环境有所改善。

不靠谱的防霾创意

如果说口罩、空气净化器、绿植是传统意义上的“防霾三神器”，它们或多或少还能阻挡 PM2.5 的话，那下面这些“神器”就更不靠谱了。一方面，商家开动脑筋，过分夸大自家产品的功效，只要有钱赚，搭上

[1] 《治理雾霾天气不能太指望绿色植物》，《中国青年报》2013 年 1 月 17 日。

防霾的顺风车又何妨；另一方面，广大消费者创意无限，思想有多远，防霾就有多远，只要你敢想，“神器”立马登上场，貌似有道理，实则风马牛不相及。

在口罩和空气净化器的感召下，一款名为“电子口罩”的产品打着创新的旗号粉墨登场。所谓“电子口罩”，实际上也就是便携式的负离子空气净化器。按照商家的说法，该产品挂于胸前，释放出 350 万个负离子在脸部形成 1 个电子口罩，把直径 1 微米以下的微尘、细菌、病毒阻挡在外；吸入大量的负离子可使肺吸氧功能增强，排出的二氧化碳增加，通过肺泡进入血液促进新陈代谢，减少肌肉中的乳酸，增强全身肌体的活力。

而实际上我们知道，负离子净化器必然释放对人体有害的臭氧。如果说放在居室里的负离子净化器跟人还能保持一定距离的话，挂在胸前的电子口罩那可是亲密的零距离接触，你在吸入清新的负离子的同时，也在源源不断地吸入臭氧。

另一个加入雾霾商战的是医疗器械制氧机。制氧机原本只是供心脑血管疾病、呼吸系统疾病患者和出现高原反应的缺氧人群使用，如今被大肆宣传，说它不但有助于老人长寿、女人美容、学生提高成绩，而且成为普罗大众对抗雾霾、清除 PM2.5 的利器。

显然，空气污染和缺氧并不能画等号，制氧机也并不具备净化空气的神奇功效。环保专家谢绍东表示，制氧机是否可以释放负离子并不清楚。即便释放了负离子，确实可以和空气中油烟、二手烟释放的正离子中和，但两者结合起来，还是颗粒物，仍然会悬浮在空气中，也不会掉下来，所以根本净化不了空气。这种说法很可笑，不过是商家销售的噱头而已。他还直言，如果制氧机可以净化空气，那么治理空气污染就不会如此复杂和艰难了。[1]

另外，吸氧能改善心肺功能，从而提高人体自身抵抗雾霾能力的说法，也是行不通的。首先，制氧机属于医疗器械，仅限于特定缺氧人群；并且，根据国家食品药品监督管理总局的规定，该类产品必须在医生指导下按照处方的每日使用时间和流速使用，从而降低适应症选择不当带来的风险。如何界定缺氧，采用的标准是血氧分压在 60 毫米汞柱以下或血氧饱和度在 90% 以下。其次，雾霾天气下，空气中的颗粒物增加，但氧气占比并不会下降。对健康人群来说，吸氧就意味氧气过量，这样不仅无法改善心肺功能，而且会导致氧中毒。氧中毒早期表现为胸骨后疼痛、刺激性干咳，同时常伴有感觉异常、食欲缺乏、恶心头痛等全身症状，继续吸入高浓度氧可发展为进行性加重的呼吸窘迫、呼吸衰竭甚至死亡。

有网友自制了过滤嘴鼻塞，并在网上推荐——把新的香烟过滤嘴剪下 2 ~ 3 厘米，剥掉过滤嘴外层的纸皮，把滤芯插入鼻孔。还可以根据个人需要，在过滤嘴上滴一些清新、香气之类的液体。经尝试发现，呼吸不太顺畅，而且尽管是没有吸过的香烟过滤嘴，但多多少少还有烟草的味道，觉得呼吸更加不舒服。

专家表示，目前过滤嘴对 PM2.5 的过滤效果并没有医学证据。由于过滤嘴导致呼吸不顺畅，很可能刺激人张口呼吸。这样一来，就失去了鼻子原本的过滤功能，反倒吸进了更多 PM2.5。[2]

日常生活中，人们习惯用煮过的茶叶、柚子皮去异味。于是，有人想到了用柚子皮制作防霾面具。有网友取一大块柚子皮，根据个人的脸型进行裁剪，并在脸颊两侧各穿一个孔，实用的柚子皮面具新鲜出炉。

专家表示，目前过滤空气的产品都有活性炭的成分，口罩也好、空

[1] 《制氧机净化 PM2.5？这事挺可笑》，《法制晚报》2013 年 11 月 15 日。
[2] 《防霾“神器”偏方多 还是口罩最靠谱》，《北京日报》2014 年 2 月 23 日。

气净化器也好，应用的都是这个原理。而柚子皮并不含有活性炭，起不到过滤空气的作用。而且柚子皮本身也不透气，人们佩戴会造成呼吸不畅，对于净化空气一点儿作用也没有。柚子皮的清香味道也许能给人一种心理安慰。[1]

还有人把目光投向体育锻炼，希望通过运动抵御雾霾。引领这一潮流的是河北省石家庄市的光明路小学。这所以武术特长闻名的打工子弟学校创编了一套有23个动作的室内武术健身操“武动光明”，因其中有两个动作旨在与防雾霾对身体的影响，又称“防雾霾操”。

该校教导处副主任魏换强解释，石家庄市多次启动雾霾黄色预警，市教育局要求学校在雾霾天气里取消户外体育活动。由于雾霾天气持续时间长，学生体育课和户外运动一直不能开展，于是就推广这套健身操。

这套健身操选自武术运动中的动作，根据室内锻炼的特点和要求，动作幅度小，发力轻，由23个动作组成。在这套操中，按压合谷穴、气沉丹田动作有效提升了学生抵御雾霾的能力，不仅应对雾霾的威胁，还很好锻炼了身体。

魏换强认为，按压合谷穴有利于肺脏的排毒，气沉丹田能有效减少体内废气残留，有利于发散雾霾对学生身体的侵害。而且，全套操下来2分钟，时间短、发力轻，身体活动充分，做完整套操身体微微出汗还能起到排毒的效果。

按压合谷穴、气沉丹田究竟能否起到防雾霾的效果呢？河北省医科大学附属第一医院中医科主治医师刘二军认为，这套操涉及的合谷穴和关元穴是人体的重要穴位，通过按压，可提高免疫力；而做这套操对预防雾霾究竟起到多大帮助，还不好说。[2]

---

[1] 《防霾“神器”偏方多 还是口罩最靠谱》，《北京日报》2014年2月23日。

[2] 《23个动作能抗霾？石家庄一小学创编“防雾霾操”引争议》，新华网2013年12月12日。

广州军区广州总医院呼吸内科副主任李伟峰则表示，“被吸入体内的雾霾主要是十分微小的颗粒以及气体，它们会进入肺部，最近的科学研究证明雾霾甚至会进入血小板，想通过运动或者食物来排出体内的雾霾都毫无作用，更多的只是给人心理上的自我安慰。”[1]

【链接】 选购净化器须“防忽悠”

“净化率高达 99%，甚至 99.99%。”

应该同时说明是在什么条件下，多大空间中，运行多长时间达到的。离开这些，单独谈净化率没有任何意义。

“紫外线灯可以对室内空气进行杀菌。”

紫外线消毒杀菌并不是一个瞬时杀菌技术，它需要一个照射时间。例如，用辐照强度为 70 uW / cm^2 的紫外线表面消毒器近距离照射物品表面；选择的辐照剂量是 100000 u W.s / cm^2；则需照射的时间为 24 分钟。

空气在净化器内部是快速流动的，假设空气净化器的最低风速为 1.0m/s，那么通过一个 10cm 管路的时间仅需要 1/6s，在这么短的时间内紫外线灯管难以实现消毒杀菌的作用。紫外线灯管的最大作用，就是抑制空气净化器内部细菌的滋生，对室内空气则起不到杀菌作用。

[1] 《“防霾操”真能防霾吗？专家称只是自我安慰》，《南方日报》2013 年 12 月 18 日。

“不用更换滤芯。”

实际上并非如此，一旦长期使用，滤芯就会积满灰尘、细菌、颗粒等，不及时清除很可能再次吹到空气中造成二次污染。因此，滤芯使用半年或一年就应该清洗或更换一次。

“监测室内空气质量。”

净化器就是净化器，多余的功能全是扯皮。真正能够测到 PM2.5 的仪器大多价格不菲，上千甚至上万。如果在净化器上安装这种精密元件，成本会怎样？这样的元件最多只能感应到 PM50(肉眼可见的颗粒物，比如香烟烟雾)，所以你用不上，却为这个多花了钱。

第四章　改变自己最重要

《古兰经》上记载了这样一个故事：

伊斯兰教的先知穆罕默德，带着他的四十个门徒在山谷里讲经说道。穆罕默德说：信心是成就任何事物的关键。也就是说，人有信心，便没有不能成功的事情。这时，一位门徒对他说："你有信心，你能让对面那座山过来，让我们站在山顶上吗？"

穆罕默德望着他的门徒，满怀信心地点了点头。接着，穆罕默德对着山大喊一声："山，你过来！"山谷里响起他的回声，回声渐渐消失，山谷又归于宁静。

大家都聚精会神地望着那座山，穆罕默德说："山不过来，我们过去吧！"

于是，穆罕默德带着他的弟子们开始爬山，经过一番努力，终于爬到了山顶，他们因为内心的希望成为实现，在山顶上欢呼着。这时，穆罕默德说："这个世上根本就没有移山大法，唯一能够移动山的方法，就是'山不过来，我过去'。"

无法改变环境，那就改变自己。这无疑是一种务实的人生态度和生活哲学。对雾霾来说，也是如此。

雾霾常态化

我们先来看一组数据。

根据环保部对2014年74座城市的空气质量监测结果显示，海口、拉萨、舟山、深圳、珠海、福州、惠州和昆明8座城市的PM2.5、PM10、NO_2、CO和O_3等6项污染物年均浓度均达标，其他66座城市存在不同程度超标现象。[1]

从城市达标天数分析，74座城市平均达标天数比例为66%。也就是说，全国74座城市平均每10天就有3天多时间笼罩在雾霾之中，京津冀地区很多城市的空气污染状况要更严重，像北京的空气质量不达标天数超过了半年。

地区	监测城市个数	空气质量平均达标天数比例	PM2.5年均浓度（微克／立方米）
京津冀	13	42.8%	93
长三角	25	69.5%	60
珠三角	9	81.6%	42
北京		47.1%	85.9

长期与雾霾为伴，所以，对PM2.5的关注就成为我们生活的一部分。并且，这种状况今后将持续相当长的时间。正是从这个意义上讲，雾霾逐渐成为一种常态。国家发改委前副主任、现任全国政协人口资源环境委员会副主任的解振华曾公开承认，“现在中国大气污染比较严重，雾霾天气几乎常态化。”[2]

至于一年中有5个月甚至6个月以上笼罩在雾霾之中的情况，今后将持续多长时间，是个仁者见仁、智者见智的问题。

---

[1] 《环境保护部发布2014年重点区域和74个城市空气质量专科》，环保部网站2015年2月2日。

[2] 《发改委副主任承认大气污染较严重 雾霾天气几乎常态化》，《南方日报》2013年11月6日。

解振华的观点显得乐观些。他认为，随着国务院发布的《大气污染防治行动计划》的贯彻落实，通过 5 ~ 10 年的时间，大气污染的状况会得到改善。[1]

曾任国家发改委城市和小城镇中心研究员的易鹏，对未来的预期则更加谨慎。他认为，雾霾有可能伴随我们几十年。在他看来，“未来中国 20、30 年间能够维持现在这个局面就不错了，要想健康中国梦、要想重回蓝天，可能要到下一代人或者是再两个下一代人，所以，健康中国梦可能是一个长久梦，需要长期实现。”[2]

环保部环评常聘专家库成员彭应登认为，中国接下来将进入雾霾高发期。他说，目前我国正在经历发达国家二三十年前的阶段，即由于城市化过程发展和城市布局不合理而导致的区域性的雾霾高发。

“假如城市的污染治理没有得到根本改观，城市化过程中不注意城市之间的相互影响，不留下足够的通道，不考虑污染物稀释扩散结构的话，这种局面在中国至少还会持续 10 ~ 20 年。”彭应登说。[3]

复旦大学环境经济研究中心副主任李志青则预计，整个雾霾的高峰要在 2021 ~ 2030 年之间到来，2049 年前后可望恢复蓝天白云。[4]

上面的这些说法有没有道理？有没有一些历史的经验可以借鉴？我们不妨看一下以“伦敦雾”著称的英国伦敦和曾经发生光化学烟雾污染的美国洛杉矶，这两座城市治理雾霾所花费的时间。

“在城市边缘地带，雾是深黄色，靠里一点儿是棕色的，再靠里一点儿，棕色再深一些，再靠里，又再深一点儿，直到商业区的中心地带，雾是赭黑色的。”以创作《雾都孤儿》而蜚声世界文坛的英国作家查尔斯·

[1] 《发改委副主任承认大气污染较严重 雾霾天气几乎常态化》，《南方日报》2013 年 11 月 6 日。
[2] 《易鹏：雾霾天将成常态 至少存在 30 年》，中国经济网 2013 年 4 月 24 日。
[3] 《雾霾东进，不能先污染后治理》，《半岛晨报》2013 年 12 月 15 日。
[4] 《雾霾常态化，雾霾该如何思维和作为》，《文汇报》2014 年 1 月 8 日。

狄更斯这样描写伦敦的雾。在法国印象派大师莫奈的代表作《日出·印象》中，伦敦的雾是光怪陆离的淡紫色，雾中，一轮红日拖着一缕橙黄色的波光缓缓升起，近处的小船，远处的港口在一片朦胧中若隐若现……

从狄更斯生活的 19 世纪开始，英国伦敦就以“雾都”闻名天下。历史上，1813 年、1873 年、1880 年、1882 年、1891 年、1892 年这些年份都出现过严重的空气污染。只不过，1952 年雾霾现象达到顶峰，发生了震惊世界的“伦敦烟雾事件”。

1952 年 12 月 4 日至 9 日，大范围高浓度的雾霾笼罩伦敦。据史料记载，从 12 月 5 日到 12 月 8 日的 4 天里，伦敦市死亡人数达 4000 人，其中，48 岁以上人群死亡率为平时的 3 倍；1 岁以下人群的死亡率为平时的 2 倍。此外，肺炎、肺癌、流行性感冒等呼吸系统疾病的发病率也有显著增加。在接下来的两个月中，这起事件总共造成 12000 人死亡。

这一事件促使英国人反思并研究对策。英国政府从 1953 年开始“重典治霾”，到 1980 年的时候，治理初见成效，那一年伦敦发生严重雾霾的天数仅为 5 天。英国政府对空气污染的治理工作始终没有放松，直到今天。如今的的伦敦，已成为一座“绿色花园城市”，并荣登吸引全球游客最多的城市之榜首。

从“伦敦烟雾事件”到上世纪 80 年代的初见成效，雾霾在伦敦持续了 28 年。如果从狄更斯笔下的“雾都”算起，先后时间近两百年。英国政府对雾霾的治理工作则持续了 60 多年，其中近 30 年政策效果才开始显现。

早在十多年前，大西洋的另一端，美国西海岸的洛杉矶，这个以工业和金融而闻名的美国第二大城市，世界音乐与电影的圣地好莱坞的所在地，孕育出科比等众多 NBA 明星的湖人队所在的城市，同样发生了严重的空气污染，被称为“光化学烟雾事件”。

光听这个名字就很瘆人，光化学烟雾是指汽车、工厂等污染源排入大气的碳氢化合物和氮氧化物等一次污染物在阳光作用下发生光化学反应生成二次污染物，参与光化学反应过程的一次污染物和二次污染物的混合物所形成的烟雾污染现象。

从1940年初开始，洛杉矶每年夏季至早秋，只要是晴朗的日子，城市上空就会出现一种弥漫天空的浅蓝色烟雾。这种烟雾使人眼睛发红、咽喉疼痛、呼吸憋闷、头昏、头痛。1943年以后，烟雾更加肆虐，以致远离城市100千米以外的海拔2000米高山上的大片松林也因此枯死，柑橘减产。

洛杉矶在1940年就拥有250万辆汽车，每天大约消耗1100吨汽油，排出1000多吨碳氢化合物，300多吨氮氧化合物，700多吨一氧化碳。另外，还有炼油厂、供油站等其他石油燃烧排放，这些化合物被排放到洛杉矶上空，就制造了一个毒烟雾工厂。

1945年2月，洛杉矶郡议会颁布禁止大量排放废气法案，并成立大气污染治理监督办公室。从此，洛杉矶踏上了长达半个多世纪的治理之路。直到20世纪90年代后期，洛杉矶才终于拨霾见日。

雾霾在洛杉矶持续了近60年，治理工作也旷年日久，持续了近60年。如今，光化学烟雾已经成为历史，但"烟雾城"的名号却成为人们心头挥不去的阴影。就像路透社报道所写，虽然洛杉矶标榜自己是美国气候条件最好的城市之一，也是空气质量最好的城市之一；但是，在很多美国人的心中，这座城市仍然没有摆脱雾霾第一和交通拥堵第一的"名气"。

诚然，北京不是伦敦，也不是洛杉矶。但这两个城市的雾霾持续时间却值得我们参考，治霾经验值得我们去借鉴。

最后，笔者认为，我们这代人遇到的雾霾天气将持续相当长的时间，不会少于10年，应当作好心理准备；对雾霾的治理将需要更长的时间，可以毫不夸张地说，雾霾治理将是一场持久战。

除横向对比外，支撑上述观点的理由至少有下面几个：

一是“煤老大”的能源格局在十年，甚至几十年内很难有实质性的变化。目前，中国的一次能源中 69% 靠煤，发电 80% 以上来自火电。天然气、太阳能、风能、水电、核电等清洁能源虽在不断扩大占比，但受制于能源储量、技术难题、项目安全性、成本高、市场竞争力低等因素，它们都无法撼动煤炭一枝独秀的市场地位。

二是汽车业蓬勃发展，汽车保有量逐年上升，这一态势在未来将持续，短期内尚看不到滞涨甚至是下降的情况。

在中国，汽车业是支柱产业。根据中国汽车工业协会发布的数据，2014 年我国汽车生产 2372.29 万辆，同比增长 7.26%；销售 2349.19 万辆，同比增长 6.86%。[1] 国家统计局发布的《2014 年国民经济和社会发展统计公报》显示，2014 年末全国民用汽车保有量达到 15447 万辆（包括三轮汽车和低速货车 972 万辆），比 2013 年末增长 12.4%，其中私人汽车保有量 12584 万辆，增长 15.5%。

过去十年，中国汽车普及率增长 5 倍，平均 1000 人拥有 56 辆汽车，但仍低于 2009 年全球汽车普及率，即 1000 人拥有 125 辆汽车。排除限购、油品升级导致燃油成本提高等不利因素，中国汽车业依然有增长空间。即使新能源汽车在未来能占一席之地，仍难以改变汽油动力车占绝大多数，汽车尾气污染越来越严重的状况。而汽车市场出现饱和，替代性交通方式导致汽车保有量下降，恐怕需要一个相当漫长的等待过程。

三是中国经济的持续性高增长很大程度上依赖于粗放式发展模式，过分开采资源，凡事唯 GDP 马首是瞻，不考虑环境保护。如今，粗放式、粗加工要向精耕式、高附加值转变，GDP 向绿色 GDP、幸福指数转变，困难重重，绝非一日之功。

---

[1] 《2014 年中国汽车产销量突破 2300 万辆 连续六年全球第一》，中国广播网 2015 年 1 月 12 日。

首先，模式转变过程中，有可能出现 GDP 增长放缓甚至下降，从而导致人均收入减少，失业率上升。显然，这些是大家都不愿意看到的。所以，模式转变的路径只能是在保增长的基础上调结构。而这就决定了，原来牺牲环境为代价的粗放增长只能逐步减少，而不会“一刀切”全部禁止。对政府来说，相当长的时间，只能在 GDP 增长与环境保护之间取一个平衡；并且不排除两者此消彼长的过程中间会有多次反复。

其次，无论节能减排，还是为环保进行的升级改造，都要打破原有的利益格局，对之进行重构。而利益格局的重构，不遇到困难和阻力几乎是不可能的，这将有可能使环保标准的执行和监管力度大打折扣。

我们回过头再看美国洛杉矶长达半个多世纪的雾霾治理，一方面说明治理工作确实需要相当长的时间；另一方面也反映治理过程中遭遇了巨大的阻力，GDP 增长和环保之间的力量对比不断发生变化，几十年时间里充斥着不同利益团体与政府之间的谈判、扯皮。

雾霾治理是一个长期的过程。从 20 世纪 40 年代初期洛杉矶出现光化学烟雾到 1970 年颁布《清洁空气法案》，经历的时间接近 30 年。“在这一过程中，遇到各种各样的阻力，来自汽车公司、石油公司，此外，还有政府和立法者的不作为。”《雾霾之城——洛杉矶雾霾史》一书的作者奇普·雅各布说，“如果你回过头去看，会发现真正推动这项事业的是那些普通的民众，想象一下如果没有《洛杉矶时报》，没有哈根斯·米特，没有‘地球日’上的示威群众，我们今天肯定还会生活在雾霾当中。”

靠物不如靠人

如此看来，今后几十年我们将不得不同雾霾打交道。生活总得继续，PM2.5 的危害大家也心知肚明，谁又能为中国人的健康保驾护航呢？依赖防霾工具行不行？还是坐等雾霾治理政策的贯彻、执行？

上一章，我们介绍了很多防霾“神器”，既有传统工具旧貌换新颜，再受热捧，也有网络时代的奇思妙想，只要能想到，仿佛就有效。排除像过滤嘴鼻塞、柚子皮面罩等对防霾没有丝毫帮助的不靠谱“神器”外，我们再总结分析一下在多大程度上可以依赖这些工具来抵抗 PM2.5。

首先，看看这些工具净化空气的原理何在，或者说有哪些防霾法宝。

第一招，滤字当头，好的进来，PM2.5 莫留。

雾霾肆虐的时候，我们最先想到的防霾招数就是过滤，让好的空气进来，把 PM2.5 挡在外面。N95、KN90 口罩和在单一进风口安装的带滤网的空气净化器，都属于这一类型。

夏天蚊虫多的时候，我们会在窗户上安装纱窗，睡觉的时候会放下蚊帐。无论纱窗还是蚊帐，都是把蚊虫挡在外边，为使用者创造一个免受打扰的小环境。但问题有两个，一是纱窗使用时间长了，就可能有破损，蚊帐则是没办法保证接合部绝对严密，还是会有漏网之蚊虫飞进来。二是装上纱窗会让视线变得模糊，窗外的风景就会看不清楚，躲进蚊帐虽免受蚊叮虫咬之苦，但却感到憋闷，有些呼吸困难，时间长了还会头晕乏力。

戴口罩也存在类似的问题。密封性好的、过滤性强的口罩在阻挡 PM2.5 的同时，内部空气也在减少，时间长了自然呼吸不畅，头晕乏力，出现缺氧的症状。正所谓，有所得必有所失。

第二招，代君受过，聚尘净气，集腋成裘。

在战场上，有一类人叫先锋官，逢山开路，遇河搭桥，碰上地雷阵得先排雷，勘察地形，以保证后续大部队的顺利行军。带 HEPA 滤网的空气净化器和摆放在居室内的绿植跟先锋官的作用是类似的，尽可能吸附颗粒物，房间里的 PM2.5 浓度自然就会下降，空气就变得清新。

夏天蚊子多的时候，很多人都会使用灭蚊灯。这是一种利用蚊子趋光、随气流而动、对温度敏感、喜群聚，特别是追逐二氧化碳气息和觅性信息素而至的习性研制出的一种环保无污染的高效捕杀工具。大多数蚊子都飞向灭蚊灯，落入捕蚊气旋之中，脱水风干而死，房间里的人自然就免受蚊子叮咬。

无论带 HEPA 滤网的空气净化器、绿植，还是灭蚊灯，都只能对局部空间起作用，房间一大就显得力不从心。而且，人离其越近，越容易出问题。空气净化器使房间里的空气得到净化，但机器附近却成为一个新的空气污染源。绿植是能吸附颗粒物，但摆放在卧室，它的光合作用就会与人“抢氧气”。灭蚊灯发出的光线，对休息则是一种打扰。

第三招，主动出击，附着落地，有利有弊。

无论过滤，还是聚尘净气，都是被动的，以空气流动为主。除了这些方式之外，还有一种工具能做到主动出击，只要空间里存在 PM2.5，就可以使其附着落地，变得对人无害。很多使用新技术、无滤芯滤网的空气净化器，就是采用这样的原理。我们以负离子空气净化器为例，加以说明。

负离子空气净化器是利用所谓的电晕放电方法来产生带电分子，也就是离子。空气中的大多数原子都是电中性的，它们拥有相同数量的带负电的电子和带正电的质子。电晕放电形成一个很小但很强的电场。穿过这个电场的分子将得到一个电子而带上一个负电荷；或丢失一个电子而带上一个正电荷。空气中较大的微粒（如灰尘或其他污染物等）更容易成为离子，因为它们穿过电晕放电区时更容易获得或失去电子。

一旦某个微粒带上电，它就会被带相反电荷的任何其他物质所吸引。空气净化器内的两块充电金属板（一块带正电，一块带负电）可以吸附带电微粒。此外，如果空气中的微粒带不同电荷，它们也会相互吸引。相互吸引在一起的微粒变得更重，最后从空气中掉落下来。

前面一直拿驱蚊设备作类比，跟负离子空气净化器原理相近似的是电蚊香。电蚊香的驱蚊原理是将除虫菊等吸入蚊香片中，加热后蒸发。

除虫菊的花蕊中富含一种叫作除虫菊素或除虫菊酯的杀虫活性物质，具有显著的杀虫作用。除虫菊素杀虫的特点在于它具有神经毒性，一旦被害虫接触到，就会迅速嵌入害虫的神经系统，迅速击倒、杀灭害虫，但是它的这种特性却不会对人和哺乳动物的神经系统起作用，也不会在哺乳动物体内存留；它具有广谱杀虫性，因为杀虫机理复杂，不容易产生抗药性，在自然环境中容易迅速分解为水和二氧化碳，不残留任何有毒物质。

就像一块硬币总有正反两面一样，使用负离子空气净化器对抗PM2.5的同时，也不得不吸入它带来的副产品——臭氧，而臭氧对人体健康来说是有害的。电蚊香确实能散发除虫菊的气味，以达到灭蚊的效果；但另一方面，电蚊香除释放出亚列宁、甲苯等化学物质外，尚有许多未知的，具危害性的化合物。如在密闭室内使用，可能会产生严重过敏的现象，如喉咙痛、鼻塞、头痛等。

这些工具确实在一定程度上能起到防霾的效果，但又都存在着这样那样的问题。基于以下理由，我们认为，完全依赖这些工具来防霾绝对是行不通的，靠物不如靠人。

首先，移动性的生活、工作模式增加了防霾的难度。人除了每天8小时躺在床上睡觉外，其余时间总是在变换场所。毕竟，天天宅在家里的人是少数，家是生活的港湾，而船总是要出海的。

场所的不停转换，决定了空气净化器的作用其实十分有限。至于所谓的电子口罩，便携式负离子空气净化器，随时随地制造臭氧，您也不敢用啊！还有一种工具是随身、可移动的，那就是口罩，阻挡PM2.5没什么问题，但呼吸也变得困难，您也不敢长时间佩戴。

其次，空气净化器只对局部的空气质量改善有效，绿植吸附颗粒物的能力有限，而空气是流动的，即使关上窗户也无法完全阻止与外界的气体交换，PM2.5源源不断地增加，让空气净化器和绿植捉襟见肘。

再次，雾霾天气是经常性的，是长期的，这就决定了防霾工具的使用也必须是长期的，不间断的。但问题是，这些工具的长期使用要么会增加成本，要么让便捷性大打折扣。所以，长期使用并非易事。

口罩即便做不到日抛，但戴几次后总是要更换新口罩的。空气净化器使用时间长了，必须要更换滤网、滤芯的，至于采用新技术、无滤芯的空气净化器，24 小时不间断地工作，总是要耗电的，并且会产生噪音。后续成本的增加，提高了防霾工具长期使用的门槛。

不少人家里都买过洗碗机和消毒机，但能坚持使用的却是少数。毕竟，先洗碗后洗机器，是不方便的；水果蔬菜消毒后再清洗干净，肯定不如用水直接冲洗一下快捷、方便。便捷性是防霾工具长期使用的另一道门槛。

最后，也是非常重要的一点，这些防霾工具本身都有缺点。这些缺点影响了它们的使用。

长期戴口罩会导致呼吸不畅，出现种种缺氧症状，并且使身体的免疫力下降。带 HEPA 滤网的空气净化器，存在更换滤网和近距离空气污染更重的问题。新技术、无滤网的空气净化器，会制造臭氧，对人体健康有害。绿植不存在这些问题，但净化空气的能力又十分有限，更多是室内的点缀和摆设，还真指望不上它。

确实，单单依靠这些有这样那样缺点的“神器”防霾，还真不行。雾霾时代的我们，必须寻找别的解决途径。

靠人不如靠己

既然抵抗 PM2.5 仅凭那些“神器”根本无法解决问题，那就必须返回头重新考虑如何发挥人的主观能动性。常言道，“解铃还须系铃人。”雾霾天气很大程度上跟 GDP 至上的发展模式、摊大饼式的城市规划等有关，而这些起主导作用的都是政府。那在雾霾的治理过程中，扮演主角的自然是政府，其他参与者则应响应治霾号召，尽自己的一份力。

我们先简要看一下政府采取的治霾措施，然后主要分析一下个人在其中应当做些什么。

2013 年 9 月 10 日，国务院颁布了《大气污染防治行动计划》（亦称为“大气 10 条”）。该计划将成为今后一段时间雾霾治理方面的纲领性文件。该计划的目标是，到 2017 年全国地级及以上城市可吸入颗粒物浓度比 2012 年下降 10% 以上，优良天数逐年提高；京津冀、长三角、珠三角等区域细颗粒物浓度分别下降 25%、20%、15% 左右，其中北京市细颗粒物年均浓度控制在 60 微克 / 立方米左右。

为实现这一目标，《大气污染防治行动计划》要求做好以下几方面的工作：

一是加快能源结构调整。控制煤炭消费总量，到 2017 年，煤炭占比降低到 65% 以下。增加清洁能源供应，到 2015 年，新增天然气干线管输能力 1500 亿立方米以上，覆盖京津冀、长三角、珠三角等区域。到 2017 年，上述区域基本完成燃煤锅炉、工业窑炉、自备燃煤电站的天然气替代改造任务。到 2017 年，运行核电机组装机容量达到 5000 万千瓦，非化石能源消费比重提高到 13%。

二是强化对移动污染源的防治工作。合理控制机动车保有量，鼓励绿色出行。优化城市功能和布局规划，推广智能交通管理。提升燃油品质，在 2017 年底前，全国供应符合国家第五阶段标准的车用汽、柴油。加强机动车环保管理。大力推广新能源汽车，北京、上海、广州等城市每年新增或更新的公交车中新能源和清洁燃料车的比例达到 60% 以上。

三是调整产业结构，优化空间布局，推动转型升级，严格环保准入。严控高能耗、高污染行业新增产能，加快淘汰落后产能，压缩过剩产能。重大项目原则上布局在优化开发区和重点开发区。严格限制在生态脆弱或环境敏感地区建设“两高”行业项目。强化环境监管，严禁落后产能转移。提高节能环保准入门槛，健全重点行业准入条件。严格实施污染物排放总量控制，将二氧化硫、氮氧化物、烟粉尘和挥发性有机物排放是否符合总量控制要求作为建设项目环境影响评价审批的前置条件。

四是对工业企业，减排治理与技术改造相结合。全面整治燃煤小锅炉。加快推进集中供热、“煤改气”、“煤改电”工程建设。加快重点行业脱硫、脱硝、除尘改造工程建设。京津冀、长三角、珠三角等区域要于 2015 年底前基本完成燃煤电厂、燃煤锅炉和工业窑炉的污染治理设施建设与改造，完成石化企业有机废气综合治理。加强脱硫、脱硝、高效除尘、挥发性有机物控制、柴油机（车）排放净化、环境监测，以及新能源汽车、智能电网等方面的技术研发，推进技术成果转化应用。全面推行清洁生产，到 2017 年，重点行业排污强度比 2012 年下降 30% 以上。大力发展循环经济，大力培育节能环保产业。

五是市场调节和法律监管“两手抓”。发挥市场机制调节作用。本着“谁污染、谁负责，多排放、多负担，节能减排得收益、获补偿”的原则，积极推行激励与约束并举的节能减排新机制。完善价格税收政策，发挥其杠杆调节作用。拓宽投融资渠道，鼓励民间资本和社会资本进入大气污染防治领域。完善法律法规标准，提高环境监管能力，加大环保执法力度，实行环境信息公开。

六是建立监测预警体系，制定完善应急预案。

七是加强区域协作，动员全民参与。

按照全国政协人口资源环境委员会副主任解振华的说法，随着“大气 10 条”的进一步贯彻落实，通过 5 ~ 10 年的时间，按照“大气 10 条”的要求，大气污染的状况会得到改善。

北京市市长王安顺则是立下了生死状。他说，“我代表北京市跟中央签订了责任状，也立下了壮士断腕的决心，如果空气污染（控制目标）

到2017年实现不了，领导说了既是句玩笑话，也是句分量很重的话，‘提头来见’。”[1]

对于雾霾治理措施的执行效果，目标能否按时完成等，这里不予置评。2017年正一天天向我们走来，相信时间会证明一切。

“大气10条”中提到了动员全民参与。诚然，雾霾治理是一项系统工程，它不能仅靠政府的决心、监管和企业的行动，还有赖于每个人的积极参与。不能认为“治霾是政府和企业的事，与个人无关”。

面对经常出现的雾霾天气，作为个人，首先要响应节能减排、低碳环保的号召。从自身做起，勿以善小而不为。

比如北京的车友会、民间环保组织等发起的“少开一天车”环保公益活动，倡议有车族每月选择公休、节假日的任何一天，改乘其他交通工具；让私家车停驶一天，减少环境污染。实际上，很多车主都十分响应这一号召，有的少开车还不止一天。

以一辆使用“国三”标准汽油的小轿车举例，该小轿车按平均每天行驶5公里，百公里油耗10升计算，少开一天车可以减少碳排放1.35千克（相当于种了0.27棵树），减少有毒有害污染物排放21克。

其次，您如果身处重污染行业的话，当个人利益与整体利益，眼前利益与长期利益发生冲突的时候，应当以自身的行动（尽管力量微薄）支持节能减排的环保政策，而不要仅仅停留在口头上。

最后，也是最重要的，既然雾霾天气已经成为常态，新鲜的空气竟成为一种奢侈品，既然治理措施无法在短期内奏效，我们不得不长期与PM2.5为伴，那就必须调整自己的生活方式，让身体强壮起来，才能坚持到蓝天白云重新回来的日子，而不是在持久战中自己先输给了雾霾。正所谓“靠人不如靠己”。

---

[1] 《降低PM2.5首次纳入立法》，《新京报》2014年1月19日。

强身才是王道

“关上门窗，尽量不让雾霾进到家里；打开空气净化器，尽量不让雾霾进到肺里；如果这都没用了，就只有凭自己的精神防护，不让雾霾进到心里”。这是于丹老师为防霾烹制的一碗“心灵鸡汤”。诚然，这种阿 Q 式的自我心理安慰，对抵抗 PM2.5 来说是丝毫不起作用的。

雾霾无时不在，无孔不入，我们必须接受这样的一种现实；口罩、绿植、空气净化器……众多“神器”在防霾的同时却带来各式各样的问题，我们总不能完全指望其过日子。

各项治理政策相继出台，雾霾治理已经上升到政治高度，甚至会影响到官员的“乌纱帽”，但“病来如山倒，病去如抽丝”，我们希望北京一两年内蓝天数达到 2008 年举办奥运会时的水平，那只能说“理想很丰满，现实却骨感”。

那有没有特例呢？答案是肯定的。2014 年 11 月 10 日 ~ 11 日，APEC 领导人峰会在北京怀柔举行。为保证峰会期间空气质量达到良好水平，北京及周边省市采取了严格的保障措施，如单双号限行、污染企业关停等。更有甚者，在此期间，北京八宝山暂停焚烧死者生前衣物，花圈、挽联的焚烧于晚上 7 ~ 10 点进行；[1] 河北廊坊很多人改吃凉拌菜，以减少油烟排放。[2]

2014 年 11 月 3 日上午 8 点，北京市城六区 PM2.5 浓度为每立方米 37 微克，接近一级优水平。网友形容 11 月上半月北京天空的蓝色为“APEC 蓝”。

然而，不幸的是，APEC 峰会结束后，一切恢复常态，雾霾天气卷

---

[1] 《北京八宝山殡仪馆暂停焚烧死者生前衣物》，《新京报》2014 年 11 月 4 日。
[2] 《河北官员：APEC 期间市民为减少油烟排放吃拌菜》，澎湃新闻网 2014 年 11 月 15 日。

土重来。而“APEC 蓝”，也如镜花水月般稍纵即逝，作为一种短暂的美好封存在人们的记忆之中。

既然如此，我们是不是就只能任由雾霾侵害身体健康？是不是只能像于老师那样采用精神胜利法？答案显然是否定的。

从非典到禽流感，从疯牛病到雾霾，历史上的每一次瘟疫或流行性疾病发作过程中，有人非常容易中招，有人则幸免于难。人与人之间的差别为什么这么大呢？究其根本原因，自然是身体状况不同，体质不同。体质好的人，就好比是练过金钟罩、铁布衫，抗打击能力强，百毒不侵；体质差的人，患感冒、头痛脑热的概率都比别人高，就更别说在PM2.5、H7N9等这些强大的敌人面前，战争还没打响，就已经一败涂地。

也就是说，在雾霾面前，强身才是王道。只有让身体强壮起来，经络通，气血足，才能战胜雾霾，少生病，不生病。

中医经典《黄帝内经》的《素问・上古天真论》中记载了这样一段话，“虚邪贼风，避之有时，恬淡虚无，真气从之，精神内守，病安从来？”翻译成白话文是这样的：对于外界的邪风、邪气，做到及时回避；保持一个良好的心态，能够控制过分的欲望，精神饱满，真气不外泄；这些都做到了，又怎么会生病呢？

我们归结一下，《黄帝内经》提出的“不生病的智慧”包括这样几点：（1）对于外邪，不要硬碰硬，学会自我保护；（2）心态好，不急躁，不斤斤计较，笑一笑，十年少；（3）做事情不极端，学会控制过分的欲望；（4）强身健体，保护自己的真气不外泄。

这些理念应用到防霾上也十分恰当，为雾霾时代个人如何抵抗PM2.5、如何养生提供了一个指导思想。具体说来，主要包括以下三方面：

第一，雾霾天气严重的时候，及时回避是最好的做法。尽量不要出门，避免暴露在空气污染之中。如果不得不出门，尽量缩短待在户外的时间（最好在半小时之内），并选择佩戴合适的口罩。如果待在室内，不要开窗通风。如果连续多日严重雾霾，选购带 HEPA 滤网的空气净化器置于室内，摆放位置不可离墙太近，使用一定时间后要注意及时更换滤网。

第二，保持一个良好的心态。PM2.5 很大一部分属火，会使身体的某些机能变得亢奋，做事更急躁。所以，心平气和，做事有耐心，会对冲其负面效应。心态平和有助于肝脏调节气机功能的发挥，从而调动体内阳气，把呼吸道里的颗粒物疏泄出去。心态不好的时候，如急躁、发怒、抑郁等，肝都去优先排解坏心情了，那还有精力去对付 PM2.5。

第三，让身体变得足够强壮，气血通畅，无论什么样的病毒、细菌、颗粒物等进入体内，都能调动自身的免疫系统将其赶出体外，而不生病。至于如何让身体变得强壮，如何去养生，有哪些方法和技巧，后面章节将进行详细地讲解。

【链接】个人的节能减排行为有哪些？

（1）少买不必要的衣服

每人每年少买一件不必要的衣服可节能约 2.5 千克标准煤，相应减排二氧化碳 6.4 千克 。如果全国每年有 2500 万人做到这一点，就可以节能约 6.25 万吨标准煤，减排二氧化碳 16 万吨。

（2）减少住宿宾馆时的床单换洗次数

如果全国 8880 家星级宾馆采纳“绿色客房”标准的建议（3 天更换一次床单），每年可综合节能约 1.6 万吨标准煤，减排二氧化碳 4 万吨。

（3）采用节能方式洗衣

（4）减少粮食浪费

全国平均每人每年减少粮食浪费 0.5 千克，每年可节能约 24.1 万吨标准煤，减排二氧化碳 61.2 万吨。

（5）减少畜产品浪费

全国平均每人每年减少猪肉浪费 0.5 千克，每年可节能约 35.3 万吨标准煤，减排二氧化碳 91.1 万吨。

（6）饮酒适量

夏季每月少喝一瓶啤酒，每年少喝 0.5 千克白酒。

（7）减少吸烟

1 天少抽 1 支烟，每人每年可节能约 0.14 千克标准煤，相应减排二氧化碳 0.37 千克。

（8）节能装修

减少装修铝材、钢材、木材和建筑陶瓷的使用量。

（9）农村住宅使用节能砖

我国农村每年有 10% 的新建房屋改用节能砖，那么全国可节能约 860 万吨标准煤，减排二氧化碳 2212 万吨。

（10）合理使用空调

夏季空调温度在国家提倡的基础上调高 1℃，选用节能空调，出门提前几分钟关空调。

（11）合理使用电风扇

以一台 60 瓦的电风扇为例，如果使用中、低档转速，全年可节电约 2.4 度，相应减排二氧化碳 2.3 千克。

（12）合理采暖

通过调整供暖时间、强度，使用分室供暖阀等措施，每户每年可节能约 326 千克标准煤，相应减排二氧化碳 837 千克。

（13）农村住宅使用太阳能供暖

如果我国农村每年有 10% 的新建房屋使用被动式太阳能供暖，全国可节能约 120 万吨标准煤，减排二氧化碳 308.4 万吨。

（14）采用节能的家庭照明方式

家庭照明改用节能灯，在家随手关灯。

（15）采用节能的公共照明方式

增加公共场所的自然采光，公共照明采用半导体灯。

（16）每月少开一天车

每月少开一天，每车每年可节油约 44 升，相应减排二氧化碳 98 千克。如果全国 1248 万辆私人轿车的车主都做到，每年可节油约 5.54 亿升，减排二氧化碳 122 万吨。

（17）以节能方式出行 200 公里

骑自行车或步行代替驾车出行 100 公里，可以节油约 9 升；坐公交车代替自驾车出行 100 公里，可省油六分之五。按以上方式节能出行 200 公里，每人可以减少汽油消耗 16.7 升，相应减排二氧化碳 36.8 千克。

（18）选购小排量汽车

汽车耗油量通常随排气量上升而增加。排气量为 1.3 升的车与 2.0 升的车相比，每年可节油 294 升，相应减排二氧化碳 647 千克。

（19）选购混合动力汽车

混合动力车可省油 30% 以上，每辆普通轿车每年可因此节油约 378 升，相应减排二氧化碳 832 千克。

（20）科学用车，注意保养

汽车车况不良会导致油耗大大增加，而发动机的空转也很耗油。通过及时更换空气滤清器、保持合适胎压、及时熄火等措施，每辆车每年可减少油耗约 180 升，相应减排二氧化碳 400 千克。

（21）用布袋取代塑料袋

尽管少生产 1 个塑料袋只能节能约 0.04 克标准煤，相应减排二氧化碳 0.1 克，但由于塑料袋日常用量极大，如果全国减少 10% 的塑料袋使用量，那么每年可以节能约 1.2 万吨标准煤，减排二氧化碳 3.1 万吨。

（22）减少一次性筷子使用

如果全国减少 10% 的一次性筷子使用量，那么每年可相当于减少二氧化碳排放约 10.3 万吨。

（23）尽量少用电梯

目前全国电梯年耗电量约 300 亿度。通过较低楼层改走楼梯、多台电梯在休息时间只部分开启等行动，大约可减少 10% 的电梯用电。这样一来，每台电梯每年可节电 5000 度，相应减排二氧化碳 4.8 吨。

（24）使用冰箱注意节能

A. 选用节能冰箱

B. 合理使用冰箱

每天减少 3 分钟的冰箱开启时间，1 年可省下 30 度电，相应减少二氧化碳排放 30 千克；及时给冰箱除霜，每年可以节电 184 度，相应减少二氧化碳排放 177 千克。

（25）合理使用电视机

每天少开半小时电视，调低电视屏幕亮度。

（26）合理使用电脑、打印机

不用电脑时以待机代替屏幕保护，用液晶电脑屏幕代替 CRT 屏幕，调低电脑屏幕亮度，不使用打印机时将其断电。

（27）适时将电器断电

（28）用太阳能烧水

太阳能热水器节能、环保，而且使用寿命长。1 平方米的太阳能热水器 1 年节能 120 千克标准煤，相应减少二氧化碳排放 308 千克。

（29）采用节能方式做饭

煮饭提前淘米并浸泡十分钟，尽量避免抽油烟机空转，用微波炉代替煤气灶加热食物，选用节能电饭锅。

（30）合理利用纸张

重复使用教科书，纸张双面打印、复印，用电子书刊代替印刷书刊，用电子邮件代替纸质信函，使用再生纸，用手帕代替纸巾。

（31）减少使用过度包装物

减少使用 1 千克过度包装纸，可节能约 1.3 千克标准煤，相应减排二氧化碳 3.5 千克。

(32) 合理回收城市生活垃圾

如果全国城市垃圾中的废纸和玻璃有 20% 加以回收利用，那么每年可节能约 270 万吨标准煤，相应减排二氧化碳 690 万吨。

（33）夜间及时熄灭户外景观灯

如果全国的户外景观灯（共约 600 万千瓦）在午夜至凌晨时段及时熄灭，那么每年可节电 88 亿度，相应减排二氧化碳 846 万吨。

（34）积极参加全民植树

1 棵树 1 年可吸收二氧化碳 18.3 千克，相当于减少了等量二氧化碳的排放。如果全国 3.9 亿户家庭每年都栽种 1 棵树，那么每年可多吸收二氧化碳 734 万吨。

第五章　《黄帝内经》里的长寿秘密

雾霾严重威胁并损害了人们的身体健康。雾霾也促使人们重新思考生命的意义，寻找合适的养生方法和技巧，在 PM2.5 肆虐的时代里如何少生病、不生病，如何活得更好。当然，即便没有雾霾，即便是蓝天白云，我们也必须学会珍惜生命、养护生命。

《黄帝内经》是中医集大成的经典著作，虽历经几千年的时代变迁和技术进步，依然非常有道理，历久弥新，对现代人的生活和健康具有非常重要的指导意义。

《黄帝内经》第一篇《上古天真论》记述了黄帝和他的老师岐伯关于养生的一段非常著名的问答，如下：

乃问于天师曰：余闻上古之人，春秋皆度百岁，而动作不衰；今时之人，年半百而动作皆衰者。时世异耶？人将失之耶？

岐伯对曰：上古之人，其知道者，法于阴阳，和于术数，食饮有节，起居有常，不妄作劳，故能形与神俱，而尽终其天年，度百岁乃去。

今时之人不然也，以酒为浆，以妄为常，醉以入房，以欲竭其精，以耗散其真，不知持满，不时御神，务快其心，逆于生乐，起居无节，故半百而衰也。

夫上古圣人之教下也，皆谓之虚邪贼风，避之有时，恬惔虚无，真气从之，精神内守，病安从来？

是以志闲而少欲，心安而不惧，形劳而不倦，气从以顺，各从其欲，皆得所愿。故美其食，任其服，乐其俗，高下不相慕，其民故曰朴。

是以嗜欲不能劳其目，淫邪不能惑其心，愚智贤不肖，不惧于物，故合于道。所以能年皆度百岁而动作不衰者，以其德全不危也。

黄帝向他的老师岐伯提问，“我听说古时候的人活 100 岁还腿脚麻利、四肢灵活；现代人（笔者注：指与黄帝同时代的人）活 50 来岁就步履蹒跚，老态龙钟，一身的毛病。为什么会出现这么大的差异呢？是因为时代不同，生活的环境不同吗？”

我们先解释一下“动作不衰”为什么成为身体健康的一个标志。对人体而言，脏腑是最重要的，手、脚、头发等末梢的重要性级别最低。所以，当一个人衰老或不健康的时候，气血会减少对末梢的供给，转而保证向脏腑提供充足的气血。“人老腿先老”就是这个道理。一个人腿脚变得不麻利，头发变白，出现脱发，可以说是衰老或健康出问题的前兆。

黄帝是个大学问家，也是个具有神异功能的人；他的老师岐伯更是个有大智慧的人。而中医更是被后世之人称为“岐黄之术”。我们先看看岐伯老先生是如何揭开古人活百岁的秘密的。至于现代人 50 多岁就老态龙钟的原因，在后面的章节会详细阐释。

起居有常，法于阴阳

岐伯认为，古人之所以长寿，最重要的原因就是，他们的作息时间有规律，并能根据自然界的阴阳变化作出适时的调整。

地球在自转，并且绕日公转。所以，一天之中有昼夜，昼为阳，夜为阴。白天太阳升起来，自然界变得明亮，并且气温上升，人体内的阳气随之聚集、增加，身上的毛孔也打开，便于人体与外界之间气体的交换，这自然是工作的好时候。到了晚上，天空变得黑暗，气温降低，阴气上升。为了不让体内的阳气外泄，为了给新的一天聚集能量，所以人应当在晚上睡觉休息。“日出而作，日落而息。”因为遵循了自然规律，所以身体就健康，生命也走上正常轨道，不会早夭。

一年有四季，春、夏、秋、冬。春为阳中之阴，万物生发，人应当早起，穿宽松的衣服，为一年作计划，天气逐渐变暖，但还有倒春寒，所以应当晚上早睡。夏为阳中之阳，夏至是一年中白昼时间最长的一天，这个季节气温最高，阳气最盛，尽可能地从外界吸收能量，打开毛孔，加快代谢，珍惜白昼多工作，所以应当晚睡早起。秋为阴中之阳，随着天气转凉，湿热逐渐被干燥所代替，树叶开始掉落，人体也由放转为收，这时候应当早睡以应对气候之变。因为秋是夏的延续，气温依然炎热，所以早起的习惯在这个季节应当保留。冬为阴中之阴，冬至是一年中黑夜时间最长的一天，这个季节气温低、阴气盛，大地一片萧瑟，有的动物向南迁徙，有的动物开始冬眠，藏是这个季节的主题，人自然也应当藏精蓄锐，早睡晚起，注意保暖，以免体内的阳气外泄。

食饮有节，三餐规律

东方人讲求做事中庸、中和。在方位里，中对应的是土和脾，脾又负责水谷的运化。所以，在饮食方面，也应当中庸、适度。用岐伯的话来说，就是“食饮有节”。这个“节”，指的是节制、不过分、有节奏。具体包括以下几个方面：

（1）饮食的量要适度，过饥、过饱都不好。

在正常情况下，长时间不进食，大脑里的饥饱神经中枢会发出饥饿信号，人会感觉饥饿，肚子会“咕咕”叫，这时候就该吃饭了；反之，当吃了一定量的食物后，饥饱神经中枢会再次发出信号，人会感觉肚子胀，吃饱了，这时候就应当放下碗筷。

无视身体发出的饥饱信号，采取不正确的餐饮行为，时间长了，就会危及身体健康。比如，当你感觉肚子饿或是口渴的时候，不能及时地吃饭、喝水就会有损健康。再如，面对着美食诱惑，即使肚子已感觉很胀，还继续大快朵颐，就会出现过犹不及的情况。

有人提倡一天喝八杯水，这样可以加快体内毒素的排出，达到养生的目的。显然，机械地照搬八杯水的标准是不合适的。不同体质的人对水的需求量是不同的，痰湿体质的人绝对不宜多喝水；不同季节，人对水的需求量是不同的，夏天喝八杯水可能还远远不够，冬天喝八杯水估计肾脏就受不了。再说杯子的大小也没有统一的标准，八杯水的量就可大可小，所以，千万不可听取这样的“养生道理”，喝多少水是由身体决定的，而非杯子。

（2）饮食的速度适中，过快影响健康。

饮食有节奏，指的是不快不慢。过慢一方面跟现代化的生活节奏不符；另一方面，拖的时间太长，饭菜会变凉。过快则会贪多嚼不烂，不易消化，加重脾胃的工作负担；还有，吃得太快容易导致饮食过量。

（3）食物、饮料的温度不宜过热、过冷。

饮食的温度应以“不烫不凉”为度。过烫饮食是导致食道癌等消化道肿瘤发生的重要原因。饮食过热，会损伤、刺激食道黏膜上皮，长期刺激下将诱导组织恶变。中国人的消化道肿瘤明显高于西方人，就是与中国人多喜热食，一日三餐均喜配以热汤，如菜汤、热面等有关。

平日喜欢喝热茶的人，也应忌饮烫茶。太烫的茶水对人的咽喉、食道和胃刺激较强。如果长期饮用太烫的茶水，可能引起这些器官的病变。另据国外科学家研究，经常饮温度超过 62℃以上茶水者，胃壁较容易受损，易出现胃病的病症。所以茶水宜饮用的温度在 56℃以下。

食物、饮料过凉，进入体内后则会损耗更多的阳气，因为要尽快使其升温，跟体内的温度保持一致。长期喝冷饮的人，会逐渐出现阳虚的诸多病症，女人会出现痛经、过早闭经等，男人则会出现胃病、关节疼痛、性功能降低等，有些人还会患上过敏性鼻炎等病症。

那什么温度的食物最适合呢？吃的时候，用嘴唇感觉有一点点温热，但不觉得烫口，也不觉得凉，就是最适合的温度。

（4）三餐有规律，不随意更改进餐时间。

中国古代是一日两餐，从汉朝开始，一日三餐成为一种习惯，并延续至今。在农村地区，冬闲的时候很多地方仍维持着一日两餐的传统。

早餐的时间应当在上午的 7 ~ 8 点，这个时候胃经开始工作，需要进食；另外，人起床后，由休息转换到工作状态，需要补充足够的能量。午餐的时间应当在中午12到下午1点之间，这是一天中气温最高的时段，也是阳气最盛的，这个时候心经进入工作模式，血流最充足，身体的消化吸收能力也最强。晚餐应在晚上 6 ~ 8 点，此时白昼逐渐转为黑夜，负责排泄和藏精的肾经、负责保卫心脏的心包经进入活跃期，这个时候简单进食以补充能量，晚上 9 ~ 11 点负责水液代谢的三焦经进入工作状态，只要晚餐适量，是完全可以完成消化、吸收、水液代谢等一系列过程的。

从量的配比看，早餐应当吃“好”，并且相对敞开吃（当然不能过量）；午餐应当吃“饱”，不要追求高蛋白、高脂肪、高热量；晚餐应当吃“少”，并且以清淡食物和易消化的粥类为主。或者用更通俗的话来说，早餐吃得像皇帝，午餐吃得像平民，晚餐吃得像乞丐。

“食饮有节”的观念，在“圣人”孔子那里得到了继承和发挥，他在《论语·乡党》里说：

食不厌精，脍不厌细。食饐而餲，鱼馁而肉败，不食。色恶，不食。

臭恶，不食。失饪，不食。不时，不食，割不正，不食。不得其酱，不食。肉虽多，不使胜食气。唯酒无量，不及乱。沽酒市脯，不食。不撤姜食，不多食……食不语，寝不言。

翻译成现代文，就是：粮食不嫌舂得精，鱼和肉不嫌切得细。粮食陈旧或变味了，鱼和肉腐烂了，都不吃。食物的颜色变了，不吃。气味变了，不吃。烹调不当，不吃。不新鲜的东西，不吃。肉的切割方法不对，不吃。佐料放得不适当，不吃。席上的肉虽多，但吃的量不超过米面的量。只有米酒没有限制，但不喝醉。从市场上买来的肉干和酒，不吃。每餐必须有姜，但也不多吃……吃饭、睡觉的时候绝对不说话。

和于术数，形与神俱

人与动物最大的不同在于，人可以思考，人有精神意识。具体说来，这些是由“心主神明”来实现的。人之所以有意识，是建立在躯体这个有形的物质基础之上的。物质与意识紧密结合在一起，行为与思想高度统一，做到“形与神俱”，是岐伯阐述的古人活百岁的重要因素之一。

“和于术数”显然是达到这种和谐状态的途径之一。“数”指的是数字，奇数为阳，偶数为阴。根据人自身的阴阳状态挑选合适的数字。笔者认为，这种数字选择并没有多少道理可言，所以对此持保留态度，这里也不作过多的介绍。

“术”则是指谋生的技术、工作。岐伯的意思是，选择工作要顺从内心，自己必须认可，不做违背内心的工作。从这一点上看，孟子与他的观点是一致的，孟子说，“术不可不慎。”俗话说，“女怕嫁错郎，男怕入错行。”其实，在提倡男女平等的现代社会，大家都怕找一份不适合自己的工作。

我们常听人说“心累”，身体再累都不可怕，怕的是心累。那为什么心会累呢？显然是做了一份自己并不喜欢的工作。生活中这样的例子不胜枚举，为了父母的愿望，为了爱人的期许，为了按时偿还房贷，不得不干一份自己不喜欢的工作，尽管没有丝毫兴趣，还是得强打精神继续做下去。

还有，工作和兴趣虽然一致，但本行业存在的问题让人倍感为难和尴尬，心情倍受煎熬。比如医生，你喜欢这样一份工作，也有医者仁心的职业自豪感。但一些制度性问题由来已久，医院大都是以药养医，所以你不得不违心地给病人多开药；医生的正常收入跟职业付出不匹配，医药回扣、手术红包等大行其道，你是一个正直的人，接受灰色收入则背上自责内疚的道德包袱，洁身自好则可能受到同行的攻击。现实中，医生这个群体出现心理疾病的概率远高于其他职业。

我们追求身体健康，不但要养生，还要养心。只有身心结合、心灵愉悦，做的事情不违背内心，才能顺天应人，健康长寿。

不妄作劳，志闲少欲

我们先看一下“妄”这个字。妄的意思是胡乱、过分的、不合常规的行为。常见的词语有“痴心妄想、胆大妄为、狂妄”等。“不妄”自然是指不乱来，不做过分的事情。“作劳”是指做大量过分的事情，最后导致身体健康出问题，也特指频繁的性生活导致肾虚，肾为作强之官，“作劳”指的就是肾虚。

“不妄作劳”实际上也有两层含义：一是不做出格的事情，适当控制自己的欲望，心虚而肾实，总能保持旺盛的精力；二是适度节制自己的性欲，避免过度性行为，保持肾精和元气的充盈。

现实生活中，很多人都是想法太多，不考虑现实情况，逼迫自己去完成超量的工作，最后搞垮了身体。比如，大多数家庭的小孩子，不仅早晨很早起床去上学，承受沉重的课业负担，而且课余和周末时间全部被各种各样的辅导班（钢琴、绘画、舞蹈等）所占据。不但要求成绩好，而且要尽可能多地培养各种兴趣，带着父母的期望去学习，疲于奔命。过度的教育，反而影响了孩子的成长，加重了日后的逆反心理。

再如，一些体育运动项目，为了培养世界冠军，为了某个集体的荣誉，不惜以一种极端的方式加大训练量，追求速成，而不考虑运动员的承受能力和个体的身体发育。更有甚者，有的服用兴奋剂以提高成绩，跟注射性激素提高母鸡的产蛋量，喷洒膨大剂使草莓个大、卖相好差不多，不但有损公平竞争，而且对运动员的身体健康造成巨大的伤害或潜在的健康隐患。

还有，不恰当的攀比会导致心理失衡，从而有损身体健康。邻居家小孩是很多人成长过程中的一个魔咒。在父母眼里，即使自己再努力，都无法像邻居家小孩做得那么好。妻子经常会说别人家的老公如何如何，事业有成，富甲一方，顾家爱妻。活在妻子唠叨里的丈夫，要么铤而走险，追求快速成功的“捷径”；要么争吵不断，家庭不和，甚至出现暴力倾向，让小孩在家庭战争的氛围中成长；要么自暴自弃，破罐子破摔，开始怀疑人生。

我们再说说性生活方面的事。中医认为，男人以 8 年为周期生长发育，女人以 7 年为周期生长发育。《黄帝内经》的原文如下：

女子七岁，肾气盛，齿更发长。二七而天癸至，任脉通，太冲脉盛，月事以时下，故有子。三七肾气平均，故真牙生而长极。四七筋骨坚，发长极，身体盛壮。五七阳明脉衰，面始焦，发始堕。六七三阳脉衰于上，面皆焦，发始白。七七任脉虚，太冲脉衰少，天癸竭，地道不通，故形坏而无子也。丈夫八岁，肾气实，发长齿更。二八肾气盛，天癸至，精气溢泻，阴阳和，故能有子。三八肾气平均，筋力劲强，故真牙生而长极。四八筋骨隆盛，肌肉满壮。五八肾气衰，发堕齿槁。六八阳气衰竭于上，面焦，发鬓颁白。七八肝气衰，筋不能动，天癸竭，精少，肾藏衰，形体皆极。八八则齿发去。

对男人来说，16 岁的时候性发育成熟，40 岁肾气逐渐变衰，64 岁牙齿和头发脱落，肾气衰竭。对女人而言，14 岁性发育，逐渐出现月经，49 岁闭经，不能再怀孩子。也就是说，通常情况下，男人的性生活可以持续 48 年，女人的性生活则持续 35 年。显然，这一时间段反映的是肾精从旺盛到逐渐枯竭的过程。肾精省着点用，可以用 48 年、35 年，甚至更长一点的时间；过度使用，自然用不到规定年限，就提前衰竭。

岐伯所讲的“志闲而少欲”，提倡的就是性欲（性行为）与肾精之间形成一种平衡关系，省着点用，就能保持更长的时间。当然，肾精不光跟性行为、繁衍下一代相关，它还是生命活动的源泉。纵欲，频繁性行为，会导致肾精的过早衰竭，与之相伴随的就是人的早衰、短寿。

另外，我们强调一点，性欲怎样才算适度，跟不同个体的状况相关。清朝的康熙皇帝，活了 69 岁，8 岁登基，14 岁亲政，在位 61 年；生了 50 多个小孩，其中儿子 35 个，活下来的 24 个，女儿 20 个。康熙 18 岁的时候生下皇长子胤禔，62 岁生下皇二十四子胤秘。康熙死的时候，最小的儿子才六七岁。与之相比，同治皇帝只活了 19 岁，没有留下子嗣。同治早夭的原因，为清宫谜案之一，我们不去探究；但公认的是，同治的身体出问题跟纵欲、性行为过度有非常大的关系。

你的身体跟康熙皇帝一样强壮，性生活频繁些也没多大关系；若非如此，你还夜夜春风，那就是快速地消耗生命，换句通俗的话，自找死路。你的身体跟马寅初先生一样强健，连续 70 年洗冷水澡问题也不大；若非如此，你也加入冬泳的队伍，冬藏的季节任由寒邪侵入人体，那就是活得不耐烦了，寻求速死。

恬惔虚无，乐活人生

《黄帝内经》还探讨了心理健康与身体健康的关系。保持一个良好的心态，做到恬惔虚无，人对精、气、神的驾驭就进入了随心所欲的自由状态，自然就不会生病，也就长寿。反之，心态不好，身体就受伤，积攒到一定程度，就要出大问题。具体说来，怒伤肝，喜伤心，思伤脾，悲伤肺，恐伤肾。

在心理健康的重要性方面，中国儒家的“圣人”孔子也持大体相同的观点。他在《论语》中提到“仁者寿”，指出怀有仁爱之心，胸怀宽广的人容易长寿。

接下来，我们看一下“恬惔虚无”的具体含义。

著名中医专家徐文兵认为，“恬”同用舌头舔伤口的“舔”，是一种通过自我疗伤、自我安慰，最后达到自得其乐的能力。不懂得心理疗伤的人要学会“恬不知耻”，让自己从别人暗示的耻辱感里解放出来，这样身心才能真正健康。[1]

“惔”是淡泊的意思，看得开，放得下，不较真。“志闲而少欲”，是惔的一种具体表现方式。有人会说，人类社会的一切进步和发展都是建立在欲望基础上的。不愿从事简单繁琐的洗衣工作，所以发明了洗衣机；希望快速、舒适地到达更远的地方，所以汽车、飞机替代了马车；商品交易需要更快捷，所以出现了货币。如果没有欲望，人类是不是至今仍停留在原始社会啊？其实，并非如此，是我们对淡泊的理解出现了偏差。

[1] 《黄帝内经家用说明书》，徐文兵、梁冬著，第 55 页，江苏人民出版社。

首先，《黄帝内经》提倡的是“少欲”，而非“禁欲”“无欲”。欲望依然存在，依然支撑着社会进步；只不过，要学会控制自己的欲望，避免纵欲过度损伤身体，避免欲望远离现实所造成的心理落差带来的伤害。“惔”是一种精神境界，而非无欲无求；达到这种境界，人就能进入自由驾驭欲望的状态：既有欲望，追求事业成功与生活美满；又能适当地控制欲望，避免其对身体的伤害。正如老子在《道德经》中所讲“无为而无不为”，只有行为符合自然法则，不做出格的事情，那就无敌于天下，进入一种自由的状态。老子说的“无为”，是无妄为、不做出格的事情，跟《黄帝内经》中的“不妄作劳”意思相近，而非什么事情都不做。

其次，“惔”是一种自我心理调节的手段，具有非常强的现实意义。世上本没有绝对的对错，同一事物在不同的环境中、不同的条件下，可能有截然相反的表现。“淮南为橘，淮北为枳”，只不过隔了一条河，甘甜、易上火的橘子却变成苦寒的枳实。人参是名贵中药，对体虚者来说，补气提神、生津止渴，是一味好药；但对有实证、热证的人来说，吃了则是火上浇油，流鼻血。当今社会，国家追求高增长，政府、企业都要求绩效，媒体上宣传的是富翁排行榜，找对象讲求门当户对。在这样的大环境中，每个人的欲望都不低，会身不由己进行攀比，所以欲望高是一种普遍现象。而进行适当的心理调节，别过分看重物质利益，学会控制自己的欲望，无疑有助于提高人们的生活幸福感，并起到健康长寿的作用。

如果说“恬”是对内的调整，“惔”是对外的调整，那“虚”就是一种良好心理状态的保持。人只有保持心虚肾实，也就是心不作非分之想，肾精保持充盈的状态，才能健康长寿。《黄帝内经》用“敦敏”一词表示此种状态，敦是下盘稳固、肾精充盈，敏是心态好、思维敏捷。

“虚”包含以下三方面的含义：

一是不但看到自己的优势、长处，还看到缺点和不足，也就是人们常说的空杯心态。月满则亏，水满则溢。心就像一个容器，如果只盯着自己的优点看，人就容易自满。谦受益，满招损。虚心的人才能不断进步，才能身心健康；那些开玛莎拉蒂、用名牌包包炫富的郭美美们，那些戴名牌表、在事故现场开怀大笑的杨达才们，那些袋装金条买豪车、千万连体钞票做女儿陪嫁的土豪们，是很难有什么仁爱之心的，过分关注物质财富就会忽略精神追求，而自大和戾气不但伤人，还会伤己。

生命的壮美就在于，对未来不确定世界的不懈探索。以足球世界杯比赛为例，看直播和看转播的感觉截然不同，你已经知道比赛结果，再去看电视转播，一切将变得索然无味。认识到自身的不足，看到可提升的空间，就有进一步探索的动力；只看优势不看缺点，人就变得固步自封，再也不会进步和创新。

二是认识到人的社会性，个体成功永远是建立在团体努力的基础上的，所以要学会感恩。就像中医把人体看作一个整体、一个系统，脏腑、经络、气血等都是其中的一部分，人类社会也是如此，个体行为不能脱离他所在的历史阶段，不能脱离他所在的群体。

著名的物理学家牛顿曾说过，“如果说我看得比别人更远些，那是因为我站在巨人的肩膀上。”事实也确实如此，若没有哥白尼、伽利略、开普勒等前辈科学家的研究成果，牛顿三大定律也就不会那么快被发现。看到别人对自己的帮助，那怕是讥讽、嘲笑，也是对自己另一种形式的“激励”，自己就学会了谦恭，学会了感恩。

人们常说，时势造英雄。其实，成就英雄的不是时势，而是人民群众。英雄只不过是人民群众的一分子。与浩瀚的大海相比，个人永远都只是沧海一粟。

三是要有选择性和倾向性，心中充满积极向上、正能量的东西，就进入身心健康的良性循环；反之，怨恨、嫉妒等负面情绪太多，心就会被蒙蔽，心态差导致恶行，影响身体健康。

秀才解梦的故事很多人都听过，这里还是简单复述一下。从前，有一位秀才进京赶考。考试前几天的晚上，他梦见三件事：墙头种菜，雨天出门打伞还戴着斗笠，与女友背靠背睡在床上。算命先生这么解释：墙头种菜白费力，打伞戴斗笠意味着多此一举，与女友睡在一起却背靠背说明没戏。秀才一听，垂头丧气，准备收拾行李回家。旅店老板听说后，为他二次解梦：墙头种菜意味着高种（谐音高中），打伞戴斗笠说明有备无患，背靠着女友睡觉说明翻身易得。秀才一听，有道理，留下参加考试，后来考了个探花。

这个故事说明的道理是，同一个事物，不同的解读带来不同的心态，从而导致不同的结果、不同的人生。看到阳光，你就灿烂；传递正能量，你就积极向上，身心愉悦。盯着阴暗面，你就悲观、失望；活在抱怨之中，你就会迷失自己。

至于其中的原因，则跟心的阴阳属性有关。我们知道，心是君主之官，是体内的小太阳。心属火，火曰炎上。积极向上的事物，可以让心更阳，心脏的功能更好地发挥；阴暗、悲观、消极的东西助长的是肺金的肃杀，火克金，就必然消耗更多的心火才能克制肺金，从而达到新的平衡。悲观的东西太多，会影响心脏的功能。

我们听说过这样一句话，“哀莫大于心死。”过分的悲伤会让人失神，跟行尸走肉差不多。很多得绝症的病人，医生和家属对病人要隐瞒病情，他们所担心的，正是病人得知实情后心理上的恐惧、悲观、绝望会加重病情。很多癌症患者，不是死于癌症，而是死于恐惧。

“好事不出门，坏事传千里。”坏心态比好心态更容易影响到周围的人。所以，人的一生要坚持不懈地跟坏心态作斗争。

最后，我们再说说“恬惔虚无”的“无”。这是一种终极状态，认识到了生命从无到有的过程。五行中的水生木，描述的就是生命的起源，无中生有；火生土，刻画的是事事皆空，有最后归于无。有人会说，既然一开始是无，最后的结果还是无，那生命还有什么意义？当然，两者是不同的，起初的无不等同于结局的无，因为结局的无包含了生命的过程。当你更注重过程而非结果，不求天长地久，只在乎曾经拥有，你就体会到了“无”的含义。

做到了“恬惔虚无”，你就找到了生活的乐趣与真谛。当然，有些人终其一生也学不会自我调节，在抱怨、嫉妒、焦虑、抑郁等不良情绪的泥沼里无法自拔，也就体会不到超然自得的生活乐趣。

《黄帝内经》里描述了这种生活状态——“美其食，任其服，乐其俗，高下不相慕”。翻译成白话文就是：无论什么样的食物就觉得是美食，什么样的衣服穿在身上就觉得舒坦、合身，什么样的习俗都能自得其乐。那些看起来活得好的人，我也不羡慕人家，他们除了风光的一面，也有背后抹泪的时候；对于那些不如我的人，我也不能有多少优越感，人家有积极的心态和励志精神值得去学习。所有这些归结起来，其实就是“乐活人生”。

最后，我们再看一个问题，过分强调心理健康的重要性会不会是阿Q式的精神胜利法。做到恬惔虚无，保持良好的心态，就一定不会生病？一百多年前，义和团那些人也是念念有词，刀枪不入，但最终还是没能阻挡住洋枪、洋炮。

显然，这样的理解是有问题的，《黄帝内经》也并非如此表述。原文是这样的：“虚邪贼风，避之有时，恬惔虚无，真气从之，精神内守，病安从来？”在讲述心理健康与心态调节重要性之前，首先要做到的是“虚邪贼风，避之有时”。也就是说，人要先处理好与自然界的关系，适者生存，当外邪入侵的时候，人要及时回避，保全自身，而非“与天斗，其乐无穷”；先生存再发展，处理好人与自然的关系后，再说如何调节身心，做到“恬淡虚无”。

还有，岐伯老先生揭示古人活百岁的秘密的时候，最先说到的是“法于阴阳，和于术数，食饮有节，起居有常，不妄作劳”，这些同样是在正确处理人与自然之间的关系，根据自然规律调整生活规律，使人的生活习惯与自然规律相适应。外部调整完成后，才轮到内部调整，保持一个良好的心态，享受乐活人生。

【链接】对生命的重新思考

匈牙利著名诗人裴多菲的一首诗，在中国家喻户晓。这首诗是这样写的：“生命诚可贵，爱情价更高；若为自由故，两者皆可抛。”在为赢取民主独立而战斗的年代，信仰和理想高于一切是值得提倡的。但到了和平年代，这首诗就显得不合时宜，爱情、事业、名望等都建立在身体健康的基础上，尊重生命绝对是第一位的。

然而，现实中，也有不少人仍在高唱着裴多菲的诗；只不过，他们把“自由”二字换成了自己所追求的目标，如金钱、事业、名利等。用青春赌明天，用生命换取财富，最终的结果只能是得不偿失。

网上流传这样一个段子：某位浙江籍的民营企业家英年早逝，亿万资产留给妻子。后来，他的妻子与曾经给企业家开车的司机结婚，企业家原来所拥有的一切就到了司机的名下。司机感慨道，以前我认为我是帮老板打工，现在才明白，老板一直在为我打工！

我们不去考证个案的真伪，但企业家死后妻子再嫁的故事应当是具有普遍性的。为了事业不惜透支身体健康，可当生命都不存在的时候，再多的财富对他来说都失去了价值。

再看一个段子：以前姑娘找对象，图实惠的话流行找老男人，因为老男人有三宝：钱多，话少，脾气好。最近，投行男在婚恋界的实惠指数超过老男人，因为投行男有新三宝：钱多，年轻，死得早。如果量化分析精准跟踪，其中工作9年半的投行男最吃香。为何？因为都说干投行的是一年买车，两年买房，十年买棺材。9年半，钱挣够了，人也快没了，刚刚好。

上面所说的虽是玩笑话，但却为大家敲响了警钟：身体是创造财富的最大“本钱”。在追求“钱生钱”的时候，不能只考虑高收益、高回报，而忽略了本金的安全。

在竞争感日益加剧的现代社会，人们时不时在跟周围的人作对比：住多大的房子？开什么牌子的车？年收入是多少？谈过多少次恋爱？红颜或蓝颜知己又有几个？

但仔细想来，很多标准其实都很难达到极致。论财富，你比不过比尔•盖茨，即便比尔•盖茨，也无法保证年年都排在富翁榜的首位；论房子，你比不过古代的皇帝，那叫“普天之下，莫非王土”，可即便是皇帝又怎样，最后的栖身之所也不过是一口棺材；论汽车，超不过劳斯莱斯，可纵使你拥有了一辆劳斯莱斯魅影，在新车型面前，依然不是世界上最好的汽车。

所以，我们应当换个角度重新思考：不必过分追求物质的东西，只要生活幸福；不能拿青春去挥霍，掉进一个美丽的陷阱，而应当保持健康的身体和心态，尽可能地延长生命的长度。

第六章　不作就不会死

在《黄帝内经》著名的“岐黄问答”中，“法于阴阳”四个字是对古人长寿原因的高度概括。让人的一切活动顺应自然规律，饮食、工作、休息、夫妻生活等都有节制，适度控制自己的欲望，小心守护着自己的肾精和元神，面对外邪及时回避，永葆身体健康；让人的精神世界遵循阴阳规律，自我调整，保持一个良好的心态，享受生活，多关注生命的过程，就能尽享天年，延年益寿。

至于现代人为何50多岁就步履蹒跚、老态龙钟，岐伯老先生同样用四个字加以概括，那就是“以妄为常”。把过分的、出格的、违反自然规律的行为当成习惯，用现代一句流行语来说，就是“不作就不会死（no zuo no die）”。本来大自然给人的标准寿命（天年）是两个甲子，120岁；可很多人活不到一半，就疾病缠身，甚至早夭，那可不是“作死”的！

下面，我们就详细看一下《黄帝内经》概括的“以妄为常”有哪几类，这些出格行为又将对身体健康和心理健康产生什么样的影响。

以酒为浆，醉以入房

“以酒为浆”中的“浆”作饮料解，把酒当作饮料来喝，那就是酗酒。

至于这个酒，在古代可能是米酒，度数并不高，但经常喝酒的人都知道，低度数的酒后劲大，喝醉后更加痛苦。在《水浒传》的武松打虎章节中，武松在上景阳冈前喝的“三碗不过冈”正是米酒，他的酒量异于常人，喝了 18 碗。

当代人喝的酒主要有白酒、啤酒、红酒、黄酒、洋酒等。白酒和一些洋酒属于高度数的烈性酒，其它酒的度数较低。但无论哪一种酒，经常性地过量饮用都会伤害身体。

著名相亲节目《非诚勿扰》中的嘉宾讲述了一个真实的段子：有人问他的酒量，他举起一根手指头。“喝一杯？”“不是。”“一瓶？”“不是。”“那你能喝多少？”“一直喝。”

这个“一直喝”确实令人咋舌，但也确实伤害身体。即使你身体好、酒量大，但对身体的伤害是潜移默化、不断累积的。

不仅“以酒为浆”，而且还“醉以入房”。“房”在这里指的就是房事。喝醉酒后还过夫妻生活，生下的孩子怎么样，就可想而知了。喝酒不仅糟践自己，而且还连累下一代。

我们都听说过诗仙李白，李白不仅是诗仙，而且是酒仙。杜甫有诗云：“李白斗酒诗百篇，长安市上酒家眠，天子呼来不上船，自称臣是酒中仙。”但不幸的是，李白的嗜酒影响了他的后代，后人均默默无闻，看不出丝毫优秀基因来。更有一种说法（无法证实），李白的儿子是白痴，跟其过量饮酒相关。无论真实的史料如何，李白都是一个“以酒为浆，醉以入房”的反面案例。

具体到当代人身上，经常酗酒的并不少，考虑到优生优育、避免“醉以入房”的并不多。

暴饮暴食，起居无节

《黄帝内经》所列举的古人长寿秘诀之一就是“食饮有节”。但不幸的是，绝大多数的后代人以及 21 世纪的当代人根本就做不到，甚至是充当反面教材。

上一章讲过，正常的、有利于身体健康的三餐应当是——早吃好、午吃饱、晚吃少。但当代人受制于工作时间和生活习惯，与健康的饮食理念完全相反：早晨赶着上班打卡，或者为了多睡会儿懒觉，两个小包子、一杯豆浆简单对付一下就算早餐，或者干脆不吃早餐；中午休息时间短，就餐的人多，不得不几分钟解决掉午餐；到晚上，一天都没吃好，有时间了可要犒劳一下自己和家人，于是大鱼大肉做了一大桌，不想浪费，所以全部吃掉。

再有就是三餐不按时吃。做事情专注、忘我是一种优秀的职业素养，但有的人过于专注，忘记了吃饭的时间，心里想的是做完一件事或者告一段落再去吃饭，不知不觉就过了饭点。于是，两餐就并作一餐吃。还有，人在江湖，身不由己，不得不耽误吃饭时间。比如，单位开会，中午 12 点了，领导还在讲话，你总不能提前退场去吃饭吧。再如，商业谈判的时候，客户谈兴正浓，不知不觉过了饭点，你总不好意思说肚子饿了吧。

还有一种完全站在了“食饮有节”的对立面，那就是暴饮暴食。面对着美食的诱惑，一直吃到十分饱、腹内毫无余地为止。现在餐饮业有一种经营方式叫自助餐，可以说把暴饮暴食发挥到了极致。为了把餐费吃回来，不惜吃到撑破肚皮，从而到达一种最高境界——“扶着墙进来，扶着墙出去”。

在农村呆过的人，大都懂得这样一个常识：驴、骡、牛等大牲口干活后饮水的时候，要在水槽里添加些切成段的秸秆或干草，以防其饮水过快，饮用过多的凉水，从而“炸了肺”。但是，农民喂牲口的道理很多人却不懂，肆意糟践自己的身体。君不见炎炎夏日，很多人回家后第一件事就是，从冰箱中拿出冰镇的饮料或啤酒，先灌个水饱，以达到消暑降温的目的。

古人养生所讲的“起居有常”——日出而作、日落而息，当代人绝大多数根本就做不到。不仅做不到，而且是打乱起居时间，视作息习惯如无物。其中最突出的就是晚上熬夜和早晨不起床。有些职业是愈夜愈美丽，愈夜愈兴奋的，比如编辑、记者等文字工作者，大多是晚上创作才有灵感；比如酒吧、KTV 等服务人员，晚上 12 点以后才是其最繁忙的高峰工作时间。还有，为了某些兴趣爱好，情愿去熬夜。比如足球世界杯期间，由于举办地时差的原因，很多球迷为了看直播，不得不在电视前等到下半夜。再有就是，白天工作了一整天，晚上就变成了娱乐时间，在 K 歌或打牌中，时间不知不觉就到了第二天凌晨。

路遥是著名的励志作家，《人生》《平凡的世界》等作品鼓舞了一代又一代的人，特别是底层青年（所谓的屌丝）如何去奋斗、拼搏，创造属于自己的人生。路遥的随笔《早晨从中午开始》，记述了他艰苦并且坚韧不拔的创作历程。

在小说《人生》获得巨大成功后，路遥本可以高枕名利。但他心中仍有一个梦想，准确说是使命：40 岁之前完成一部 100 万字的长篇小说。这个使命如此艰巨，却让他热血澎湃。

接下来，他如同陷入茫茫沼泽，背负巨大的艰难和痛苦，开始写《平凡的世界》。然而，严肃的文学创作不是游戏，消耗的不光是体力，更是心力，而后者所承受的压力更大。他的创作时间主要是在晚上，困极了就靠香烟和咖啡提神，一直伏案写作至天明，别人起床，他才入睡。早餐不吃，中午醒来，吃点馒头米汤咸菜，又开始阅读和写作，多数日子一天只吃中午这一餐，有时晚上吃点面条。繁重的写作和糟糕的生活摧毁了他的健康，致使创作多次难以为继。他曾产生过中途放弃的念头，但使命未竟，又无法割舍……第一部写完，身体透支；第二部写完，大病一场，险些死去；第三部写完，双手成了“鸡爪子”，两鬓斑白，满脸皱纹。待到写《早晨从中午开始》时，他躺到了医院的病床上。写完这篇创作随笔，那一年路遥就去世了，年仅 43 岁。

作家路遥用他的文学作品鼓舞和感动了很多人，文字是不朽的，路遥被亿万读者所敬重和怀念。但我们也不得不说一句煞风景的话，路遥又是生活不规律英年早逝的典型反面案例，他为很多人的不良生活方式和健康问题敲响了警钟。

务快其心，不知持满

小时候，每逢过年过节，家里都会提前买一包糖果备用，以招待亲朋。为防止小孩子偷糖吃，母亲总是变换不同的隐藏地点，从食品柜到挂在房梁上的篮子，从米缸到放贵重物品的箱子。可无论藏在什么地方，小孩子总能找到，并且在过年前就所剩无几。那时候，在我们看来，一包糖果是一笔多大的、甜蜜的财富啊，取之不尽，用之不竭。所以，今天偷吃一两颗，明天再吃一两颗，不知不觉间越来越少，等母亲发现的时候，已经只剩下几颗了。

跟糖果一样的东西有很多。比如时间，无论你做什么，时针都在转，玩乐、看电视剧、打游戏、打牌……占用的时间并不多，可一旦变成经常性的行为，做正事的时间就会减少。等满头白发才发现一事无成，只能说悔之晚矣。

再如肾精和性功能。年轻的时候，频繁地发生性行为或者手淫，一夜几次郎，总以为肾精跟自来水一样，只要打开水龙头就长流不断；没想到的是，40 岁不到就腰酸背疼，阳痿、早泄、前列腺炎等毛病统统找上门来。我们还经常听到这样的打着医学幌子的奇谈怪论——“从营养成分的角度来看，一次排出的精液营养不如一杯牛奶的营养，所以手淫对身体无害，喝一杯牛奶营养就补充回来了。”显然，如此“怪论”根本不值得一驳，如果喝牛奶能让ED患者重振雄风，能让八旬老翁重新拥有生育功能的话，世界该有多美好啊！俗话说，“一滴精，十滴血。”这种数量关系的类比未必精确，但它却揭示了精液对人的重要性。性行为或自慰本身不光是射出精液这种有形的物质，而且在追求性欢愉的同时消耗了大量的精、气、神，这些无形的、看不见的东西恰恰是支撑生命的基础。翻遍古今中外的养生理论，绝大多数都要求控制性欲（更有甚者，要求完全禁欲），恐怕道理也在于此。

我们再说说欲望，很多人最大的问题就是想要的太多。并且，很多想法往往是不切实际的，是远远超出自身能力的。比如，在单位，你想得到提拔，可自身的能力和创造的业绩还不足以引起上级的注意；于是，就开始琢磨谁是阻碍你晋升的绊脚石，想尽各种办法把这些绊脚石挪开；到后来，一旦获得晋升机会的不是你，心理就开始出现扭曲，为什么自己看不上的同事就获得了提升，不断地抱怨，就进入一个越抱怨，工作状态越差，获得提升的可能性越低的恶性循环之中。

还有，过分的欲望和不切实际的想法增多，财富、名声、职位等方面的不恰当对比就会增多，一个人的幸福感和对生活的满足感就会降低。这时候，焦虑、嫉妒、愤懑等不良情绪就会经常出现，人的心态就会出问题，从而影响心的功能。失眠、肝火旺等各种健康问题接踵而至。

本书开篇就在讲述阴阳的规律。阴与阳相辅相成，孤阴不生，独阳不长。比如，一拳打出去后必须及时收回来，积蓄能量，下一拳才能再打出去，没有收回来就无法再一次打出去。再如，日出而作，日落而息，人必须跟随自然界的阴阳变换及时调整工作和休息的状态。如果一直工作，经常熬夜，身体就吃不消。只有及时休息，才能补足精力和体力。

如果生物钟颠倒，晚上工作，白天睡觉，身体就会透支，无法得到很好的能量补充，时间一长，就容易得病和早衰。

为什么要适度控制人的欲望（包括性欲）？就是要给足补充能量、恢复体能的时间。男人射精后有一段时间生殖器无法再次勃起，被称为不应期。不应期正是遵循阴阳规律，给足时间积蓄能量，从而实现自我保护的生理功能。但现实中，很多人无限放大自己的欲望，恨不得不应期越短越好，沉迷在名利场和富贵乡，可不是拿自己的生命作赌注，时时欢愉带来的是身体透支，疾病缠身与早夭。这种执迷不悟、不惜以身体为代价的行为，正是岐伯老先生所说的“以欲竭其精，以耗散其真，不知持满，不时御神”。

逆于生乐，调心无术

如果说“法于阴阳”是《黄帝内经》对长寿秘籍高度概括的话，那“逆于生乐”就是对不作就不会死的简要说明。

“逆于生乐”有两层含义：一是不遵循生命规律、自然规律，损害身体健康；二是跟恬惔虚无这些生命之乐相违背，过分追求片刻欢愉，缺乏自我心理调节的手段，心理健康出了问题。

昼夜是自然界的规律，根据昼夜变换适时地调整工作和休息的状态，就是生命的规律。顺应这一规律，人就健康、长寿；与之对着干，那就是自作孽、不可活。阴阳互根是万物遵循的规律，有万里晴空，就有狂风暴雨；有一马平川，就有坎坎坷坷。同样，人有欲望，有满足欲望带来的欢愉，也必须有充足的补给。就好比一辆性能佳的豪车，不及时加油，它就跑不了太远；不适当保养的话，零部件就容易出问题。

过犹不及同样是自然界的规律。雨水少的话，土地干旱，万物不长；雨水多的话，形成内涝，同样会影响植物生长和人们的生活。人与自然之间也遵循同样的规律，必须掌握一个合适的度。比如石油、天然气、煤炭等大自然赋予人类的资源，离开它们，人类将退回到电能不足、冬天只能靠烧柴取暖、交通工具是马车的时代；但过分开采和过分使用，又带来一堆的新问题，如环保、气候、交通拥挤等。本书重点讨论的雾霾，也是过分使用煤炭、石油等资源所带来的副产品。

饮食是人与自然之间发生重要联系的一种方式，同样遵循着过犹不及的规律。不吃饭是不行的，暴饮暴食同样不可取；延误吃饭时间有损身体健康，晚上吃夜宵，不该吃饭的时候大快朵颐同样是有问题的；南甜北咸，山西人偏酸，四川、湖南等地喜好辣味，非这些地域生活的人也无辣不欢，或每餐与醋为伴，时间一长，身体就会出问题。

还有，现代高科技在改善生活状态、提高生活水平的同时，也带来新的问题——人体自身的适应、调整能力在下降，免疫系统在弱化。以空调为例，炎炎夏日，冷风一吹，倍感凉爽，可问题也随之而来。呆在有空调的房间，人体的皮肤收缩、毛孔紧闭以适应二十几度的气温；可出门后，面对三十几度的高温，毛孔迅速打开，大量排汗以适应。每天如此几次反复，人体的体温自我调整机制将变得无所适从，免疫力将下降，在空调房呆得时间过长，或者晚上睡觉一直吹冷风，就容易得病。

接下来，我们谈谈心理调节的问题。如何保持一个好的心态？《黄帝内经》给出的正确方法就是，做到“恬惔虚无”。那些年半百而动作皆衰的人，绝大多数都做不到“恬惔虚无”，并且缺少心理调节的方法和手段。下面，具体看一下哪些不良情绪和行为影响了人的心理健康。

一是活在记忆里，无法自拔。生命之美就在于过程，活在当下，享受生活，并对不确定的未来抱有美好的希望和憧憬。但有一类人，他们的想法就不是这样的，而是活在自己的记忆里，拒绝融入现实社会，更看不到未来的美好。想当年，如何如何；自己在位的时候，如何风光。他们过分夸大过去如何之好，盯着现实生活中的不足和缺陷不放。最后的结果就是，越来越与时代脱节，永远生活在对过去的神化和对现实的不满之中，心态越来越差。

二是倾向于选择负面的东西，近墨者黑。古时候，有位老太太天天愁眉苦脸，别人问她原因，原来是这样：她有两个儿子，老大晒盐，老二卖伞。晴天时她担忧老二的伞卖不出去，雨天时她又为老大的生意发愁。现实生活中，很多人跟这位老太太是一样的，无论什么事情总是先想到不好的反面。于是，不停地担忧、焦虑，却不去思考解决方案，从而裹步不前，错失很多机会。非但如此，他们更乐于跟那些爱发牢骚、喜欢抱怨的人交朋友，正所谓“物以类聚，人以群分”。一个人的脑袋里充斥着担忧、抱怨等负面的东西，周围的朋友又大都喜欢发牢骚，埋怨社会、单位的不公。这样，就陷入了负能量的泥沼和负面心理的恶性循环之中。

三是不恰当的对比导致幸福指数直线下降。俗话说，“人比人，气死人。”为什么会“气死人”？就是因为对比得不恰当。这种不恰当表现在如下几方面：

首先，选取的标准是动态的、相对的。比如财富，跟周围的人比谁挣的钱多，你永远都做不了第一。跟王健林、李嘉诚、比尔·盖茨相比，普通人终其一生拥有的财富都只是九牛一毛。比如职位，无论你当多大的官，上面都会有领导。国家主席毕竟只有一人，即使达到权力的最顶峰，也至多两届的任期（10 年）。在相对标准、动态标准面前，你竭尽全力都无法做到最好，所以烦恼一生。

其次，只盯着结果看，忽略了付出的过程。有这样一个寓言故事：一群羊从山坡上吃草回来，看着那些躺在猪圈里等着主人喂食的猪，其中一只小羊感到心里不平衡，它抱怨道，“世界真不公平！我们辛辛苦苦走那么远的路才有草吃，你看那些猪，躺着晒晒太阳、睡睡觉，就有猪食吃。”旁边的老羊这样说，“你这样想是不对的。等过年的时候，主人至多是从我们的身上薅些羊毛，猪却要被宰掉，端上餐桌。”俗话说，“只见贼吃肉，不看贼挨打。”每一种获得的背后，都必定有付出，毕竟天下没有免费的午餐。不要只看结果而忽略过程，今日的光鲜靓丽往往跟昨天的辛勤付出密不可分。所以，要跟人相比，就不妨比一比谁付出的多，谁的贡献更大。

再次，过分在意局部利益和短期利益的得失。一滴墨水掉在一杯清水中，整杯水都被玷污，变得浑浊不堪；同样的一滴墨水，掉在海水里，它显得微不足道，海水还是海水。一杯水跟大海最重要的区别就在于容量的不同，或者说眼光的不同。如果有大局观，心怀集体、民族、国家、天下，就不会在意一城一地之得失；反之，局部利益受损会让心态变差。为什么我要冲锋陷阵，甘当炮灰？为什么销售人员拿业绩提成，我要替他完成对客户承诺的后续服务？面对着诸葛亮派人骂阵，司马懿就是闭门不战，甘做缩头乌龟，因为他知道，谁保存实力，坚持到最后，谁就笑到最后。面对着日军的疯狂进攻，大片国土沦丧，这时候避开正面交锋，游击战为上策，百团大战就不合时宜，伟大领袖毛泽东适时发表了《论持久战》，指出了抗日战争的三个阶段：战略防御、战略相持和战略反攻，不同的阶段采取不同的策略。

遗憾的是，现实生活中，拥有大局观和发展眼光，并明白“吃亏是福”的人并不多。跟客户斤斤计较，在一次交易中占尽便宜，失去的是口碑和回头客；跟同事锱铢必争，看起来保护了个人利益、部门利益，而在团队中越来越成为“孤家寡人”，葬送的是日后的群众基础、领导赏识和晋升机会；跟朋友过分强调利益和回报，结果只能是，锦上添花的酒肉朋友一大堆，真到需要别人帮助的时候，雪中送炭的知心朋友却寥寥无几。

柳亚子先生是著名的诗人，也是毛泽东主席的笔友之一。1949 年新中国成立前夜，他曾萌生退隐之心，写诗呈毛主席。毛泽东主席和诗一首，劝他留在北京参政、议政。这首诗如下："饮茶粤海未能忘，索句渝州叶正黄。三十一年还旧国，落花时节读华章。牢骚太盛防肠断，风物长宜放眼量。莫道昆明池水浅，观鱼胜过富春江。"特别是其中的名句"牢骚太盛防肠断，风物长宜放眼量"，尤其值得那些缺少大局观和发展眼光的人去学习和体会。

四是对己、对人采取双重标准，宽以待己，严以律人。我们经常在报章上看到，以美国为首的西方国家对别国采取双重标准。什么是双重标准呢？简单的说就是，苛求别人，指责别国的人权、民主、自由等做得不好；宽以待己，对国内的同类问题视而不见。执行双重标准也被比喻为手电筒，只照别人不照自己，其实是灯下黑。现实生活中，有一些人也如此。在他们眼里，自己是最优秀的，老子天下第一，只怪领导没眼光，自己怀才不遇；别人一无是处，无非靠旁门左道谋得财富，靠溜须拍马混得职位。只要遇到困难、出现问题，他们就归因于客观条件和他人的阻挠，从来不在自己身上找原因。

在这种不良心态的影响下，太过自满，人就失去了前进的动力，稍不如意，就开始怨天尤人；过分强调英雄主义，会让人忘记团队的作用，缺少感恩心态，就好比离开了大海的一滴水，很快就会干涸。

【链接一】 《老子》中的性养生论

《老子》五十五章写道："含德之厚，比于赤子。蜂虿虺蛇不螫，猛兽不据攫鸟不搏。骨弱筋柔而握固。未知牝牡之会而朘作，精之至也。终日号而不嗄，和之至也。知和曰常，知常曰明，益生曰祥，心使气曰强。物壮则老，谓之不道，不道早已。”

翻译成现代文，如下：厚德之人，跟初生的婴儿是一样的。初生的婴儿无知无欲，无所畏惧，不知道毒蜂、毒蝎会蜇人，毒蛇会咬人，凶禽猛兽会吃人。婴儿虽然骨软筋柔，小拳头却握得很紧；他不知道男女性交的事，小生殖器却常常勃起，这是因为精气极其充沛的缘故。婴儿天天大哭大叫，却不嘶哑，原因就是他极度地平和无欲，从而精气不耗。平和无欲是生命常存的法则，懂得这些道理才是智慧之人。适度控制性欲，掌控自己的行为，才能做到强大；懂得养生的道理，生活才能幸福。长大之后，诱惑增多，自控力下降，纵欲加快肾精的耗散，也加快了衰老的进程。不遵循性养生法则，人就会早衰、短寿就会走向衰老。

老子在这里精辟地提出了节欲保精的性养生观点。这一观点揭示了人体生命的实质，遂成为几千年来中国性养生学的理论源泉。后世养生学虽有种种理论、观点和方法，但在节欲保精这一点上，都以其为宗旨，不管是医家、道家还是儒家都不敢违背。

【链接二】 “七损八益”房中养生术

《黄帝内经》曾提及“七损八益”，但并未指明其具体内容；直到长沙马王堆古墓出土的珍贵医学帛书竹简《天下至道谈》才有了明确的答案，后代医家为此争论纷纭、莫衷一是的千古悬案得以揭秘。

《天下至道谈》中所提到的“七损”，是指“一曰闭，二曰泄，三曰渴（竭），四曰弗（勿），五曰烦，六曰绝，七曰费。”

用现代的语言来解释，“七损”指的是房事交合中对人体有害的七种做法，即：

（1）在两性交接时动作粗暴，鲁莽而发生疼痛，导致五脏生病，这是“闭”（内闭）；

（2）交合时虚汗淋漓，精气走泄，叫“泄”（外泄）；

（3）房事没有节制，纵欲无度，气血耗竭，叫做“竭”；

（4）“弗”是指虽然有强烈的性欲冲动，却因阳痿不举而不能进行；

（5）交合时心中烦乱不安，为“烦”；

（6）一方无性欲要求而对方强行交合，这对双方特别是对女方的身心健康非常不利，犹如陷入绝境，故而叫做“绝”；

（7）当交合时过于急速，既不愉悦情致，于身又没有补益，徒然浪费精力，这叫“费”。

古人用非常形象的语言说出了在房室养生中于身心有害的七种做法，若犯有上述七损之情况，则往往事与愿违，适得其反，且招致疾病。这样的解释对于今天的我们，仍有其重要的科学意义和参考价值。

针对房事交合中对人体有害的七种做法，古人又提出了房事生活中对人体有益的八种做法，即“八益”，是指：“一曰治气，二曰致沫，三曰智（知）时，四曰畜气，五曰和沫，六曰窃气，七曰寺（待）赢，八曰定顷（倾）。”

这里逐一地介绍了治八益的具体做法，即：

（1）调治精气；

（2）致其津液；

（3）掌握适宜的交接时机；

（4）蓄养精气；

（5）调和阴液；

（6）聚积精气；

（7）保持盈满；

（8）防止阳痿。

性生活有愉悦情致，增强夫妻感情的作用。“七损八益”是古人在交合时遵循的法则，在性生活过程中我们也要善于利用“七损八益”的方法来调摄性生活。对房室之事应有一种严肃性，使生活服从于养生保健这个重要原则，通过房事来达到补益身体，延年益寿的目的。

第七章　陋习知多少（上）

《黄帝内经》的确是一本奇书。书中所列举的春秋战国时期的常见陋习，历经两千多年风雨，到21世纪的今天，无一例外地全部被“继承”下来，并且还“发扬光大”。

比如“起居无节”，古代人至多是晚睡晚起几个小时，在没有电灯、缺少娱乐活动的年代，能做到凿壁偷光、秉烛夜读的本身就少，因为少，所以成为标杆和楷模。至于通宵达旦，那纯粹是凤毛麟角了。

对当代人来说，日出而作、日落而息绝大多数都做不到。为什么呢？太阳落山后，灯光亮如白昼，工作忙碌了一天，晚上正是聚会、娱乐的好时候。晚餐是餐饮业的高峰时段，晚上是KTV、酒吧的黄金时间，电视台的节目24小时轮播，看到你不想看为止，网络的精彩更是无时无刻、无所不在，手机让一切尽在掌握之中。午夜时分，您到灯红酒绿、歌舞嘈杂的北京三里屯转一转，夜生活刚刚开了个头。

当然，反过来说，受时代所限，《黄帝内经》中的“以妄为常”也无法涵盖当代人的种种陋习。

比如，《黄帝内经》多次提到酗酒，不但有损自身健康，而且不利于下一代的健康；但对抽烟只字未提，因为烟草在明朝万历年间才传入中国，抽烟是当代人尤其是男人最为常见的陋习之一。

再如，两千多年前，物资匮乏，对普通百姓来说，能填饱肚子就相当不错，所以，做到“食饮有节”难度并不大。《黄帝内经》作者万万想不到的是，在21世纪，有一档电视节目风靡世界，名字叫《舌尖上的中国》，播出的美食让人垂涎三尺。这说明，对大多数中国家庭来说，如何吃饱早就被如何吃好所取代。古时候，餐饮业极不发达；现今的人们，动辄下馆子应酬或聚餐。更可怕的是，高度商业化的餐饮业，不断提供或创造出诱人的美食，力争让食客们做到多吃、吃上瘾、多消费大鱼大肉等利润率高的菜品，而这跟《黄帝内经》的养生理念格格不入。当代人要做到“食饮有节”，可以说难上加难；从一定程度上讲，控制食欲比控制性欲还要难。

接下来，我们详细解读当代人常见的生活陋习。了解这些陋习非常重要——看看占了多少条，就可以知道您是否也在透支生命，加速死亡。雾霾虽然严重，但毕竟不是天天如此，我们可以尽量待在室内，可以想到很多的防霾招数； 与之相比，陋习天天发生，“更胜一筹”，如不能及时纠正，那就是在慢性自杀。

美食背后的“三高”

中国是一个具有悠久的美食传统的国度。苏、闽、川、鲁、粤、湘、浙、徽“八大菜系”各领风骚，地方小吃和特色菜系更是四处开花。炒、烧、煎、炸、煮、蒸、烤、扒，无论哪一种烹饪方式，无论哪一类厨艺门派，让食客们回味无穷、流连忘返的无非两招：香和重口味。

至于如何让食物吃起来香，则无外乎两大技巧：多用动物食材，烹饪过程中多用油。其中的道理非常简单：

（1）在自然界的食物链中，植物处于最底层，动物归根结底都是以植物为食的，所以，动物身体在一定程度上是植物精华的结晶，动物食材比植物食材的脂肪含量、热量都要高。纵观世界各地的厨艺大赛，菜品大都以动物食材为主，全部以素菜比拼的少之又少。从满汉全席到当代的国宴，从商务宴席到喜庆婚宴，荤菜都是绝对的主角。所谓的“荤素搭配”，素菜只不过起调剂的作用。

（2）食用油并非自然界原生的，必须从动物食材中炼制，或者从植物食材中榨取。动物油的食用，在古代很早就有；植物油最早出现在汉代，用于烹饪则是在魏晋南北朝时期。食用油的使用，终结了水煮食物的单一方式和口味，也很好地解决了食物烤制过程中火候不易掌握而出现烤焦、烤坏的问题。并且，植物食材经过炒、烧、煎、炸后，其脂肪含量和热量大大提高，吃起来更香、更可口。

不信我们作个测试。馒头和油条，白米饭和扬州炒饭，水煮蛋和煎蛋，没有实物的情况下，对这三组词语进行选择，最好吃的、印象最深的一定是后者。因为同样的食材，油的参与提高了它的可口程度，也加深了味蕾的“记忆力”。

当动物食材和食用油加在一起的时候，色、香、味俱全的美食冲击着人们的视觉、嗅觉和味觉，更进一步地加深着“记忆力”。所以，你会重复消费，你会对某一类食物“上瘾”，你会恋恋不舍。

然而，凡事都有其两面性。动物食材和食用油提高了食物的可口程度，把吃饭变成了美食享受，但也提高了食物的脂肪含量和热量。世界上绝大多数的美食都是“三高”（高脂肪、高蛋白、高热量）食品，并且，人无法抵挡美食的诱惑，也就无法阻止体内脂肪的过度堆积，蛋白质和热量的代谢对肾脏的损害。反过来，糙米、粗粮等口感差的食物，却提供了身体必需的维生素和微量元素，还有促进肠道蠕动、加快排便速度的膳食纤维。爱吃的、可口的美食天天吃，成为身体健康的潜在威胁；绿色食品、健康食品因为口味不佳，人们并不喜欢吃，所以也起不到什么作用。

还有一种食品，把美味、可口与高脂肪、高热量发挥到了极致，被人们视为垃圾食品，那就是洋快餐。中国的餐饮企业非常多，但做到全国连锁的相当少，就更别说全球连锁，其主要原因在于烹饪过程和最终的食物、菜品很难做到标准化。在北京或上海，很方便就能找到兰州拉面、桂林米粉、岐山哨子面等餐馆，但我们听到最多的一句抱怨就是“不正宗”。似乎离开特定的地域，同样的食品呈现出不同的味道。

麦当劳、肯德基等洋快餐则解决了标准化难题。他们同样选取牛排、鸡腿等动物食材和食用油来提高食物的可口程度；只不过，在烹饪方式上仅保留了炸，油温多少度，炸几分钟，这些变得可控，所以就做到了标准化。但不幸的是，炸的烹饪方式也把食物的脂肪含量和热量瞬间提升了多少倍。一个炸鸡腿脂肪含量在 20% 以上，热量 300 多千卡。在跑步机上以 8 公里 / 小时的速度跑 40 分钟，才消耗 240 千卡热量，连一个鸡腿的热量都没消耗完。

下面，我们就看看经常享受美食，吃洋快餐会对身体健康带来哪些危害。

（1）高脂肪、高热量食物导致肥胖。

脂肪含量高的食物在体内不易消化、吸收，大分子的颗粒就转化为体内脂肪储藏起来。热量高的食物经过消化、吸收，提供给身体必需的热量后，容易出现剩余，这些剩余的热量同样转化为体内脂肪储藏起来。大分子、不易吸收的食物颗粒和剩余热量，恰恰是体内脂肪的两大来源。

它们在胰岛素的作用下，首先转化为脂肪酸，储藏在血液和体液之中；当脂肪酸到一定量的时候，人体就进一步合成高能物质——甘油三酯，甘油三酯是储藏在细胞之中的。

一般情况下，甘油三酯轻易不会从细胞中出来，代谢并为身体提供热量。只有在长时间运动改变热量的供需对比，外界食物匮乏及脾胃功能出问题，身体无法从外界汲取热量的时候，体内脂肪才开始代谢。

体内脂肪大量堆积，并且代谢不出去的时候，人就开始变胖。关于肥胖的危害，这里就不展开讨论了，大家只要记住一句话：人的寿命在一定程度上跟腰带的长度是成反比的。

（2）高蛋白食物会损伤肝肾，造成痛风、骨质疏松、心血管疾病等。

高蛋白食物进入体内会代谢成氨基酸，然后被人体吸收和利用，但过量的蛋白质，就需要通过脱氨基作用转化成糖类或者脂肪储存起来，而产生的氨对人体是有害的，需要通过肝脏转化成毒性相对较低的尿素，通过肾脏的过滤，以尿液的形式排出体外。这一过程给肝脏和肾脏造成很大的负担，而一旦尿素排泄不畅，就会转化成尿酸，造成血尿酸升高而导致痛风。

高蛋白食物的代谢产物是尿酸和硫酸等酸性物质，会使得血液偏酸性，从而需要大量的钙镁等碱性物质进行中和。这样，骨骼和牙齿就会溶出钙质，输送到血液中，尽量调节酸碱平衡。另外，肉类食物中含磷较高、含钙较低，进入人体后，为了保持血液中的钙磷比例，同样需要从骨骼中溶出钙质以增加血钙浓度，而高血钙又会使得肾脏再吸收能力跟不上，导致尿钙增多，使得钙流失，久而久之会造成骨质疏松。

高蛋白食物会导致维生素和矿物质摄入不足，由于缺乏促进氨基酸转化的维生素 B 族，血液中同型半胱氨酸就会升高。同型半胱氨酸过高会损伤血管内壁。被破坏的血管内壁，会使得大量的胆固醇和低密度脂蛋白聚集，久而久之导致血管内壁增厚，血管失去弹性，造成高血脂、动脉硬化、冠心病等慢性疾病。

那每天的蛋白质摄取量应当是多少呢？蛋白质是由碳、氧、氢（碳水化合物三大元素）、氨基酸、氮等所组成。每一个氨基酸都含有氮。过去，膳食蛋白质的需求量根据氮比较来决定，就是将每日氮摄取量和尿液粪便中的氮含量作比较。经由这个方式，每日蛋白质建议摄取量从 19 世纪末所定的 118 克降低为 1980 年定的 46 ～ 56 克。

只要一天吃 2 个鸡蛋、2 两猪肉、2 碗米饭，蛋白质的摄取量就已经达到46克。实际上，对大多数人来，每天的蛋白质摄取量都是超标的。

（3）油炸食品不光导致肥胖，而且会诱发多种疾病，甚至是癌症。

食物经高温油炸，其中的各种营养素被严重破坏。高温使蛋白质炸焦变质而降低营养价值，高温还会破坏食物中的脂溶性维生素，如维生素A、胡萝卜素和维生素E，妨碍人体对它们的吸收和利用。

有的油炸食品加入疏松剂——明矾，导致铝含量严重超标。过量摄入铝会对人体有害，铝是两性元素，就是说铝与酸与碱都能起反应，反应后形成的化合物，容易被肠道吸收，并可进入大脑，影响小儿智力发育，而且可能导致老年性痴呆症。

如果注意观察的话，我们会发现，市场中炸油条、油饼的油早已看不出油的清亮，而是黑得如同废机油。这种已分辨不清颜色的油有什么危害呢？答案是：其中含有大量的致癌物质——丙烯酰胺。卫生部曾发布公告指出，淀粉类食品在超过120℃高温的烹调下容易产生丙烯酰胺，而动物试验结果显示丙烯酰胺是一种可能致癌物。“就像吸烟一样，长期摄入油炸类食品会引发多种肿瘤病症。”北京协和医院营养科专家认为，不管丙烯酰胺对人体有多大危害，偶尔食用油炸类食品对身体的危害并不会很大，但这个过程与吸烟可能诱发肺癌一样，是一个毒性长期积蓄的过程，长期食用必将对健康造成巨大威胁。

据路透社报道，加拿大专家发表研究报告表示，全球大约35%的心脏病发作与油炸食品、盐渍零食和肉类有关。另一项对8.7万名妇女跟踪调查26年之后的研究报告表明，她们的反式脂肪摄入量越高，心脏病猝死的危险就越大。这是因为油炸食品中含有大量的反式脂肪，会像垃圾一样阻塞你的血管，容易引起血栓。反式脂肪还会让血管弹性减小，变得非常“脆”，易导致心脑血管出现意外。

口味之偏　过犹不及

美食之所以让人回味无穷，甚至越吃越上瘾的两大秘籍是香和重口味。关于前者已经详细讨论，下面主要说说重口味。比如川菜，人们印象最深的就是麻辣；比如贵州菜，第一印象就是酸辣。

在前面章节的五行归类知识中，我们曾提到五味：酸、苦、甘、辛、咸。五味跟五行、五脏相对应。日常饮食讲求的是，五味的均衡，不过分倚重某一种口味。当然，随着季节的变化，五味须作出相应的调整。春天对应肝，为生发、疏泄，多吃一些辛辣的食物，发散、行气，以助生发。夏天对应心，汗为心之液，多出汗则体液损失较多，咸的食物和饮料可以补充这种损失，并且咸的东西会逼迫人多喝水以降心火。七八月份的长夏季节，对应的是脾，甘味可以中和其他味道，变得容易接受，有助于消化、吸收，另外可以快速补充能量，甘味食物一年四季都应适当地多吃一些。秋天对应肺，气候特征为燥，多吃一些酸味的食物，有助于生津润肺，应对秋燥，酸味为涩、收敛，有助于增强肺的肃降功能。冬天对应肾，天气寒冷、干燥，身体容易上火，多吃一些苦味的食物可以败火；另外，冬天肾水旺而心火不足，多吃苦味的食物有助于提升心阳，从而达到平衡。

在五味中，苦味很难成为一种嗜好，也不易因过分偏好的饮食习惯而导致身体出现问题；酸、辛（辣）、甘（甜）、咸则因地域、气候、文化传统等而演变成重口味的饮食习惯。当然，这种重口味习惯的形成有其合理性，但可怕的是，区域外的人也嗜好该种口味（如川、黔、滇、湘、鄂以外省份的也嗜好吃辣），并且离开该种口味就难以下咽，如此重口味的饮食习惯会影响到身体健康。

我们先说说不同口味与地域之间紧密联系在一起的合理性。人们常说“南甜北咸，东辣西酸”。“南甜北咸”，大体是这样的；“东辣西酸”

则是一种粗略的说法，不够精确。爱好吃辣的地区有四川、湖南、云南、贵州、湖北等，嗜酸的地区有山西、广西等。

“南甜”以江苏、上海、浙江、广东等地为代表，很多食品都喜欢放糖，如糖粥、糖三角、糖醋白菜、糖醋鱼、糖醋肉等。上述地区气候以湿热为主，人们出汗多，食欲不佳。多吃一些甜味的食物，一方面，甜味可以中和其他味道，提振食欲，糖分可以迅速补充能量；另一方面，甜味可以助消化，提升脾胃的功能。南方人喜好甜食，有一定的合理性。

“北咸”指的是北方地区的人口味偏咸。北方地区的冬季时间长，并且蔬菜品种少（在大棚种植技术采用之前），冬储大白菜要吃四五个月。在这种情况下，腌制就成为蔬菜储存最重要的方式之一，所以，北方人的口味也偏咸。还有一种说法，海盐是古代食用盐的最主要渠道，内陆地区由于食用盐不易得，所以必须增加单次的摄入量。

“东辣”则属牵强附会，口味偏辣的四川、云南、贵州、湖南等地都不是地理意义上的东部省份。喜辣的食俗多与气候潮湿的地理环境有关。以四川为例，地处盆地，潮湿多雾，一年四季少见太阳，有“蜀犬吠日”之说。这种气候导致体表湿度与空气饱和湿度差不多，难以排出汗液，令人感到烦闷不安，时间久了，还易使人患风湿寒邪、脾胃虚弱等病症。吃辣椒浑身出汗，汗液当然能轻而易举地排出，经常吃辣可以驱寒祛湿，养脾健胃，对健康有利。

“西酸”的说法同样不够精确，喜欢吃醋的地区有山西、广西等。尤其是山西，吃醋为全国之冠。山西人善酿醋，爱吃醋，素有“山西老醯儿”之称。嗜酸的食俗跟当地的水土环境有关，碱性土壤长出来的庄稼钙含量高，吃得多体内容易出现结石，酸性食物起到中和作用，减少结石的形成。很多地方的自来水也呈弱碱性，烧开水的铁壶用的时间一长，内胆就容易生水垢，而最常用的除垢方法就是，用食用醋去浸泡。

可见，某些地区形成甜、咸、辣、酸不同的重口味是有一定合理性的。

但是，我们都知道，过犹不及，中医讲求“食饮有节”，在口味上同样要做到平衡。一定程度上对某种重口味的偏好，可能有利于身体健康；如果过分倚重这种口味，天天如此，顿顿如此的话，则对身体健康不利，就更别说干燥地区偏好吃辣、水土偏酸性地区还喜好吃醋的情况了。

下面，我们详细分析过分偏好甜、咸、辣、酸四种重口味对身体造成哪些危害。

人体有一个脏器叫胰脏，它分泌一种蛋白质激素叫胰岛素。胰岛素有两大功能：降低血糖水平，加速体内脂肪的合成。爱吃甜食成为一种习惯后，首先会导致血糖值升高，血糖值升高就会刺激胰岛素的分泌，从而降低血糖。但是，在降低血糖的同时，也加速了体内脂肪的合成。所以，爱吃甜食的人容易变胖。长期吃甜食，导致胰脏分泌胰岛素的功能不停使用，加重胰脏的工作负担，有可能导致分泌胰岛素的功能失常，从而得糖尿病。

长期过量吃盐，则易得高血压。美国医学科学家曾对 1346 人进行调查，发现在大量吃盐的人当中有 10% 以上的人患高血压病，而吃盐少的人患高血压病者不到 1%。据报道，我国成年人高血压患病率平均约为 5%，北方和南方人群中有显著差别：北方如北京、天津、沈阳约为 10%，而南方如上海、杭州约为 5% ~ 7%，广州、福州、湛江约为 3% ~ 5%。其中一个重要差别是人们每天吃的食盐量不一样，北方人平均每日食盐量在 15 ~ 20 克，而上海为 10 ~ 12 克，广州为 7 克至 8 克。国际权威人士提出，日食盐的标准量为 5 克。看来这些地方人们吃的食盐量均超过了标准。

至于口味偏咸与高血压之间的关系，中医上是这样解释的：长期过量吃盐，必然导致过量饮水。因为氯化钠在体内所占的浓度为 0.85%~0.9%，超过 0.9% 的时候，人就必须补充更多的水加以稀释，使其浓度降回到标准范围。而过量饮水，必然使排尿次数增加，从而加重肾脏的工作负担，并影响其功能。肾功能失调，则元气不足。“气为血之帅”，血在体内的流动、循环依赖于气的推动，而气虚必然使行血动力不足，血流变慢。在这种情况下，要维持正常的供血，就必须通过收缩血管等方法来增加压强。可以说，高血压是在供血不足情况的一种自我调整方式。生活中也有类似的现象：当电池电力不足的时候，对其进行挤压后，又能释放一定的电量；骑自行车爬坡的时候，正常的频率根本骑不上去，而加快蹬车的频率，就能一鼓作气冲上去。

口味偏咸除伤肾和引起高血压外，还有下面的几大危害：（1）易患感冒。现代医学研究发现，人体内氯化钠浓度过高时，钠离子可抑制呼吸道细胞的活性，使细胞免疫能力降低，同时由于口腔内唾液分泌减少，使口腔内溶菌酶减少，这样口腔咽部的感冒病毒就易于侵入呼吸道。（2）易诱发支气管哮喘。国外一些学者在实验中发现，这种病的患者在摄入的钠盐量增加后，对组织胺的反应性增加，易于发病，使病情加重。限制钠盐，可以在一定程度上预防支气管哮喘的发生和加重。（3）引起胃炎、胃癌的发生。食入过量的高盐食物后，因食盐的渗透压高，对胃黏膜会造成直接损害。高盐食物还能使胃酸减少，削弱胃黏膜的抵抗力。胃黏膜受损，胃炎、胃溃疡就容易发生。同时，高盐及盐渍食物中含有大量的硝酸盐，它在胃内被细菌转变为亚硝酸盐，然后与食用物中的胺结合成亚硝酸铵，具有极强的致癌性。英国和日本科学家对数万名男女的饮食习惯和身体情况进行了研究，发现爱吃过咸食物的人患胃癌的风险是普通人的两倍。（4）加重糖尿病的病情。国外专家在实验中发现，食物中的钠含量与淀粉的消化、吸收速度和血糖反应有着直接的关系。食盐可以通过刺激淀粉酶的活性而加速对淀粉的消化，或加速小肠对消化释出的葡萄糖的吸收，以致进食高盐食物者的血浆葡萄糖浓度升高。所以，糖尿病患者应当限制食盐的摄入量。

有人迷恋辣椒减肥法，有人却越吃辣越胖，到底哪种说法更有道理呢？其实，所谓的辣椒减肥法只是一种商业营销的噱头，本身并没有科学依据。辣椒素能让人产生饱腹感，从而抑制食欲，只不过是纸上谈兵；现实生活中，辣能开胃，越辣吃得越多。吃辣椒能加速新陈代谢，多出汗，所以在燃烧脂肪，这显然是一厢情愿。只有运动改变了能量的供求关系，在短时间内食物提供的能量无法满足运动所需，体内储藏的脂肪才分解以弥补能量缺口。吃辣椒排汗只是人体对温度的自我调节和适应，跟蒸桑拿出汗有一定的相似处，并不会改变能量供求之间的对比关系。

反而，口味偏辣会刺激食欲，不知不觉间就吃多了，吃得太多一方面造成食物提供给机体的能量供大于求，不得不转化成脂肪酸和甘油三酯储藏起来；另一方面加重胃的工作负担，从而消化功能下降。还有就是，辣会刺激损伤胃黏膜，造成胃出血、胃溃疡等疾病，更影响胃的功能。胃的消化功能下降，吃进去的脂肪含量多的食物更不容易消化，大分子的东西不容易被吸收，最后转化成脂肪酸和甘油三酯储藏起来的越来越多。胃的消化功能下降后，会增加脾的工作负担，脾是向身体各个器官提供营养物质的，脾不堪重负出现功能下降，就会导致很多组织、器官的营养不足，尤其是代谢系统会因营养不足而功能下降，体内脂肪的代谢就会变慢。时间一长，人就胖了。

长期过量吃辣椒，除导致肥胖外，还会产生这样一些危害：（1）过多的辣椒素会剧烈刺激胃肠黏膜，使其高度充血、蠕动加快，引起胃疼、腹痛、腹泻并使肛门烧灼刺疼，诱发胃肠疾病，促使痔疮出血。（2）长期大量食用辣椒，会引起中毒表现，如胃脘灼热感、腹胀、腹痛、恶心、呕吐、头晕，甚至呕血、尿血、衄血、血压升高或下降。且长期吃辣椒的话会使神经长时间受刺激，使灵敏度下降，而且会使胃功能下降，寿命也不会长。（3）甲亢患者不宜食辣椒。甲亢患者常常处在高度兴奋状态，故不宜吃辣椒等强烈刺激性食物。又因甲亢患者本来就容易心动过速，食用辣椒后会使心跳加快，加重症状。（4）燥热、阴虚、湿热、多汗，孕妇绝对不宜经常食辛辣食物，不然就会热上加热，加剧热气燥火、口干舌燥、面红耳赤、发热等不适，后果可能更严重。

嗜好酸味并且长期过量食用酸性食物（包括醋等）的人，容易出现以下几方面的健康问题：

（1）过量的酸性食物会改变胃液的 PH 值，对胃黏膜造成损伤。身体健康者大量食醋可引起胃痛、恶心、呕吐，甚至引发急性胃炎；而胃炎患者大量食醋会使胃病症状加重，有溃疡的人可诱使溃疡发作。

（2）影响人体的酸碱平衡。正常情况下，人体血液、体液的酸碱度应保持 PH 值在 7.35 ~ 7.45 之间，呈弱碱性。酸性食物摄入过多，将会引起血液、体液的酸度增高，发生酸中毒。人体内呈酸性，短时间内会感觉不适、疲乏、精神萎靡等，如长期处于多酸状态，将会引起体内电解质紊乱，易诱发神经衰弱、动脉硬化、冠心病等。而鸡、鸭、鱼、肉、蛋、糖、酒等食物在体内也会代谢分解成酸性氧化物，这些与偏好酸味的饮食习惯叠加在一起，机体环境的酸碱度就更容易发生改变，使血液和体液呈酸性，从而危害人体健康。

（3）导致体内的钙流失和骨质疏松。我们先纠正一个关于补钙的误区。骨头汤加醋可以增强补钙效果，原因在于：骨头中的钙不溶于水，无法被吸收，加醋后可以发生化学反应生成钙离子。据某项科学实验，用高压锅煮半小时到 2 小时的骨头汤，其熬出的钙远不足 100 克牛奶含钙的 1/6。但如在炖骨头汤时加一些醋，含钙量可增加 10 倍。钙盐和醋酸反应可以生成醋酸钙，在 100℃下醋酸钙的溶解度是 29.7%，理论上是可行的。中山大学医学营养系蒋卓勤教授的研究也证实，在不放水纯用醋煮的情况下，骨头汤中的钙浓度甚至能高过牛奶。但是，这个方法的实用价值并不高。首先，这么做出的汤很难喝；其次，大量的醋酸会随着挥发污染空气，腐蚀家具，甚至引发呼吸系统疾病；最重要的是，照这个方法熬一斤的猪蹄大概得买数十元的醋，只滴入少量的醋根本就不起什么作用。

反过来，多食用酸性食物却对体内的钙起到了破坏性作用。过多的酸性食物改变了血液和体内的酸碱平衡，要使 PH 值重新回到 7.35 ~ 7.45 之间，首先是血液中的钙会与之中和，发生化学反应，最后的产物通过肾经排出体外；血液中的钙减少后，骨头中的钙就会出来补充，这样，时间长了，就容易得骨质疏松。

中医上讲的“酸伤筋”，也是类似的道理。酸性食物是收敛的，有助于增强肺的肃降功能，金克木，而肝又主筋，自然过量的酸性食物对筋骨就没什么好处。

时量不当 吃出一身病

在“以妄为常”的生活陋习中，不良饮食习惯是最重要的。在饮食习惯中，“3W”原则又是最关键的。所谓的“3W”，即 what、when 和 how many，也就是吃什么、什么时间吃和吃多少。关于吃什么，主要是不过分偏好某一类食物，尤其是高脂肪、高蛋白、高热量的“三高”食物，不过分嗜好某一种重口味，做到膳食平衡。这些已经详细讨论过了，下面，我们重点看一下剩下的两个 W（when 和 how many）。

科学的三餐习惯在前面章节中探讨过，这里不赘述。至于不科学的习惯，主要有如下几类：

（1）不吃早餐

早餐时间是上午的 7 点到 9 点，这一时段恰是胃经的工作时间。我们知道，胃的主要功能是消化食物。但这时候，如果不吃早餐的话，胃依然是要工作的，那就是空转。就像榨汁机一样，如果不放水果进去，让它空转，时间长了，可就功能失调，消化功能下降了。

通常说来，早餐是 7 ~ 8 点，中餐是 12 ~ 13 点，晚餐是 18 ~ 20 点，每一餐为身体提供后一个时段里运动所需的能量。如果不吃早餐的话，从晚上20点到第二天中午12点，一共是16个小时，都需要由晚餐来提供能量，这显然是一项不可能完成的任务。而我们知道，上午的4个小时通常是上班后繁忙工作的开始，长期处于一种能量不足的状态中，身体肯定是吃不消的。

长期不吃早餐，胃的空转会造成消化功能下降。就像榨汁机以前榨出来的是果汁，现在却是果浆。而这就加重了下一环节脾的工作负担。我们知道，脾的功能是运化，把经过胃消化的食物进一步转化成小分子、小颗粒、可吸收的营养物质。无疑，胃的消化功能弱化，消化后食物的颗粒就比较大，长期如此，脾的运化功能也连带着下降。

（2）延误饭点

延误饭点是现代人（尤其是商务人士）最容易出现的陋习。比如，临近中午，部门还在开会或是商务谈判还在进行中，12～13点吃午餐的习惯就不得不被打破，等会议或谈判结束的时候，已经14、15点了，这时候吃午餐，而晚餐时间也就不得不向后顺延。再如，单位18点下班，但你工作还没做完，必须加班，也就顾不上吃晚餐了，等加班结束回到家，已经是22点，而晚餐也就变成夜宵了。

人体的消化系统，如胃、小肠、脾等，是按三餐的时间规律来调整工作和休息状态的，并且形成固定的规律。延误饭点，则是打破了胃的工作习惯，该工作的时候不吃食物就相当于机器在空转，不该工作的时候吃东西那就相当于加班。长此以往，胃的消化功能就会失调。胃的消化功能下降，必然加重下一环节脾运化的工作负担。而脾的运化功能下降，营养物质的输送就会跟不上，最后连带身体其他器官也出问题。

（3）晚上经常应酬或吃夜宵

晚上应酬多，而在外应酬吃的食物通常都是高蛋白、高脂肪、高热量的。对大多数人来说，晚饭后都不会做特别激烈的运动，并且通常没几个小时也就该睡觉了，所以整个晚上身体所需的能量是有限的，而应酬多必然造成食物提供的能量远远超出身体的需求量，而剩余能量过多，自然体内脂肪的储藏量也就越多。经常吃夜宵，也是同样的问题。吃完夜宵用不了多长时间就上床睡觉了，而人在睡觉的时候维持一个人体的基础代谢就可以了，不需要更多的能量。这样，夜宵提供给身体的能量无法消耗出去，就转化成脂肪酸和甘油三酯储藏起来。

正常情况下，人应当在晚上 11 点左右上床休息，而这时候身体的脏腑也就进入休息状态之中，以补充第二天工作所需的能量。但问题是，晚上应酬所吃的食物都是不易消化和吸收的，就会把脾胃的工作时间延长。总是让脾胃晚上加班，不按时休息，时间长了，胃的消化功能、脾的运化功能就会下降。

（4）暴饮暴食

前面详细讨论过，这里不再展开了。其致病机理主要在于，暴饮暴食加重了脾胃的工作负担，从而导致其功能失调。

暴饮暴食特别容易跟三高食品叠加在一起，面对美食的诱惑，经常大快朵颐。当然，脏腑受到的伤害也是双倍，甚至是多倍的。我们看一个极端的例子。据《扬子晚报》报道，江苏常州 25 岁的小恒从小对炸鸡、汉堡等油炸食品青睐有加，幸亏父母管得紧。他出国留学后，没有父母监管，便“放纵”起来。一天最多能吃六七个汉堡和三四块牛排，渴了就喝碳酸饮料，最多一天能喝 6 瓶。短短的一年时间，体重从 160 斤飙升到了 290 斤。回国后，在父母陪伴下到医院求助。医院内分泌科副主任称，小恒属于贪吃成瘾引起的肥胖，已经严重影响到身体健康。

表 1　引发脾胃失调的陋习一览表

<table>
<tr><th>不良生活习惯</th><th>受影响的脏腑</th><th>可能带来的危害</th></tr>
<tr><td>1. 不吃早餐</td><td rowspan="6">脾、胃</td><td rowspan="6">肥胖、眼泡微浮、四肢沉重、嗜睡、便溏、脱肛、头晕、乏力、气短、面色萎黄、腹胀、便血、呃逆、呕吐、胃下垂、胃溃疡等</td></tr>
<tr><td>2. 延误饭点</td></tr>
<tr><td>3. 晚上经常应酬或吃夜宵</td></tr>
<tr><td>4. 暴饮暴食</td></tr>
<tr><td>5. 喜欢吃油炸食品</td></tr>
<tr><td>6. 嗜好重口味</td></tr>
</table>

囫囵吞下的还是饭吗?

吃饭快是很多现代人都有的坏习惯，而它往往跟工作节奏快、压力大相关。早晨的上班途中，我们经常能看到拿着袋装的包子和一杯豆浆或牛奶，匆匆赶路的人。为了多睡会儿懒觉，并且上班不迟到，早餐就只有在路上或等车的间隙解决掉了，当然是越快越好。

至于午餐，同样是几分钟搞定。对白领上班族来说，中午休息时间也就 1 个小时，必须在 13 点前返回工作岗位。在很多大厦或写字楼，中午 12 点的时候，很多公司的员工都要下楼去吃午餐，电梯里人满为患，等电梯首先就需要时间。到地下餐厅吃快餐，必须先排队；端上饭菜后，下一步就是找座位，这同样需要时间；等你坐下来就餐，无论受身后等座位人群的影响，还是想赶紧离开拥挤并且空气混浊的地下室，都不得不抓紧时间把饭吃完。假如外出吃午餐，不管是小吃、快餐，还是几个同事到餐馆“拼饭”，走路需要时间，点菜和等餐都需要时间，考虑到返程和等电梯上楼的时间，你就不得不快速吃完午餐。

真所谓，人在职场，身不由己。把吃午餐当作流水线上的一个环节，也是没有办法的事情。而进餐快带给身体的伤害，也就不可避免。

首先，长期进餐快导致脾胃功能失调。

吃到嘴里的食物，经过牙齿的咀嚼和唾液中淀粉酶的充分搅拌，通过食道进入胃作进一步的消化。吃饭快就意味着，食物在口腔里咀嚼得不够充分。我们都听说过“贪多嚼不烂”的道理，食物在口腔里咀嚼得不充分，就必然会增加下一个环节——胃的工作负担。如果把胃比作榨汁机的话，正常情况下进入榨汁机的是小的水果颗粒，经过胃的消化变成果汁；现在进入胃里的则是大的果块，是半个苹果，而这样必然会加重胃的工作负担，长期下来，胃就会出现消化功能下降的情况。

而胃的消化功能下降，必然加重下一环节脾的工作负担。我们知道，脾的功能是运化，把经过胃消化的食物进一步转化成小分子小颗粒、可吸收的营养物质。无疑，胃的消化功能弱化，消化后食物的颗粒就比较大，长期如此，脾的运化功能也连带着下降。

其次，长期进餐快导致肝功能下降。

吃饭快会打破正常的呼吸节奏，气体容易随着食物一同进入胃里，就比较容易出现食积、胃胀等症状。我们知道，肝是主疏泄、调节气机的，就好比是一台管道疏通机。经常性的进食快，出现食积、胃胀现象的机会就多，所以肝就得经常出来做疏泄的工作，从而加重了它的工作负担，导致其功能下降。

肝功能失调的症状包括眩晕耳鸣、面白无华、爪甲不荣、夜寐多梦、胁痛目涩、尿黄等。

再次，进餐快的习惯是形成肥胖的重要原因之一。

人们都知道，饥饱神经的信息反馈需要一定的时间。口腔和胃里消化出来的少量小分子，对于食欲的控制至关重要。因此，过快进餐的数量是不由大脑控制的，只能由胃的机械感受器来感知。然而，对三高食物来说，到了胃里面觉得饱胀的时候，饮食已经明显超过身体需求了。

另外，有研究证实，同样数量的食物，嚼得少、吃得快，就会更容易饥饿。早早饥饿，不仅妨碍工作效率，而且下一餐容易多吃，甚至两餐之间就会主动寻求高热量的零食、点心、饮料，见到高热量的食物就特别冲动。

吃得快导致吃得多，食物提供给身体的能量就过剩，而剩余能量就转化为脂肪酸和甘油三酯储藏起来，体内脂肪就越来越多。另一方面，吃得快导致肝功能失调，我们知道，甘油三酯的分解、代谢都是在肝脏中进行的，肝功能下降就导致体内脂肪的代谢变慢。体内脂肪储藏得越来越多，代谢却越来越慢，时间长了，人可不就胖了。

最后，长期进餐快还会导致视力下降、老年痴呆和癌症。

科学家发现，人们患近视普遍增多的原因之一是因为人们比过去更喜欢吃软的食物。日本科学家用三维模型比较了古代人、现代人、未来人的脸型变化，实验结果表明，三个时代的人，下巴和眼睛周围的变化非常明显。古代人的下巴非常发达，反过来，未来人的下巴变得越来越长，眼睛周围的骨骼突出。负责研究的堤幸贞美说："咀嚼的力量弱化，脸部骨骼的发育程度降低。这不仅仅包括下巴周围，就连眼窝也开始深陷。所以就很容易得近视眼。我们推测古代人由于吃的东西比较坚硬，所以咀嚼的力量是现代人的 1.5 倍。而未来人咀嚼的力量将弱化到现在的 2/3。由于咀嚼力量弱化，未来人很容易得近视眼。"

美国科罗拉多大学的罗连·科坦因博士领导的研究小组发表的一篇论文说，精制的面粉和谷物、白糖等使胰岛素的数值上升，影响眼球的发育，是导致远视和近视的原因。他以南达太平洋岛屿上的人们为研究对象，警告说一代人饮食习惯的改变就可以导致近视的蔓延。这个地方近视眼的发病率从过去不到 1% 发展到现在的 50%。现在这些不需要咀嚼就可以食用的柔软食物的基本特征就是含有过量的糖分，扰乱了身体原来的秩序，对眼睛产生影响。把这种主张和现在孩子们的眼睛状况联系起来看，这种主张显得非常具有说服力。

当我们吃较硬的食物时，颌面部的肌肉收缩力加强，通过牙齿传入中枢的冲动信号随之增强，中枢神经系统对随意动作的调控能力也有所加强。所以，喜硬食者，其视力、体质等状况都比较好。

另外，根据近年的研究发现，多咀嚼能够刺激大脑活性化。相反，如果是因牙齿掉落而无法良好咀嚼，这样的人群患老年痴呆的风险也更高。这主要是因为，在人类的牙齿上有被称为牙周膜的神经膜，它是牙齿在牙槽骨上的“垫子”，当人体咀嚼食物时，牙周膜就会刺激三叉神经，进而刺激到大脑的各个部位，包括掌控记忆的海马区、控制思考的大脑前叶、感受皮肤刺激的感觉区、控制人体运动机能与意识等与认知过程、意图相关的纹状体等。

而老年痴呆症与掌控记忆的海马区有相当深刻的关系，通过多次咀嚼能够刺激大脑海马区，让衰退的记忆和运动机能等慢慢恢复，进而预防老年痴呆症的产生和进一步恶化。

还有，多咀嚼能促进食物的消化吸收，食物中的氨基酸（蛋白质）、维生素、矿物质等也能更好地被人体吸收，而这些成分都是维持大脑机能不可缺少的重要营养物质。因此，多咀嚼不但能够刺激大脑功能，而且能够促进人体对于营养物质的摄入，对于老年痴呆症有良好的预防效果。

实验证明，人们在咀嚼食物时分泌的唾液，除有大量的淀粉酶帮助消化外，还含足量的溶菌酶，可以杀菌防病、化解食品某些毒性和降低黄曲霉素的致癌力。所以，多咀嚼能防癌。专家们通过实验表明，细嚼30秒能使致癌物质的毒性降低。另外，精白细软的饮食本身，既不能供应促进致癌物排出的膳食纤维，也不能供应预防癌症所必需的抗氧化成分。常此以往，癌症的患病概率当然会比其他人的要大。

【链接】 垃圾食品的危害

所谓垃圾食品，一类是指除热量外无其他营养成分的食物，另一类是指提供超过人体需求并造成多余成分的食品。在我国，垃圾食品的消费群非常庞大：青少年是汉堡、薯片、炸鸡等外来垃圾食品的主要消费群，中老年人则是油条、咸菜等传统垃圾食品的主要消费群。

人体所需要的各种营养是定量的，如果摄入的营养超过了人体正常的需求，就会给身体带来负担，造成营养堆积，并带来肥胖、糖尿病、高血压、高血脂、心脏病等疾病。在日常的食物中，没有一样是营养含量齐全的。无论何种食物，单一、大量食用都会导致营养过剩或者失衡，更不用说那些公认的垃圾食品。

2006 年，世界卫生组织公布了十大“垃圾食品”：油炸类食品、腌制类食品、加工肉类食品（肉松、香肠等）、饼干类食品（不包括低温烘烤和全麦饼干）、汽水可乐类饮料、方便类食品（方便面、膨化食品等）、罐头类食品、话梅蜜饯果脯类食品、冷冻甜品类食品、烧烤类食品。

油炸类食品的主要危害是：1. 油炸淀粉导致心血管疾病；2. 含致癌物质；3. 破坏维生素，使蛋白质变性。

腌制类食品的主要危害是：1. 导致高血压，肾负担过重，导致鼻咽癌；2. 影响黏膜系统（对肠胃有害）；3、易得溃疡和发炎。

加工类肉食品（肉干、肉松、香肠等）的主要危害是：1. 含三大致癌物质之一的亚硝酸盐（防腐和显色作用）；2. 含大量防腐剂，加重肝脏负担。

饼干类食品（不含低温烘烤和全麦饼干）的主要危害是：1. 食用香精和色素过多对肝脏功能造成负担；2. 严重破坏维生素；3. 热量过多、营养成分低。

汽水、可乐类食品的主要危害是：1. 含磷酸、碳酸，会带走体内大量的钙；2. 含糖量过高，喝后有饱胀感，影响正餐。

方便类食品(主要指方便面和膨化食品)的主要危害是: 1. 盐分过高，含防腐剂、香精，损肝；2. 只有热量，没有营养。

罐头类食品(包括鱼肉类和水果类)的主要危害是: 1. 破坏维生素，使蛋白质变性；2. 热量过多，营养成分低。

话梅蜜饯类食品(果脯)的主要危害是：1. 含三大致癌物质之一的亚硝酸盐；2. 盐分过高，含防腐剂、香精，损肝。

冷冻甜品类食品(冰淇淋、冰棒和各种雪糕)的主要危害是：1. 含奶油极易引起肥胖；2. 含糖量过高影响正餐。

烧烤类食品的主要危害是：1. 含大量“三苯四丙吡”(三大致癌物质之首)；2.1 只烤鸡腿 = 60 支烟的毒性；3. 导致蛋白质炭化变性，加重肾脏、肝脏负担。

第八章　陋习知多少（下）

俗话说，“种瓜得瓜，种豆得豆。”凡事有因必有果，有果也必有因。扣扣子的时候，只要第一颗扣子扣对了地方，之后按顺序进行就能完成任务。反之，第一颗扣子放在错误的扣眼之中，无论后面怎么努力都不行。决定丰收的因素有很多，除优良的稻种外，还有光照、水分、肥料等；但如果种子出了问题，所有的努力都化为泡影。孵小鸡也一样，如果老母鸡孵的是一块石头而非鸡蛋，那无论如何都孵不出小鸡来。

《黄帝内经》讲述的也是同样的道理。无论“春秋皆度百岁，而动作不衰”，还是“年半百而动作皆衰”，都跟日常的生活习惯息息相关。

你遵循阴阳变化的自然规律，学会了适当控制，大脑能支配自己的嘴巴和肢体，并且能自我心理调节，养成科学的生活习惯，那就能健康长寿。

反之，你视自然规律若无物，享受着“与天斗，其乐无穷”的乐趣，昼伏夜出，暴饮暴食，过分放纵自己的欲望，那就是“自作孽，不可活”；或者，你根本就没听说过什么养生规则，因工作压力不得不吃快餐，天天熬夜，“食色，性也”，这两样诱惑你都抵挡不住，年轻时的纵欲悄悄埋下了早衰的种子。

还是那句话，“不作就不会死”。一方面，明知故犯，肆意妄为，作出了一身的毛病；另一方面，不懂得养生方面的知识，受环境和时代影响，拥有一大堆的生活陋习。你这样做了，就不得不默默吞下亚健康甚至是疾病的恶果。

本章我们继续盘点现代人最常见的生活陋习。

速冻的恶果

炎炎夏日，吃雪糕、喝冷饮和吹空调是人们最常用的防暑措施。很多人在外边出一身汗，回家后第一件事就是，从冰箱中拿出一瓶饮料，先灌个水饱，让自己快点凉爽下来。晚上天热难以入睡，门窗紧闭，整夜开空调就成为很多人的共同选择。

但人们不知道的是，这些看似快速降温的方法实际上都是“双刃剑”，经常采用会对身体造成这样或那样的伤害。下面，就详细加以说明。

我们知道，人体有一个自我调节体温的机制，以便身体和外在环境的气温相适应。天气热的时候，人会通过多出汗来降温；天气冷的时候，除了多加衣物避寒外，毛孔会收缩，避免体温过快下降。喜欢喝冷饮，其实是打破了人体的自我调节机制，让人体瞬间降温。但存在的问题是，体内脏器所适应的内环境温度是一定的，冷饮喝到肚里，看似达到快速降温的目的，体内温度急降却损伤了脏器，身体要消耗很多的肾精（元气）来抵御这种快速降温。经常喝冷饮，首先会伤肾，出现头晕、乏力、气短、腰膝酸软、足跟痛、气短、脱发、耳鸣、尿频、尿急、性功能障碍等症状。

其次，冷的东西进入胃里，会让神经变得麻痹。大家都有这样的生活体验，手被烫伤后通过冰敷可以让人暂时感觉不到疼痛。同样的道理，喝冷饮会让胃神经变得不那么敏感，吃再多的东西都不会感觉饱，不知不觉间就吃多了。吃得多，会使胃的消化功能下降，从而加重下一环节脾的工作负担，连带着出现脾脏的功能失调。脾胃出问题，可能会出现腹痛、腹胀、胃酸、呕吐、呃逆、腹泻、胃炎、胃溃疡等症状。

常言道，寒则凝滞。天气一冷，河里的水就结冰了。经常喝冷饮，人体内部的体液、血液就容易凝滞，出现经络不通的状况。体内的淤堵会影响营养物质的输送，脾的运化功能下降，因喝冷饮而多吃的食物就不得不转化为体内脂肪储藏起来。另外，喝冷饮导致肾功能下降，必然影响体内脂肪的代谢进程。体内脂肪储藏得越来越越多，代谢却越来越慢，时间一长，人就变胖了。

至于晚上吹空调睡觉，风邪会长驱直入，乘虚侵入人体。《黄帝内经》里讲，“虚邪贼风，避之有时。”“虚邪”和“贼风”两个词非常形象，乘虚而入的邪和像贼一样的风。人什么时候最虚弱？贼什么时候最容易得手呢？显然是睡觉的时候，人在休息，抵御外邪的卫气也不在工作状态，阳气最弱，连清醒的意识都没有。那睡觉时有没有自我保护、抵御外邪的措施呢？最常用的是盖被子，在人体的外面加一个保护层。但问题在于，即使捂得再严实，脑袋总是露在外面的；再说夏天盖被子，不可能一晚上都老老实实而不蹬被子。没有被子保护的身体部分，就成为风邪发威的“重灾区”。还有，通常情况下，睡觉的时候卧室门窗紧闭开空调，客厅和卫生间是不开空调的，晚上起夜，身体就必须经历春—夏—秋的气温转换。忽冷忽热，有可能使身体的温度适应机制出问题。

下面，我们就看看睡觉的时候经常开空调会对身体造成哪些危害。

一是容易得暑湿型感冒，即热伤风。在夏天，最应季的外邪是暑湿，而人体应对暑湿的方法就是排汗，通过排汗降低体表的温度，并且将湿邪排出体外，所以毛孔以打开状态为主。可是，长时间吹空调，体表感觉外界气温低就关闭了毛孔，从而导致暑湿无法通过汗液排出体外，就困阻在体内，出现腹痛、腹泻、浑身无力、头晕重痛等症状。开空调睡觉，无论盖的被子多厚、多严实，头总是暴露在外边的。通过呼吸，冷风从鼻腔、喉咙、呼吸道进入体内。我们知道，肺被称为“娇脏”，受冷风影响最先受伤，就会出现咳嗽、打喷嚏、痰多等症状，而这些症状正是肺提出抗议，并希望以此把风寒赶出体外。排汗不畅反映的是肺的宣发功能失调，咳嗽、打喷嚏、痰多等则是肺的肃降功能出了问题。

二是加重颈（腰）椎病的病情。我们经常听说“通则不痛，痛则不通”的道理，长期吹空调，风寒侵袭身体，导致人体气血不通，颈（腰）椎病的患病率大大提升。北京大学第三医院骨科脊柱外科主任医师孙宇这样分析，人们长期处于低温环境尤其是直吹空调，颈部的软组织会产生类似于风湿的病变，形成肌肉和皮下组织的慢性炎症，其结果就是造成颈部持续痉挛、酸痛等，久而久之造成颈椎关节的劳损。

三是过度贪凉导致肾虚。《黄帝内经》中讲：“夏三月，此谓蕃秀，天地气交，万物华实，夜卧早起，无厌于日，使志无怒，使华英成秀，使气得泄，若所爱在外，此夏气之应，养长之道也。”夏天是一年中气温最高的季节，自然界阳气最盛。人应当适应这种环境，尽可能地打开毛孔，补足阳气，不要厌恶高温天气（无厌于日）。但是，空调的出现，人为地改变了局部环境，虽然体感较为舒适，但失去了补足阳气的大好机会，并且忽冷忽热的不断转换让人体的开合功能变得不敏感，失去体表、卫气等的保护，寒邪长驱直入，人体必需消耗更多的体内肾阳来抵抗，所以最受伤的是肾脏。这时，容易出现浑身无力、头昏、腰膝酸软、记忆力减退、足跟疼、脱发、耳鸣、尿频尿急等症状。

四是可能会诱发脑中风。夏天，经常出汗，如果补充水分不及时的话，血液的黏稠度会上升，容易形成血栓。另外，由于气温高，皮肤血管扩张，势必造成大脑血流减少，同时会有血压波动，对心血管调节功能不良及脑动脉硬化的老年人来说，易诱发脑中风。空调房与其他房间温差过大，当人在不同温度的区域出入时，这种忽冷忽热会让血管忽而收缩，忽而扩张，也容易诱发脑中风。

烟酒之祸

抽烟与酗酒，差不多是最负“盛名”，也是参与人数最多的两项陋习。它们严重影响了人们的身体健康，其危害可谓人尽皆知。早在两千多年前，《黄帝内经》就记载了酗酒的危害，并把“以酒为浆”“醉以入房”列为反面典型。现代，世界卫生组织则是把每年的5月31日定为“世界无烟日”。2015年5月31日是第28个世界无烟日，其主题是“制止烟草制品非法贸易”。

烟酒有害健康，其中的道理绝大多数人都知道，那为什么还有很多人去抽烟、去酗酒呢？人们常说“存在即合理”，那抽烟、喝酒对身体究竟有没有益处？从中医的思维角度看，运用五行和五脏的理论知识，烟酒对身体正常循环的破坏作用又是什么？

这里，我们不再列举书本、网络上可见的关于烟酒的危害，而是试图分析和回答上面的两个问题。

先说抽烟。把烟草说得一无是处并不科学，因为无法解释中国超过3亿的烟民全都懵懵懂懂、模仿别人开始抽烟，或者是明知烟有害偏偏去抽的二货。更合理的说法是，弊远远大于利。

假如烟草中没有那么多有害物质，抽烟不会上瘾的话，抽烟本身对身体还是有些许益处的：首先，可以疏肝。肝喜条达，主疏泄，调节气机。抽烟的过程一吸一吐，在一定程度上可以帮助肝生发，调节气机，舒缓心情。其次，可以宣肺。烟是吸到肺里的，由肺再吐出来，帮助了肺气的宣发。肺与大肠相表里，所以又有通便的功效。再次，可以醒脾。烟草，从某种意义上讲也是一种药物，可以说是一味中药。烟草味香，性燥，香能醒脾，燥能祛湿。很多人吃饭没胃口，要吸烟才能有胃口，或者饭后吸根烟觉得很舒服，这当然与烟瘾有关，但也跟烟能醒脾有关。

然而，假设条件是不存在的，烟草有较强的上瘾性，即使添加一定的香料，其有害物质的含量依然很高。所以烟草的益处就显得微不足道，我们应当做到不抽烟，而非少抽也无妨。

烟草跟前面章节提到的 PM2.5 有一定的相似性，它们对身体健康的损害也是相似的。

烟草中含有尼古丁、焦油、一氧化碳等有害物质，它们都是通过呼吸道进入体内的，所以最先受伤，也是受伤最重的一定是肺。吸烟者患肺癌的危险性是不吸烟者的 13 倍，如果每日吸烟在 35 支以上，则其危险性比不吸烟者高 45 倍。吸烟者肺癌死亡率比不吸烟者高 10 ~ 13 倍。肺癌死亡人数中约 85% 是由吸烟造成的。

烟草燃烧后产生的气体被吸入体内，除了其中的有害物质危害呼吸系统及其他脏腑、器官外，抽烟带来的燥热也伤害着肺。我们都知道秋燥伤肺，秋燥只不过一季（3个月），而常年抽烟则让这种燥热深入体内，并且无时不在。

燥伤肺的道理，在于以下两方面：

一是燥热损阴，使津液减少。体内湿度会维持在一个区间范围内。经常抽烟使体内过于干燥，津液就会蒸发以提高湿度，从而津液减少。我们知道，“血为气之母”，气的运行是以血为载体的。实际上，不光是血，体内的津液也是气运行的载体。津液缺损必然导致气虚，从而影响肺的功能。

二是肺的宣发肃降功能失调。肺的宣发依赖于气的推动，燥热导致气虚，自然宣发的动力不足。再有，排汗是宣发功能正常的一个判断标准，燥热使体内的津液减少，就会使汗液减少，甚至根本不出汗，所以，肺失宣发。肺的肃降是指气的向下运动，并使呼吸道保持清洁。经常抽烟带来的燥热，改变了体内的湿度和温度。我们都知道热胀冷缩的道理，气在燥热的环境中容易向上运动，而难以下降。再有，烟草中含有的杂质、有毒物质让呼吸道变得非常脏、非常黑，这样肺气的清洁功能会过分使用，加重了肺的负担，从而肃降功能失调。

经常抽烟导致肺出问题，接下来第二个受伤的是肾。因为金生水，母伤必累其子。肺气不足，性功能就会出问题。早晨 3 ～ 5 点是肺经当令的时段，5 点以后气最充足，所以成年男性有晨勃的现象。对阳痿患者来说，有没有晨勃是判断其病情能否好转的一个标志。

对男性来说，烟草中的尼古丁有抑制性激素分泌及杀伤精子的作用，烟草中的毒素可阻碍精子和卵子的结合，大大降低了妇女的受孕机会。另外，经常抽烟会导致阳痿。对女性来说，烟草更易影响生理，会出现月经紊乱、流产、绝经提前等症状，并使绝经后的骨质疏松症状更加严重。

有学者对 5200 个孕妇进行调查分析，结果发现其丈夫每天抽烟的数量与胎儿产前的死亡率和先天畸形儿的出生率成正比。父亲不抽烟的，子女先天畸形的比率为 0.8%；父亲每天抽烟 1 ～ 10 支的，其比率为 1.4%；每天抽烟 10 支以上的，比率为 2.1%。孕妇本人抽烟数量的多少，也直接影响到婴儿出生前后的死亡率。例如，每天抽烟不足一包的，婴儿死亡危险率为 20%；每天抽烟一包以上的，婴儿死亡危险率为 35% 以上。

有人会提出疑问：前面讲过抽烟可以宣肺，这里又说抽烟使肺的宣发功能下降，是不是前后矛盾啊？当然不是，同样的抽烟却存在着量的差别，偶尔抽几支烟确实有宣肺的功效，经常抽烟却会伤肺。这就是过犹不及，中医反复在讲述的道理——少吃一些甜食可以补脾，经常吃甜食则可能导致肥胖和糖尿病；离开盐这个调味品，所有食物将索然无味，少量的盐可以提振肾阳，经常食用过咸的食物，则会伤肾，并诱发高血压；适度的性行为，增加了生活的乐趣，也让家庭更稳定，频繁性行为则让人早衰，阳痿、早泄、前列腺炎等难言之隐过早地找上门来。

对肝来说，也是如此。偶尔抽几支烟，能起到疏肝解郁的功效；经常抽烟，则会影响肝的正常功能。我们知道，肺与肝之间是相克的关系。

经常抽烟导致肺的宣发肃降功能下降，体内气机的升降平衡就被打破。肺气难以肃降，它对肝的制约就会减弱，于是，肝的升发就会太过，肝火旺。气作为血液运行的推动者，肺气不足，肝的藏血功能也会减弱。另外，肺作为体内清气的源头，经常抽烟导致体内清气不足，必然会导致肝调节气机功能的下降。还有，为把有毒物质排出体外，肝的疏泄功能必然过度使用，从而导致功能失调。

法国科学家海泽德等对 244 例慢性丙型肝炎进行了回顾性临床流行病学研究，并经肝组织活检证实，每日抽烟支数越多，肝脏炎症活动越严重，中度或重度炎症患者在不吸烟组的比例为 62%，而在每日抽烟超过 15 支的患者组中则占 81.9%，差异非常显著。并且，患者一生的总抽烟量与肝脏炎症活动度也密切相关，中度或重度炎症患者在从不抽烟组的比例为 59%，而在每年抽烟超过 20 包的患者组中占到 84.6%。

一份研究抽烟与上海市区中老年男性原发性肝癌关系的科学调查表明，男性抽烟者患肝病的危险性是不抽烟者的 1.91 倍，且随着每天抽烟量、抽烟年限和抽烟包年数的增加而增加。每天抽烟≥ 20 支者、抽烟≥ 40 年者和抽烟 37 包年者患肝癌的相对危险度分别为 2.16、2.14 和 2.12。抽烟开始年龄越小，危险性越大，抽烟开始年龄 <20 岁者患肝癌的危险性 2.57。

烟草中的有害物质最先影响的是肺。可随着体内的气血循环，气的运行必须以血液为载体，有害物质就随气溶入了血液。而血液一旦出问题，必然影响到心脏的功能。从另外一方面讲，火克金，经常抽烟导致肺的功能下降，这时候，心与肺的相克关系还停留在原来水平，自然就出现了心火过旺、肺气不足的相乘状况。相乘出现后，身体的平衡被打破，时间一长，心也变得懈怠，功能相应地下降。

研究表明，经常抽烟是许多心、脑血管疾病的主要危险因素，抽烟者的冠心病、高血压病、脑血管病及周围血管病的发病率均明显升高。统计资料表明，冠心病和高血压病患者中75%有抽烟史。冠心病发病率，抽烟者较不抽烟者高3.5倍；冠心病病死率，前者较后者高6倍；心肌梗塞发病率前者较后者高2～6倍，病理解剖也发现，冠状动脉粥样硬化病变，前者较后者广泛而严重。心血管疾病死亡人数中的30%～40%由抽烟引起，死亡率的增长与抽烟量成正比。抽烟者发生中风的危险是不抽烟者的2～3.5倍；如果抽烟和高血压同时存在，中风的危险性就会升高近20倍。

最后，经常抽烟还会导致消化系统疾病。经常抽烟可引起胃酸分泌增加，一般比不抽烟者增加91.5%，并能抑制胰腺分泌碳酸氢钠，致使十二指肠酸负荷增加，诱发溃疡。烟草中的尼古丁可使幽门括约肌张力降低，使胆汁易于返流，从而削弱胃、十二指肠黏膜的防御因子，促使慢性炎症及溃疡发生，并使原有溃疡延迟愈合。此外，抽烟可降低食管下括约肌的张力，易造成返流性食管炎。

我们知道，土生金，脾为母，肺为子，子出问题同样会连累母亲。具体说来，经常抽烟导致气虚，津液减少，并且有害物质溶入血液。脾的运化功能依赖于气血循环，气血循环出了问题，脾的运化功能就会下降。另外，脾在运化水谷精微的同时还运化水液，而肺有通调水道的功能，显然，两者之间紧密相连。经常抽烟导致肺的通调水道功能出问题，道路不畅，脾也难以运化水液。

至于酒，在中国有着悠久的历史，多少人善饮这杯中之物，甚至是无酒不欢。它自有其存在的道理。据古代中药书籍的记载，酒可以通血脉、养脾气、厚肠胃、祛寒气、润皮肤、行药势，所以，“酒为百药之长”。李时珍在《本草纲目》中曾引用《博物志》中记载的一则故事：有三个人冒雾晨行，出发前，一人饮酒，一人进食，一人空腹，由于旅途劳顿和感受寒邪侵袭，到了目的地后，空腹者死，进食者病，饮酒者健。于是，李时珍认为，“此酒势辟恶，胜于他食之效也。”

现代医学的研究表明，酒中的酒精（乙醇）能被人体内的醇脱氢酶氧化成乙醛，然后氧化为乙酸。这种氧化过程可以促进体内血液循环，使血流加快，脉搏加速，呼吸加快。因此，适量饮酒可以增加细胞活力，解除疲劳，增加体温；还能促进胃肠分泌，帮助消化。此外，在糯米酒和葡萄酒中，还有一定的葡萄糖和微量元素，具有滋补健身的作用。

美国科研人员的实验也证实，适量饮用酒精可以增加血液中的高密度脂蛋白，减少低密度脂蛋白，从而抑制血管壁平滑肌细胞摄取和积蓄低密度脂蛋白，预防动脉粥样硬化斑块的形成，减少冠心病的发生。科研人员发现，每天饮服一定量的酒（白酒或葡萄酒），除了能预防冠心病的发生，减少死亡外，还可以预防某些癌症的形成。

我国的道家十分注意养生，提倡延年益寿。在长期的修炼中，他们研究创制出大量仙家药膳，其中就有不少药酒。事实证明，许多道家长寿者（如孙思邈），与他们的饮食习惯有密切关系。除延年益寿外，添加药物的酒还被用来预防瘟疫。《千金要方》就记载："一人饮，一家无疫，一家饮，一里无疫。"

当然，饮酒也遵循"适度有益，过犹不及"的原则。每天饮用少量的酒，对身体是有好处的；可当饮酒变成酗酒，并且经常酗酒甚至嗜酒如命的时候，酒对身体健康的危害就显现出来，其弊就远远大于其利。

经常酗酒，最先受伤的是肝。这主要是因为肝有解毒的功能，酒精只有通过肝的解毒才能分解，最后排出体外，经常酗酒必然加重肝的工作负担，肝过劳最终出问题。至于肝是如何分解酒精的，下面作详细说明。

酒精（乙醇）是一种小分子水溶性化合物，饮服后，在消化道中以简单扩散的方式被迅速吸收。高浓度酒的酒精吸收比低浓度酒的吸收要快，而空腹状态下，则会加快吸收。酒精被吸收入血后，绝大部分在肝脏被氧化分解，在醇脱氢酶的作用下，被分解成乙醛，又经醛脱氢酶的氧化，变为乙酸，进入乙酸代谢过程，最后被分解成水和二氧化碳。

人的酒量大小，与体内存在的醇脱氢酶有关，饮少量酒就容易醉的人，主要是体内缺少醇脱氢酶。对那些体内并不缺少醇脱氢酶的人，如果长期过量饮酒，则会使肝脏出现脂肪堆积及肝内结缔组织增生，导致酒精性肝硬化。

除解毒外，肝还有藏血、疏泄、调节气机、调节情志、合成和分解体内脂肪等功能。而经常酗酒，会导致肝的这些功能出问题，有可能出现肥胖、眩晕耳鸣、面白无华、爪甲不荣、夜寐多梦、胁痛目涩、尿黄、脂肪肝等症状。

酗酒还会影响心的功能。因为肝生心，肝的藏血功能出了问题，心主血脉的功能也必然受到影响。酗酒对心造成的危害主要表现在两方面：一是心脏、血管、血液方面的疾病。过量饮酒会损害心脏，升高血压，使心肌变性、增厚，失去弹性，引起左心室肥厚、心功能异常以及脑血管方面的疾病。全国著名笑星赵本山在2009年9月曾因脑溢血而住院，这个病与他爱喝酒的习惯脱不开干系。二是影响神经系统和心主神明的功能。除了脑部发生病变，正常人只有在睡觉的时候才会失去意识。但过量饮酒达到醉酒的状态，人也会失去意识。血液中的乙醇浓度达到0.05%时，人出现兴奋和欣快感；当血中乙醇浓度达到0.1%时，人就会失去自制能力；如达到0.2%时，人已到了酩酊大醉的地步；达到0.4%时，人就可失去知觉，昏迷不醒，甚至有生命危险。长期处于慢性酒精中毒的人，其记忆力、判断力和学习能力都减退，甚至可以出现精神障碍。

关于酗酒对神经系统的影响，我们再补充两句。鉴于酒后出现不同程度的意识不清，大脑的快捷反应度下降，对肢体的支配能力减弱，这个时候驾车极易发生交通事故。我国的交通法规明令禁止酒后驾车，对酒后驾车和醉酒驾车的处罚也非常严格。

饮酒能提升性行为的兴奋度。这主要是因为酒为辛辣之物，有助于肝的升发、疏泄，而肝主筋，阴茎就被称为“宗筋”。我们常听说过酒后乱性。只不过，酒后性行为不符合优生、优育原则，会影响下一代的健康和智力。孕妇饮酒，同样会对胎儿产生不良影响。因乙醇可以通过“胎盘屏障”进入胎儿体内，影响胎儿的脑细胞分裂和组织细胞的发育，造成胎儿发育迟缓、智力发育障碍，以及畸形等。

熬夜的代价

以“日落而息”的标准要求，差不多99.9%的现代人都做不到，都在熬夜。但如果问周围的朋友们“你熬夜吗”，绝大多数都给出否定的答案；可一旦了解具体的休息时间，晚上12点以后睡觉的又占相当大一部分。我们要问的是，几点睡觉就算熬夜？有没有一个科学的、适合现代人的标准？

中医上讲，人体内部的脏腑与外界存在着能量交换的通道，即经络（详细知识在后面的章节中讲解），不同脏腑对应的经络跟一天中的12个时辰（2小时为1个时辰）挂钩，即值班时间，不同时辰不同的经络进入活跃期。下面，我们对晚上的时辰进行简单介绍。

晚上的9～11点，是三焦经的值班时间。三焦负责的是人体内部的液体环境和内分泌系统，脾的运化功能所依赖的就是上述液体环境，所以，晚上11点之前脾的运化工作就要结束。往前倒推，您可以计算出晚餐的量和时间，晚餐吃得越多，时间越晚，消化系统赶在11点之前下班的可能性就越小。另外，内分泌正常，津液充足，皮肤就好，痘、斑、脱皮等问题就不会出现，这一时段又是保养皮肤的重要时间。内分泌调节以静养为主，不能作剧烈运动，不能大吃大喝，这一时段也是睡觉前的准备阶段。

晚上的11点～凌晨1点，是胆经的值班时间。胆有两项功能：一是负责胆汁的储藏与排泄，二是主决断。《黄帝内经》中讲，“藏象何如？……凡十一藏，取决于胆也。”也就是说，其他脏腑都是取决于胆的。这该如何理解呢？晚上11点~凌晨1点被称为子时，从自然界看，子时是一天中气温最低，也是阴气最盛的时段。但我们知道阴阳互根的道理，阴气最盛的时候阳气也就开始生发，所以“子时一阳生”。胆是身体中阳气的发轫之处，故其他脏腑都取决于胆。子时横跨两个自然日，子时阴气最盛，人抵御自然界阴气的最好方法就是盖上被子睡觉，跟“冬藏”是一个道理。只有在11点进入梦乡，才能很好地度过外界阴气最盛的时段，才能少损耗体内的阳气，并开始一点点补足能量。

凌晨的1～3点，是肝经的值班时间。肝有一项最重要的功能，就是藏血。“卧时血归于肝”，只有躺在床上睡觉，肝才能养精蓄锐，补足血量。凌晨的3～5点，是肺经的值班时间。这一时段主要是补足肺气。

所以，对现代人来说，晚上11点是最晚入睡时间，超过11点还在工作、娱乐或应酬，就属于熬夜了。

接下来，我们看看熬夜对身体会造成哪些危害。

首先，熬夜直接损伤的是肝胆，造成一系列肝胆方面的亚健康问题或疾病。这里主要介绍一下最常见的肥胖、脂肪肝和视力下降。

晚上的11点~凌晨1点、凌晨1～3点分别是胆经和肝经的值班时间。以上时段，人只有上床睡觉，阳气才会在胆内一点点聚集，肝才能开始补充血量；反之，熬夜不睡打破了气血的正常补充过程，让肝胆处于加班状态——如晚餐时间较晚或吃了夜宵，这时候胆就必须分泌胆汁以助消化；如晚上加班，胆主决断，你只要思考问题，它就陪着你加班；如晚上饮酒，肝就不得不加班帮你解毒。肝胆长期处于加班状态，得不到很好的能量补充，就会导致功能失调，甚至是疾病。

胆负责胆汁的储藏和排泄。我们先看看胆汁有什么功能。胆汁中的胆盐、胆固醇和卵磷脂等可降低食物中脂肪的表面张力，使脂肪乳化成许多微滴，利于脂肪的消化；胆盐还可与脂肪酸、甘油一酯等结合，形成水溶性复合物，促进脂肪消化产物的吸收。

熬夜导致胆汁分泌异常，食物中的脂肪就不易被消化吸收，而这些无法被消化吸收的脂肪就转化为甘油三酯在体内储藏起来。所以，体内脂肪就储藏得越来越多。

体内甘油三酯的分解，则是在肝脏中进行的。当身体在短时间内急需消耗大量的能量，而上一顿饭所能提供的能量不足以支撑的时候，体内储藏的脂肪就被“唤醒”，它们要分解、还原以弥补上面的能量缺口。甘油三酯首先分解还原为脂肪酸，然后来到肝脏进行分解。脂肪酸在这里被氧化，向机体提供能量，最后的产物二氧化碳和水则分别通过呼吸系统和排泄系统排出体外。

熬夜会影响肝脏分解体内脂肪的能力，导致体内脂肪的代谢变慢。这样，储藏得越来越多，代谢却越来越慢，时间一长，人可不就胖了。

前面介绍过，体内脂肪的合成也是在肝脏中进行的。肝能合成甘油三酯，但并不能储藏它，必须尽快将合成的甘油三酯运送至脂肪细胞中储藏，一旦运力不足，堆积在肝脏的甘油三酯太多就形成了脂肪肝。

熬夜导致胆汁的分泌出问题，会使肝脏合成的甘油三酯增多，从而增加脂肪肝的得病几率。熬夜使肝功能受影响，体内脂肪的分解变慢，运送到肝脏的甘油三酯无法及时分解，同样会增加脂肪肝的得病几率。

肝开窍于目，熬夜伤肝，眼睛受到的伤害也是首当其冲的。除最常见的“熊猫眼”外，还会出现眼睛疼痛、干涩、发胀等问题，甚至患上干眼症。此外，眼肌的疲劳还会导致暂时性视力下降。长期熬夜造成的过度劳累还可能诱发中心性视网膜炎，出现视力模糊、视野中心有黑影、视物扭曲、变形、缩小、事物颜色改变等问题，最终导致视力下降。

其次，熬夜有可能导致肾虚。我们知道肝肾同源的道理，肝功能失调必然也会连带着肾功能出问题。但熬夜的危害相当大，它损伤脏腑的顺序并非先肝后肾，而是两者同时受伤的。下面，详细解释熬夜对肾造成的伤害。

一天中气温最低、阴气最盛的时段是子时，这是自然界的阴阳变化规律。人只有适应这样的规律（即“法于阴阳”），才能健康地生活；熬夜其实在违背上述规律（即“逆于生乐”），以一己微薄之力对强大的自然界，结果是蚍蜉撼树、螳臂挡车。熬夜带来的严重危害表现在:（1）延误人体补足气血的绝佳时机，导致气血两亏，人不得不调动最宝贵的肾精来弥补亏空。（2）体内脏腑无法按时休息，处于经常加班状态，导致脏腑功能失调。这些脏腑出问题，人体首先会自我调节和修复，这种自我修复同样是以损耗肾精为代价的。（3）子时阴气最盛，熬夜不光是损耗肾精坚持加班或预约的问题，而且必须调动体内的阳气来对抗外界的阴气。

凡此种种，最受伤的都是肾。一开始，津液消耗过快而减少，被称为肾阴虚；后来，肾功能都出了问题，被称为肾阳虚。肾阴虚可以有失眠多梦、手足心热、潮热盗汗、头晕耳鸣、经少甚至闭经等症状，舌红少苔，脉细数。肾阳虚表现为手足冷、面白或黧黑、精神不振、浮肿、腹泻、白带清稀、不孕、性欲低下、小便清长、夜尿多等症状，舌淡胖大，脉微细。

熬夜还会对心、脾、肺造成伤害，都跟气血无法及时补充有关，这里就不详细讨论了。

表 2　陋习与脏腑失调的对应表

不良生活习惯	受影响的脏腑	可能带来的危害
1. 酗酒	肝	肥胖、眩晕耳鸣、面白无华、爪甲不荣、夜寐多梦、胁痛目涩、尿黄、脂肪肝等
2. 经常熬夜		
3. 进食速度快	脾、胃、肝	肥胖、眼泡微浮、四肢沉重、嗜睡、便溏、脱肛、头晕、乏力、气短、面色萎黄、腹胀、便血、呃逆、呕吐、面白无华、爪甲不荣、夜寐多梦、胁痛目涩、尿黄、胃溃疡、脂肪肝等
4. 晚上应酬多		
5. 经常吃夜宵		
6. 爱喝冷饮、吹空调	脾、肾	肥胖、眼泡微浮、四肢沉重、嗜睡、便溏、脱肛、头晕、乏力、气短、面色萎黄、腹胀、便血、腰膝酸软、足跟痛、气短、脱发、耳鸣、尿频、尿急、性功能障碍等

情绪过度亦伤人

在五行归类中，五脏、五志等都与五行相对应。五脏为肝、心、脾、肺、肾，五志为怒、喜、思、悲、恐。五志是五种情绪，这五种情绪同样遵循过犹不及的原则，一点点情绪并不会对身体有多大影响，可如果情绪过度，脏腑就会受伤。《黄帝内经》将其总结为：怒伤肝、喜伤心、思伤脾、悲伤肺、恐伤肾。

下面，我们就逐一进行解释：

（1）怒伤肝

暂时而轻度的发怒，能使压抑的情绪得到发泄，从而缓解紧张的精神状态，有助于人体气机的疏泄条达，以维持体内环境的平衡。在特定场合，如战场上，适当地愤怒能够激发斗志，不达目的誓不罢休，把这种情绪转化成巨大的战斗力或生产力。但大怒或经常性发怒，则会损及脏腑，尤其是肝脏。

人发怒的时候，体内的气是向上走的，正所谓“怒则气上”。成语“怒发冲冠”描绘的就是这样的一种状态，还有人在非常生气的时候会说“恨不得把房顶掀了”，同样说明的是气在向上走。我们知道，肝主升发，肝气是上行的，怒气无疑助长了肝气的上行，也就导致肝火旺，肝功能亢奋。显然，经常发怒，肝功能经常处于亢奋状态，因使用过度最后而导致其功能失调。

肝主疏泄和调节气机，人怒发冲冠的时候，自然依赖肝的此项功能来调节，并逐步使心情回复平静。经常发怒会使肝调节气机的功能频繁使用，最后导致相关功能下降。肝藏血，人在发怒的时候血流会加快，耗血量也会上升，从而影响肝的藏血功能。现代医学研究表明，愤怒会使人呼吸急促，血液内红细胞数剧增，血液比正常情况下凝结加快，心动过速。这样不仅会损伤心血管系统，更会影响肝脏健康。调查结果表明，易怒的人患冠心病的可能性比一般人高 6 倍，患肝脏疾病的可能性比一般人高 8 倍。

这时，可能出现胸胁胀痛，烦躁不安，头昏目眩，面红目赤，有的人则会出现闷闷不乐，喜太息，暖气，呃逆等症状。人体发怒时可引起唾液减少，食欲下降，胃肠痉挛，心跳加快，呼吸急促，血压上升，血中红细胞数量增加，血液黏滞度增高，交感神经兴奋。

（2）喜伤心

“范进中举”是清代小说《儒林外史》中讲述的一个故事。屡考屡败、穷困潦倒的“考神”范进，经过几十年的坚持，在 50 多岁的时候终于考中了举人。听到中举的好消息，范进大喜过望，痰迷心窍，晕倒在地，被救醒后却变成了疯子。他平时最怕的岳父胡屠夫，冲上来抽他一记耳光，把他打醒了，也不疯了。

范进几十年考不中，一朝榜上有名，好消息带来的喜悦让人承受不了。小喜怡心，大喜伤心。过分的喜悦使范进迷失心智，心主神明的功能受到影响，所以他会发疯。

中医上讲“喜则气缓”，是指过分喜悦会使体内的气循环变慢。气为血之帅，血的运行必须靠气的推动。气不足、气循环变慢，会导致血循环变慢。而心主脉，会连带着血管和心脏出问题，甚至是猝死。

这种因过度兴奋造成的猝死，时常发生在中老年人中间。人过中年，全身的动脉均会发生程度不同的硬化，营养心肌的冠状动脉当然不会例外。若是心脏剧烈地跳动，必然增加能耗，心肌将会发生相对的供血不足，从而出现心绞痛甚至心肌梗死，或心搏骤停。此外，大喜过望还会使血压骤然升高，健康的人尚可代偿，若已患高血压病，过度兴奋就会导致“高血压危象”，表现为突然头晕目眩、恶心呕吐、视力模糊、烦躁不安。“高血压危象”尽管能持续几个小时，却可由此引起脑血管破裂发生猝死。

《天龙八部》中有一个经典案例：天山童姥看到无崖子的画后，连说三声“不是她”，然后大笑而亡。天山童姥以为无崖子爱的人是李秋水，所以两个女人斗了大半辈子。可最后才知道，无崖子所爱之人是李秋水的小妹（李沧海），而非李秋水。天山童姥纠结一生的问题有了真正的答案，她过分喜悦，大笑而亡。

过分喜悦使气循环变慢，并且精神涣散。我们知道，心藏神，精神涣散致使心不藏神，神经、精神系统就会出问题，从而产生喜笑不休、心悸、失眠等症，严重的甚至发疯（就像范进一样）。

范进平时最惧怕他的岳父，胡屠夫的一记耳光却治好了他的失心疯。其中的道理就在于，适当的恐惧能调动肾的能量，而水克火、肾克心，纠正了大喜对心造成的伤害。

（3）思伤脾。

人在思考问题的时候，注意力非常集中，更多的血会流向大脑，肢体的血量就相对减少。脾主运化，脾的运化功能必须依赖体内的血液和津液，血量减少影响脾的运化功能。

思虑太多，全神贯注，体内的气也会郁结在某些部位，无法畅通，所谓的“思则气结”。气的郁结会导致渠道不畅和动力不足，从而使脾的运化能力下降，出现食欲不振、讷呆食少、形容憔悴、气短、神疲力乏、郁闷不舒等症状。现代医学还认为，过思会引起肠胃的神经官能症、消化不良症，甚至引起胃溃疡。由于脾运化不好，容易导致腹部胀满，从而出现气血不足，四肢乏力的症状，形成气郁，并进一步发展为血瘀、痰瘀，还会引起女性月经提前、延后，甚至闭经。

现实生活中，当我们为某件事情百思而不得其解的时候，会茶不思、饭不香，这正是思伤脾的具体案例。例如人们常说的“相思病”。祝英台被父亲关在家中，不许出门，准备另嫁他人。梁山台日夜想念，茶饭不思，忧郁成疾，不久病亡。

《续名医类案》中记载了一个用情绪纠正“思伤脾”的故事：从前，

有一个女孩子，自小与母亲相依为命。女孩子长大嫁人后，母亲却去世了。女孩子悲痛不已，相思成疾。一个人就像丢了魂儿似的，身体常感无力，且嗜睡，胸膈烦闷，吃药也不管用。后来，找到当地一位名医，诊脉后认为此病是由相思而得，非药物可医治。

名医于是想出这样一个办法：让其丈夫买通巫婆，让巫婆编了一套瞎话："你（该女子）与我（指母亲）前世有冤，所以你故意托生于我，想谋害我，我的死完全是你害的。现在你这个病也是我施的法术，你我生前是母女，死后是冤家。"女孩听后大怒，因思念母亲而病，母亲反害之，那还思念她做什么。于是，她慢慢地把思念母亲这件事忘了，后来，病也就好了。

适度的愤怒有助于肝的升发和调节气机，疏通郁结之气，木克土，肝克脾，从而治疗了相思之疾和脾胃的问题。

（4）悲伤肺

秋天是硕果累累的季节，也是秋风扫落叶，满目萧瑟，充满肃杀之气的季节。所以，人们经常说"悲秋"。看着树上的叶子一片片落下，看着大雁一行行南飞，看着繁花不再、天气转凉，人难免会心生悲伤和忧愁。

我们读一下《红楼梦》里林黛玉写的《秋窗风雨夕》——"秋花惨淡秋草黄，耿耿秋灯秋夜长。已觉秋窗秋不尽，那堪风雨助凄凉！泪烛摇摇爇短檠，牵愁照恨动离情。谁家秋院无风入，何处秋窗无雨声。罗衾不奈秋风力，残漏声催秋雨急。不知风雨几时休，已教泪洒窗纱湿。"该诗让人触景生情，悲秋之情油然而生。

与秋相对应的是肺，肺气在体内的向下运动，并且对呼吸道的清洁作用，被称为"肃降"，它跟金的从革、秋的肃杀相对应。而过分的悲伤、忧愁，无疑会加重肃杀之气，使肺的肃降太过。

另外，中医上讲"悲则气消"。过分悲伤会消耗太多的肺气。生活中我们经常看到，人在过分悲伤的时候会哭得死去活来，上气不接下气，这都是气不足、气不畅的表现。过度悲伤会导致肺气闭塞，常见胸膈满闷，长吁短叹，乃至咳嗽唾脓血，音低气微等症状，这都说明悲伤太过影响了肺气的宣发。而写下《葬花吟》和《秋窗风雨夕》的林黛玉，为前世情缘而今生“还泪”，天天哭哭啼啼，悲天悯人，最后得了肺气肿，英年早逝，抑郁而终。

纠正“悲伤肺”的是适度的喜悦。因为火克金、心克肺，提升心火，有助于肺气的宣发，并且使肃降不至于太过。相由心生，适度喜悦可以由脸上微笑反映出来。正所谓“笑一笑，十年少”，肺主皮毛，笑通过对脸上皮肤的改造锻炼了肺的机能，笑所代表的适度喜悦激发了心的功能，心肺功能正常是一个身体健康、永葆青春的重要基础。

（5）恐伤肾

前面讲过，人体的孔都是负责身体与外界之间进行能量交换，有的以摄入为主，有的以排泄为主。口和鼻孔负责食物的摄入，清气的呼入，浊气的呼出；下体的肛门、阴道口、尿道口则负责排泄物的排出，跟生殖有关液体的进出。气血在体内进行循环，就要求下体的肛门、阴道口和尿道口平时必须关闭的，这样才能保证内循环过程中不会出现漏失。对此起主导作用的是肾，这项功能被称为“纳气”。

中医上讲“恐则气下”，过分恐惧会导致体内的气在短时间内快速、大量地向下运行。我们知道，下体三孔的闭合受肾的控制，平时承受的压力是一定的。人过分恐惧的时候，体内的气在短时间内快速、大量地向下运行，就会超出肾脏控制闭合的受力范围，导致肾不纳气。我们常说“吓得屁滚尿流”，就是因为肾不纳气。还有，死刑犯在上刑场前，吓得大小便失禁，也是同类情况。

还有，人在受到恐吓的时候，第一反应就是如何自我保护。非常规情况下的自我保护，就需要应激反应，需要损耗大量宝贵的肾精，找到应对外部变化的最好对策。肾藏精，恐惧导致大量肾精的损耗，必然影响肾脏的功能。

人一生中最大的恐惧，无非是对疾病、衰老和死亡的恐惧。这三类恐惧，随着年龄的增长，出现的次数越来越多，并且挥之不去，尤其是睡梦中。而这些恐惧，毫无疑问都会对肾脏造成非常大的伤害。那如何才能减轻恐伤肾的危害，乃至避免呢？

第一招，不想。对于越想越怕，并且非人力所能改变的事，最好不去想。

第二招，转移话题。土克水，脾克肾，适度的思虑能激发脾的功能，从而纠正恐惧对肾的伤害。现实中，考虑一件事情，聚精会神，就会暂时忘记对疾病、衰老和死亡的恐惧，从而减轻对肾的伤害。

第三招，理性对待。生老病死是人生的四大主题，或早或晚都会遇到，是客观规律，不以人的意志为转移。并且，这一规律对所有人都适用，所以它又是公平的。既然如此，想开就好。

最后，我们说一下恐和惊的区别。恐是事前知道的，比如对死亡的恐惧，实际上所有人的终点都是一样的；惊是事后才知道，比如有人在身后拍了你一下，这种突如其来的事情带来的就是惊吓，而非恐惧。《黄帝内经》上讲，惊伤心胆，惊吓会对心和胆造成伤害。因为“惊则气乱”，惊吓导致体内的气循环不按正常的轨道进行，气乱则血液循环异常，累及心脏。子时一阳生，体内阳气汇聚在一点进行补充是从胆开始的，所以有十一脏腑都取决于胆的说法。惊吓导致气乱，阳气受损，所以最先受伤的是胆。

【链接】 生命的博弈

这是一个看似简单却最复杂的问题——生命是什么?

我想，它应当是从出生到死亡之间的一段过程或一种状态；其主体可以是人，也可以是物，可以在运动，也可以是静态，可以是有形的，也可能看不见摸不着。

生，不由我们决定；当意识到的时候，它已成为相交多年的老友和模糊的记忆。死，同样不可知；尽管谁都明白“殊途同归”的含义，但它毕竟在山的那一边遥不可及。

于是，我们就在属于自己的那一段里耕耘、前行。虽然有时候对结局的恐惧会莫名其妙地袭来，但它并不能取代生活的全部，再说真正与之握手的那一刻，剩下的也就只有安详与平和。

可是，如果有一天，你能估算出死神光顾的大致时间，这一切将全部改变。人生如棋，当你提前知道下一步的时候，实际上就是在与死亡博弈。

一

由于不知道日子会在哪一天结束，我们总认为生命很漫长；因为得来太容易了，我们不懂得珍惜，时光就从指缝间悄悄流走。

“人不能同时跨进同一条河流”，与其说是哲理的思考，倒不如说是对时间的感叹。皱纹一天天增多，头发一天天减少；变化始于微小，却集腋成裘；回首身后的路，多少分之一已经虚度。

仲夏的一天，打的游杭州。虽然断桥并不似想象中的美丽，但西湖仍不失西子的端庄与魅力。望着浩渺的湖面发呆的时候，中年的哥的一番话让我感慨良久。

“我小的时候西湖就很美，如今她还是那样。真是‘江山难老人易老’啊！”

二

从前我总以为，生命像一辆飞速奔驰的列车，每站有人下车的同时也有人在上车，日子就像车厢内的乘客永远存在。后来，才渐渐明白了时光的易逝和生命的脆弱。

四年前，母亲在她最辉煌的年龄不幸得了绝症。我刚刚毕业，辞掉了第一份工作，回到母亲身边，陪她走过生命中最后一段痛苦的路程。我用自己两个月的全部工资为母亲买药，并希望用赤子之心，甚至是自己的身体去换她的康复。但后来，却是生离死别，是坟墓外的痛心与泪涌。我不得不承认，奇迹只有在小说中才会发生。

去年夏天，一位同事因病去世，年仅二十多岁。在去八宝山送他的路上，我伤心不已。以前交往的场景历历在目，尤其是他和女友的恩爱让人羡慕不已；而今，已经物是人非，阴阳两隔。当时，我曾在一篇文章的结尾写下这样的文字：“死亡并不因为花季就不降临，而我们这些人只有努力让生命中的每一天都熠熠生辉。”

现在，又一位好朋友被诊断出癌症，送进了医院。抱怨命运不公也好，祈祷上苍开恩也好，摆在面前的又将是怎样一条身心双重折磨的路啊！

席慕容写道，“十六岁的花，只开一季。”如玻璃般的生命又何尝不是？

三

生命弥贵，在于它的短暂；光阴似金，则是因为逝去的将不再来。

有时候，人会幻想着长生不老，幻想变成神仙，死后进天堂。可仔细想来，凡事凡物都趋于永恒，那生命还有何意义？

神仙是最痛苦的，坐看悲欢冷暖，亲人、朋友都慢慢远去，留给自己的就只有落寞和孤寂；天堂是最无聊的，没有人间的脉脉温情，缺少大地的勃勃生机，全部是冷冰冰的星球和一成不变的天宇，只能算是天上的坟墓。

绿茵场上，在规定时间内，进球多者胜；双方若是平局，则有加时赛、点球大战，依然是固定的时间。有限提供了展现价值的平台，有限是无限发挥的最远边界。

生命也是如此，因为短暂才有意义。不必埋怨老天不公，既然有缘来到人间，为何偏又早早催你回去？其实，它为每个人都安排了同样的结局，只不过或早或晚。要看你是肆意挥霍，还是倍加珍惜。

四

生命是一场游戏，我们在按既定的规则相互博弈。

“囚犯困境”是一个经典案例，它泛指那些本应相互合作达到共赢，但却不合作而两败俱伤的情形。然而，如果考虑到时间因素，双方重复博弈的话，就会出现一个满意的结果。

如果一方采取不合作而对方采取合作策略的话，结果会对自己更有利，但在以后的交往则会遭到对方的报复，因此合作就成为最优策略。例如，我们通常所说的诚信原则、长期行为等。

然而，生命毕竟有终点，游戏也有结束的时候。一旦知道博弈将不再重复，也不担心对方的报复，就会采取不合作策略，诸如艾滋病扎针事件，排除掉那些骗人、威胁的因素外，可能就是基于此种动机。

在生活中，由于死亡的不可知，人们往往将其忽略，而看作是“永远重复的博弈”。可是，当有一天突然知道了结束的日期，那游戏是否又将发生变化呢？

五

对那些不经意翻看了生死簿的人来说，恐惧是第一感觉，并将成为驱之不散的梦魇。再有就是，随着结束之日一天天临近，有些人的行为会短期化，不再考虑什么长远的打算。

与死神抗争，会成为今后的主要内容，但并不是全部。对他们来说，是否该梳理一下繁乱的情感与回忆，是否该站好最后一班岗，安排身后的事业呢?

对整个社会来说，应当更多些临终关怀，而非漠视或其他。那些癌症、艾滋病患者，更需要我们的关怀。

六

不论游戏何时结束，只要我们活着，就应当与时间赛跑，去做那些于己喜欢、于人有益的事业。

像张大民所说，“只要你活着，就能碰到好多好多的幸福。”我们应当珍惜那些属于自己的幸福。

非常欣赏萧伯纳的一段话，如明灯照亮我前面的路。

“人生不是短短的蜡烛，而是熊熊燃烧的火炬。我们只有将它烧得更明更亮，然后，传递到下一代人的手中！”

康建中写于 2002 年 9 月 26 日

第九章 “臣妾做不到”的背后

《甄嬛传》是一部制作精良、重播率非常高的古装电视剧。剧中由香港女明星蔡少芬饰演的宜修皇后，几乎成为毒辣、腹黑的代名词，让人既痛恨，又同情。蔡少芬的那句台词“臣妾做不到啊”，再配合夸张的面部表情，在网上广受追捧。

有网友模仿该句型写道，“饭后不许吃甜点了，臣妾做不到啊！别再长胖了，臣妾做不到啊！睡前不许玩手机了，臣妾做不到啊！晚上不要超过一点睡，臣妾做不到啊！”

这段话反映的正是很多人积习难返的现实。明知道抽烟危害健康，可还是难抵烟瘾；明知道熬夜对身体不好，还是不得不经常加班；明知道晚餐宜少、宜清淡，还是得参加朋友聚会、商务应酬，推杯换盏，大鱼大肉。

《黄帝内经》为我们指出了一条明路：要想健康长寿，就必须做到食饮有节、起居有常、不妄作劳、恬惔虚无等。但现实生活中，由于人在江湖，身不由己，由于竞争激烈、压力大，科学的生活习惯和那种完美的养生状态很难全部做到；由于时移世易，高科技让生活更美好、更便捷，也让人更懒惰、更逆天；由于环境问题的存在，雾霾、水污染、土壤变质……你即使做到“法于阴阳”，也并非就能“春秋皆度百岁而动作不衰”。

还有，长期的不良生活习惯已经导致脏腑功能失调，光纠正陋习是远远不够的。只有把已经欠下的健康债还上，先使功能失调的脏腑恢复正常，然后再说如何尽可能地养成科学的生活习惯。

身不由己　不光是无奈

对我们来说，生活在21世纪，生活在一个竞争压力大的社会，就必然接受公认的游戏规则，以事业为重必然会有得有失。可以说，身不由己是很多现代人积习难返的重要原因。正所谓，“人在江湖漂，怎能不挨刀？”

那造成身不由己，不得不养成陋习且难以纠正的原因，又有哪些呢？其实，不外乎以下三方面：

一是工作原因和年龄悖论。

对绝大多数现代人来，从20多岁学校毕业到60岁或65岁退休，近40年的时间都在工作。考虑到很多人退休后还会被返聘或担任顾问等角色，一生的工作时间大都比40年长。也就是说，以中国人的平均寿命72岁为参照的话，人生有一多半的时间都在工作。

无论出于经济原因，还是自身价值的实现，还是其他，反正最美好的年华都是伴随着工作度过的。很多时候，你身处单位，你是团队的一分子，所以身不由己，不得不陋习缠身，并且不易纠正。

你是一名销售人员，收入的绝大部分都跟业绩挂钩。为了提高业绩和收入，不得不与客户打交道，并且处好关系。客户绝对是上帝，是你的衣食父母。既然要处好关系，那商务应酬、吃饭喝酒就必不可少。而应酬和娱乐活动需要的时间长，放在晚餐时间和晚上最合适。你总不能说请客户吃个早餐，两个包子、一杯豆浆就解决问题，那也过于寒酸些；你总不能指望一个小时的午餐能增进多少感情，客户下午也得赶回去上班。凡此种种，晚上应酬、抽烟、喝酒、熬夜、吃夜宵……这些陋习想纠正都很困难。

你是一名职场新鲜人，希望像杜拉拉那样快速获得职位提升，就不得不把加班当成家常便饭。天下没有免费的午餐，只有付出得更多，才有可能回报更大。既然是加班，延误饭点、熬夜、吃夜宵等不可避免。就像找对象时，不仅要欣赏对方的优点，而且要接受对方的缺点；选择了经常加班，也就必须承受不良生活习惯对身体造成的伤害。还有，人在职场，竞争压力大，你就不得不事事都加快节奏，当然也包括吃饭的节奏，经常吃洋快餐、方便食品等，所以就必须以牺牲身体健康为代价。

你是一名医生，救人就是天职，手术台上哪还顾得上什么按点吃饭？你是一名值夜班的电台DJ，夜里下班后吃点夜宵再睡觉，也是顺理成章，并且难以改变的习惯。你是一名夜店工作人员，晚上9点到早晨6点是最正常的工作时间，昼夜颠倒已经习惯成自然，对身体的伤害其实也一天天积累了下来。你是一名编辑或记者，白天采访、晚上赶稿早成为每天的工作方式，不熬夜哪能赶上第二天的发稿、印刷？职业让你身不由己，不得不拿青春赌明天，用身体换取价值的实现和提升，而按时吃饭、按时睡觉也变成了一种奢望。

年轻时，或正值盛年，人在江湖，身不由己，养成很多陋习而难以纠正；退休后，既有钱又有闲，能自由主宰时间，去养生保健，但四十多年欠下的健康债又岂是一时半刻能还得上？只能悔之晚矣！

“不治已病治未病”，年轻时做这件事最有效果，但却自恃身体健康，以工作为由可劲地造；等年龄大了，能做到“食饮有节，起居有常”了，可身体早已是一堆的毛病，必须到医院治已病了。这就是养生的年龄悖论。

二是经济原因和财富怪圈。

“钱不是万能的，但没有钱是万万不能的。”这句话被很多人奉为圭臬，它也反映了在商品经济社会人们对金钱的普遍看重。缺钱的拼命挣钱，小康之家、中产阶层对挣钱从不懈怠，大富大贵、富翁榜上的那些人依然在琢磨进一步做大做强。如此看来，大多数人都在挣钱的路上。

至于大家为何都觉得缺钱，并且疲于奔命为之奋斗，其原因不外乎这样几个：

（1）房价过高，子女抚养和教育费用逐年攀升，收入增长赶不上CPI的增长。对很多城市家庭来说，目前的房价绝对高不可攀。即使攒够了首付，通过银行贷款买房，但接下来的二三十年，持续不断的还款压力让人必须努力挣钱，中间不能有太长时间的失业或收入下降。假如不买房选择租房，持续上涨的房租不断侵蚀你的收入，或者让你不得不远离城市，背负上巨大的交通成本和时间成本。还有一项较大的家庭支出是子女抚养和教育费用，从孕期到孩子大学毕业20多年的时间，其间的花费相当于甚至超过一套房子。中国父母传统上对子女大包大揽，无私付出，有的照顾子女一辈子并希望留下丰厚的遗产。在这种背景下，自然是钱越多越好，为挣钱不惜牺牲身体健康。

（2）社会保障机制不健全，缺少足够的风险抵御能力。中国目前的社会保险体系存在很多的现实问题，如医疗报销的地域限制、医院限制、用药范围、城乡差别等，如养老保险的延迟领取年龄、慢于CPI增长速度等。即便社会保障体系对冲掉一定的风险，个人在未来毕竟还是要承担风险，并且个人承担的部分还有可能相当巨大，超出家庭的支付能力。在这种情况，眼下赚钱越多，可支配的资产越多，未来对抗风险的能力就越强。

（3）“421”“422”家庭结构带来的养老问题。中国长期执行的计划生育政策，在控制人口增长的同时，也带来人口老龄化等一系列问题。随着独生子女一代的成长，“421”家庭（4位老人、2位中年人、1位年轻人）越来越多。2015年10月，全面放开二胎。“421”家庭将慢慢转化成“422”家庭。尽管老龄化问题有望逐步缓解，但养老难题在以后若干年都将客观存在。为了自己未来的老年生活，为了减轻孙辈的养老负担，现在也应当赚更多的钱。

（4）危机意识，害怕“不进则退”。对有钱人和富翁来说，虽然拥有的财富之于家庭而言足够庞大，但他们往往出于两种心态，不得不继续追逐财富，不敢丝毫停下奋斗的脚步。一种心态是为荣誉而战，出于面子和好胜心，无法接受财富缩水；另一种心态则是害怕商场风云变幻，稍有不慎，未来某一天财富会突然失去。曾经多年蝉联世界首富的比尔·盖茨先生，都说过“微软离破产永远只有18个月”，更何况那些规模远比不上微软的公司、资产远不及比尔·盖茨的富翁们。

出于经济原因，很多人就跟电视上的炫迈口香糖广告一样，忙得“根本就停不下来”。当然，延误饭点就经常发生，吃饭时间压缩得越短越好，熬夜加班那更是小CASE。生活中，我们经常见到，为攒首付而身兼数职的，为赶时间和进度而连轴转的，为事业发展公司领导的日程安排精确到分秒的。为赚钱，在所不惜；为赚钱，身不由己。

年轻时用命换钱，年老时用钱买命。当然，我们知道“钱不是万能的”，当钱都不好使的时候，一切都晚了。有一首歌这样唱道，“我想去桂林呀我想去桂林，可是有时间的时候我却没有钱；我想去桂林呀我想去桂林，可是有了钱的时候我却没时间。”金钱和时间的关系如此，金钱和健康的关系亦如此。

三是城门失火，殃及池鱼。

经济学上有个名词，叫“溢出效应”，是指一个组织在进行某项活动时，不仅会产生活动所预期的效果，而且会对组织之外的人或社会产生的影响。溢出效应可能是正面的。如地铁开通后，不光是出行更便捷，该区域也变得更繁华；再如开发新景点，不光增加了本地的旅游收入，就业率也随之提高。当然，溢出效应也有可能是负面的。比如，飞机拉近了世界各国之间的距离，联系变得更紧密，但埃博拉病毒等的传播、扩散也更快，范围更广。再如，新城建设，带动了经济增长，增加了就业人数，但当地的房价也突飞猛进，快速攀升。

而负面的溢出效应，也是身不由己养成陋习的一个重要原因。最典型的例子是二手烟。不要以为自己不抽烟就万事大吉，身边有人抽烟，自己同样躲不过，不得不被动抽烟。据中国疾病预防控制中心副主任杨功焕 2010 年 12 月透露的统计数据，中国二手烟受害者达 7.4 亿人。二手烟受害者所吸入的烟草烟雾与吸烟者吸入的主流烟雾相比，其化学成分及各成分浓度有所不同。一些对人体有严重危害的化学成分在二手烟中的含量甚至要高于主流烟雾，其中一氧化碳、烟碱和强致癌性的苯并芘、亚硝胺的含量分别为主流烟雾含量的 5 倍、3 倍、4 倍、50 倍。二手烟会对人体健康造成严重损害，大量证据表明，二手烟可导致呼吸系统疾病、心脑血管系统疾病、生殖和发育异常及儿童各种疾病、肺癌及其他恶性肿瘤等。

本书重点探讨的雾霾，相当大的一部分也属于负面的溢出效应。比如汽车尾气，开车人与乘客享受了舒适与便捷，而所有人不得不“分享”污浊的空气。再如水泥厂、化工厂等重污染企业，经营者获得利润，工人有了就业机会，但排放了废气，附近的居民不得不生活其中。

身不由己不光是一种无奈，而且必须以自己的身体健康为代价。

科技是把双刃剑

现代人可以说是科技化生存，离开高科技产品，生活将无所适从。如果把手机落在家里，一天上班你会不停地担心；如果晚上突然停电，不能看电视、吹空调、上网等，一切变得索然无味，即使不得不早点休息，可躺在床上就是睡不着；如果电梯检修，要爬二十几层楼回家，你心里有无数个不乐意。

高科技渗透到生活的方方面面，无时不在，无处不在。之所以如此，是因为高科技改变了生活，给我们带来了便捷、舒适，降低了成本，拉近了时空距离。

“松下问童子，言师采药去。只在此山中，云深不知处。”唐代诗人贾岛的《寻隐者不遇》描写的就是那个时代远距离沟通手段匮乏，信息不对称带来的尴尬。这种尴尬三国时期的刘备也遇到过，如果当时有电话或手机，先确认一下诸葛亮先生是否在家，他就不会带着关羽和张飞白跑了两趟。

“长安回望绣成堆，山顶千门次第开。一骑红尘妃子笑，无人知是荔枝来。”交通不便又缺乏保鲜手段的年代，美女杨贵妃为吃新鲜荔枝，耗费了大量的人力、物力和财力。换在当今，汽车、火车、飞机什么交通工具都有，广州到西安的空中飞行时间不过两个多小时，冰箱可以保鲜，延长食物的储藏时间，想吃什么水果都不是个事。

对明朝的万历小皇帝来说，首辅张居正亦师亦父。在教育问题上，张居正可没少花心思，为把历代帝王的成败故事讲给小万历听，他亲手绘制了连环画图书《帝鉴图说》；他也足够严厉，小万历做错事最怕见的人就是张老师。然而，不幸的是，张居正死后，万历皇帝立即对其抄家，其家人不少被活活饿死。如果当时有一台学习机和游戏机的话，寓教于乐，边学习边娱乐，张老师教起学生来，既不费力也不必太严厉，万历也不至于埋下仇恨的种子。

科技意味着社会进步，科技给人类带来各种各样的好处。但是，科技也带来这样或那样的问题。在科技的帮助下，我们更放纵自己，自制力越来越差；我们有抵御外邪的强大工具，与天斗其乐无穷；我们变得更懒惰，生理机制在退化，免疫力不断下降。

互联网的出现，改变了整个世界。人与人之间在面对面交流外，又诞生了多种沟通方式，如在线聊天、视频通话、微信交流、远程操作等；各国各地区之间的联系更加紧密，资源共享、信息互通，地球真正成为一个村落；原有的商业模式和经济格局被打破，B2B、B2C、C2C 等新鲜事物层出不穷，阿里巴巴、京东等电商异军突起并成长为新的行业霸主；电子银行、在线支付的出现，让排队等候的柜面业务变成了数字游戏，轻点鼠标就能瞬间完成。

但是，网络的海量信息、易得性（只要有设备和电源，随时随地都能上网）也成为巨大的诱惑，不断消磨着人们的自控性。以电视连续剧为例，电视台播放的时候通常是一天两三集，给观众留下悬念，以便第二天按时观看；视频网站的出现，只要网速足够快，可以从第一集看到大结局（如美剧《生活大爆炸》目前拍到了 149 集，从头看下来需要 4 天多不间断的时间），没有人打扰你。然而，问题也随之而来，被剧情所吸引，恨不得快点看完，忘记吃饭、熬夜追剧也就在所难免。

我们再说说网络游戏。原本只是工作之余的娱乐放松，只是生活的一个调剂；但不幸的是，有人却把它视为生活的全部（游戏开发者、网游公司服务人员等除外），尤其是青少年，沉迷在游戏之中，满脑子想的都是如何提高武器装备和满血复活。过分迷恋导致上网成瘾，一味生活在网络游戏的虚拟世界里，哪还考虑现实中的按时吃饭、按时睡觉？这些生活琐事自然是越快越好、越少越好。于是，方便面、火腿肠等垃圾食品就成为绝大多数网吧的标配副业。

面对互联网上的海量信息，人们不知该如何更好地选择判断；面对真假难辨、谣言与八卦消息漫天飞的网络世界，人们随时有可能掉进陷阱，随时有可能买到假货无处说理。这就要求每个人都得像孙悟空一样，拥有一双火眼金睛，是不是妖怪一眼就能识别。显然，长火眼金睛的毕竟是少数，大多数人不得不多思考、多分析，甚至绞尽脑汁。前面章节讲过“思伤脾”，所以脾胃亚健康在广大网民中最为常见。

还有，网络上黄色信息的泛滥，过分激发人的性欲，导致自慰行为和性行为的发生更加频繁，很多人易出现肾虚症状、性功能障碍和早衰。

空调绝对是人类科技史上一项伟大的发明，利用技术手段对局部密闭空间的温度、湿度等进行人为干预，从而让环境更宜居，人们在极端环境下的生存能力更强。每到夏天，各地大学生都会想出各种奇葩招数求学校安装空调，从裸奔到给校长写古体诗词，再到花千元请后勤集团老总来宿舍楼睡一晚。这些都表明，空调已成为生活必需品，家家户户都离不开它。

但是，随着空调的普及和过度使用，各种问题也接踵而至。一年四季，冷热不同。人与自然打交道，每个季节的任务和使命也是不同的。“春生、夏长、秋收、冬藏”不仅是植物界、动物界遵循的规律，也是人类适应自然、适者生存的必然要求。空调的出现，改变了局部的冷热湿燥，也打破了夏长、冬藏的规律，人体不能在夏天很好地补足阳气，不能在冬天及时、有效地保护自己。再有，空调虽改变了局部环境，对整体大环境却不起什么作用，人不能一直待在空调房中，所以我们不断地经历冷热转换，毛孔不停地开合，人体的自我调节机制无所适从。长期如此，人的免疫力就会下降，“娇脏”肺和主藏精的肾最容易受伤。

空调确实是个好东西，夏天送清凉，冬天送温暖。可是，我们过度依赖它，稍有冷热，马上打开空调，人体就失去了适应外界和锻炼自我调节功能的机会。空调的使用，同样是过犹不及。

1879 年 10 月 21 日是一个非常有纪念意义的日子。这一天，美国发明家爱迪生在前辈戴维、戈培尔等人发明的基础上研制的、具有实用价值的电灯问世。从此，人类告别了漫漫黑夜，凿壁借光、秉烛夜读的故事成为历史，24 小时不间断地工作有了可能，丰富精彩的夜生活也拉开了帷幕。没有电灯，就不会有灯红酒绿的夜香港，不会有纸醉金迷的上海滩。

然而，电灯的出现也改变了人们的起居习惯和作息时间。“日出而作，日落而息”只停留在没有电灯的黑夜时代；在亮如白昼的夜晚，人们把白天干不完的活这时完成，白天无法进行的娱乐活动无限放大，白天吃不好的饭这时可要好好补偿，犒劳一下自己和家人。晚上应酬、抽烟酗酒、大吃大喝、熬夜、吃夜宵等不良生活习惯，也应运而生。电灯带火了餐饮、夜店、KTV、电影院等多个行业，这些行业的从业人员也养成长期熬夜、昼夜颠倒等有悖自然规律的生活习惯。

寒来暑往、昼夜更替，跟地球的自转和公转运动相关，是不以人的意志为转移的客观规律。地球上的所有生命，都在这样的环境中、这样的规律下找到适合自己的生存方式。但是，科技进步试图去改变自然规律，让生活看上去更美好，空调让局部空间四季如春，电灯让黑夜消失。只不过，“福兮祸所倚”，人为灾难也悄然而至——人长期待在空调房中，就像温室里的花朵，抵御外邪的能力在下降，生命变得更加脆弱；亮如白昼的夜晚，再加上丰富多彩的夜生活，不间断的电视节目、在线娱乐，让人的自制力下降，一步步侵蚀自己的休息时间，无法补足身体所需的能量，那可不是作死的节奏？

利弊相伴的高科技还有很多。比如手机，其好处人尽皆知，无需赘述，但长期煲电话粥，手机辐射会使听力下降，影响大脑发育，导致癌症等；长期盯着手机看会对眼睛造成伤害，手机上网导致人与人之间直接交流的能力下降，感情越来越淡漠，“世界上最远的距离不是生与死，而是你明明坐在我面前，却在低头玩手机”。再如防腐剂、添加剂等，延长了食品的保质期，使其更美观，但增加了身体的患病几率。

关于这一话题，必须进行澄清：我们绝非否定科技进步的意义，也不希望退回到通信不畅、食物匮乏、晚上只能点蜡烛或煤油灯的时代。但看问题必须一分为二，享受高科技带来的便捷、舒适，也必须认清其对自然规律的改变，以及这种改变对人体造成的伤害。归根结局，高科技只是一种手段和工具，关键看人们如何去运用。“过犹不及”在这里同样适用，就看如何把握其中的度。

环境的反作用

如果说高科技有其两面性，现代社会跟古代相比，科技更发达，生活更舒适，陋习也越来越多，且不易纠正，有一样东西今不如昔却是没丝毫争议的，那就是环境。且不论《黄帝内经》中提到的上古时代，单跟五六十年前，建国前后相比，环境恶化，各种污染已经达到让人触目惊心的地步。

为什么污染越来越严重？跟中国的发展模式相关。先发展，后治理；先粗放式增长，后集约化生产；先不惜一切代价保增长，后资源的合理利用。当然，以上发展模式并非中国一家所独有，英美等发达国家也走过类似的道路，伦敦雾事件和洛杉矶光化学烟雾事件就是例证。

说得再具体一些，环境污染是最典型的负面的溢出效应。某些人或团体为了局部利益，不惜损害更多人的、整体的利益，为了降低成本和自身利润的最大化，不加处理直接将污染物排放到公共空间，转嫁给社会。

那污染状况为何越来越严重呢？这主要是因为一开始政府以 GDP 增长为标准，对环保问题不够重视且监管不力。在中国，政府如果不出面维护公众利益的话，民众缺乏统一的表达意见的渠道，与企业相比属于弱势群体。另外，由于政府的监管不力，在自己赚钱、社会为污染埋单的模式的示范作用下，不治污的企业越来越多。随着时间的推移，政府意识到环保问题的严重性，下大力气进行产业调整，倡导节能减排的时候，重污染企业已成气候，使其增加治污成本会遇到一定的阻力，而全部关停短期内似乎又不大可能。

人与环境，其实也是一种阴阳共生的平衡关系。两者和谐相处，环境为人类提供资源，提供生存、发展的物质基础；反之，一部分人为了局部利益而污染环境，过度开采资源，破坏了自然界生长、修复的规律，缩短了休养生息的时间，环境也会反过来惩罚人类。

前面提到的雾霾天气频繁出现，就是汽车尾气、火电厂废气排放、其他重污染企业等汇总在一起的空气污染的总爆发。此外，还有土壤的重金属污染、水源的化工废水污染、噪音污染、放射性污染等，这些都属于负面的溢出效应，严重影响到了人们的身体健康。

跟上古时代比，现代人呼吸的 PM2.5 多了，喝的水杂质多了，吃的蔬菜有了农药残留，吃的食品有了防腐剂、添加剂等，各种各样的环境污染影响到我们的健康和寿命。《黄帝内经》中提到的上古之人，遇不到环境污染问题，他们拥有科学的生活习惯，所以做到了健康、长寿；《黄帝内经》中所说的“今时之人”，同样不用考虑环境污染问题，只要纠正生活中的陋习，一样能做到健康、长寿（相对的）；我们这些现代人，不仅陋习缠身，而且还要面对个人无力改变的环境污染，即使生活习惯全都合理、科学，因污染严重，仍无法达到上古之人的完美养生状态。

纠正陋习　尽力为之

无论被动形成的不良生活习惯，还是出自内心的过度依赖高科技，放纵自己和忽视健康，以及环境恶化造成的伤害，都说明，现代人纠正陋习非常不易，并且其效果也打了一定的折扣。

那还要不要纠正陋习呢？答案显然是肯定的。虽然难度大且效果未必那么好，但还是应当尽力为之，因为“付出不一定有回报，但没付出就一定没有回报”，这个道理放之四海而皆准。换个角度思考，污染治理、自然环境的改变非个人力量所能决定，社会人文环境对个人来说也是既定的，那能改变的就只有自己。为身体健康计，必须在生活习惯上严格要求自己。

前面已经花很大篇幅讨论好的和不好的生活习惯，这里简单作一下总结，梳理一下现代人应当养成的科学生活习惯有哪些。

（一）饮食习惯

1. 三餐按时吃。早餐是 7 ~ 8 点，中餐是 12 ~ 13 点，晚餐是 18 ~ 20 点。

2. 早餐吃好，中餐吃饱，晚饭吃少。

3. 少吃零食，不吃夜宵。

4. 吃饭要细嚼慢咽。

5. 食物的温度适中，避免过烫及过凉。

6. 食物的味道适中，避免过甜、过咸、过酸、过辣和过苦。

7. 荤素搭配，营养平衡，避免过分偏好某一类食物。

8. 少吃油炸食物，少吃高脂肪、高蛋白质、高热量的食物。

9. 饮酒要适量。

（二）作息习惯

10. 晚上 11 点前睡觉，不熬夜；早晨 7 ~ 8 点起床，不睡懒觉。

11. 加强体育锻炼，生命在于运动。

12. 劳逸结合，不要长时间保持一种姿势。

13. 不过分依赖高科技产品。手机、电脑、空调、汽车等，避免长时间使用。

14. 干一行，爱一行，不做违背内心的工作。

（三）生活习惯

15. 适应自然界的冷热、湿燥等方面的变化，不违背“春生、夏长、秋收、冬藏”的规律。

16. 不抽烟。

17. 适当控制性欲，避免过度性行为、自慰行为。

18. 适当地自我心理调节，避免怒、喜、悲、恐等情绪过度。

19. 思考问题时学会把控，既能钻进去，又能抽出来，避免思虑过度。

20. 保持一个乐观的心态，不过分计较。

亡羊补牢更重要

由于外部环境恶化，科学生活习惯的养生效果会大打折扣。其实，培养科学生活习惯的起始时间不同，能否坚持也影响着最后的效果。我们不能忽略这样一个事实：绝大多数人都拥有或多或少的陋习，并且持续的时间经年累月，早已对身体造成不同程度的伤害。在这种情况下，纠正陋习显然并不是第一位的。

菜市场上经常能见到弹簧秤，很多小贩用它来称重。由于所称的货物非常重，长期挂重物导致弹簧秤失灵，这时候，弹簧秤无法准确显示货物的重量。你不能说以后少挂重物，弹簧秤就能继续使用，因为弹簧已经失去弹性。最正确的方法应当是，先修复弹簧的弹性，以后在每次称重的时候都要注意所挂货物的重量。太重的货物可以分两次或多次称重，然后把结果进行加总。

在冬天，有的女孩为了展示曲线美而衣着单薄，正所谓“要风度，不要温度”。这样做的结果很可能是感冒发烧。显然，当你生病的时候，仅发誓以后注意保暖是不起作用的，当务之急是想办法退烧；把病养好了，再说以后的行为调整。所以，正确的顺序是，先打针、吃药把烧退了，多喝水，注意休息，把身体养好；从此以后，痛定思痛，天气冷的时候再也不作了，穿上棉衣、羽绒服等，做好保暖工作。

回到长期的不良生活习惯上来，我们都知道水滴石穿、铁杵成针的道理，量变最终导致质变，体内脏腑已出现功能失调甚至是病变。这时候，修复脏腑功能就成为首要任务；在脏腑功能恢复正常后，纠正陋习、养成科学的生活习惯才能发挥作用。

比如经常不吃早餐，胃在早晨7～9点进入工作状态，却没有食物可消化，就跟机器空转一样。时间长了，胃的消化功能就会下降，有可能出现腹痛、腹胀、便秘、食欲不振、浑身乏力、头晕目眩等症状，甚至可能得胃炎、胃溃疡、胆囊炎等病症。而这时候，最急迫的就是如何通过调理或治疗，消除那些症状，使胃的消化功能恢复正常；以后，注意调整自己的饮食习惯，早餐不仅要按时吃，而且要尽可能地吃好。

长期陋习给身体造成伤害的程度不同，所采取的应对方法也不同。

如果出现某种疾病并被确诊，那就需要到医院进行治疗。只不过，中医和西医的治疗思路和手段是不同的。西医着眼于局部，头疼医头，脚疼医脚，采用吃药、打针、输液、手术等逐步升级的技术手段，把致病的敌人（细菌、病毒等）杀死或赶走。中医采用的是系统论，把人体看作一个整体，先辨病因，再对症下药，采用汤药、针灸、拔罐、刮痧等表里结合的技术手段，让脏腑恢复正常运转，气血循环正常，身体强壮起来，自然外邪无法入侵。

如果只是出现一些不适的症状，即身体处于亚健康状态（介于健康与疾病之间的状态），则应当采取不同的调理手段，结合日常的饮食与锻炼，使脏腑功能恢复正常。

实际上，处于亚健康状况的人远远多于真正患病的人，所以，中医提倡的“不治已病治未病”尤为重要。另外，人一旦患病，立马认识到身体健康的重要性，并急于寻求治病的方法；人处于亚健康状态，只是出现一些不适的症状，往往意识不到调理的重要性，最后亚健康发展成疾病，小病拖延成大病。

一言以蔽之，纠正陋习固然重要，调理亚健康、修复脏腑功能才是首要任务，重中之重。

【链接】可穿戴设备危及健康

曾是谷歌眼镜忠实粉丝的克里斯·巴雷特，日前却决定将其丢得尽可能远。他指出，这款眼镜给他带来了剧烈的头痛，已经危害到了自己的身体健康。在大家为一件件集高科技与时尚感于一身的可穿戴设备欢呼时，却常常忘记了任何事物都有它的两面性，倘若体验高科技的代价是健康，你又将如何选择？

电子通讯设备，都有辐射

据外媒报道，于2013年6月加入谷歌眼镜探险者项目的巴雷特，首次出现头痛是在佩戴谷歌眼镜的第一个星期，当时他全天无论去哪都戴着谷歌眼镜，不断地使用眼镜拍照片、拍视频，并且搜索各种能想到的东西，但之后不久就出现了头痛的症状。刚开始他以为是疲劳所致，但四五个星期之后，他头痛的状况变得更加严重，于是他断定头痛的症状是由佩戴谷歌眼镜引起的。

佩戴谷歌眼镜引发头痛，原因又在哪？

巴雷特在谷歌眼镜的社区网站，找到了一些和自己有着相同状况的用户，其中有用户表示眼睛在佩戴谷歌眼镜时长时间地往上或右上方看是引发头痛的原因。

也有眼科专家指出，佩戴这种眼镜会引起用户的眨眼次数减少，所引起的视力疲劳和干眼症最终会导致头痛的发生。

“说到底谷歌眼镜是一款电子通讯设备，只要是通讯设备就必然有辐射，最关键是它就佩戴在你脑子边上，离大脑这么近，长时间佩戴的话出现头痛的症状是非常正常的。”IT 评论员孙永杰说。

不是极客，就等它价格降到足够低

“可穿戴设备普及的一个较大限制就是健康问题，绝大多数产品需要你时时戴在身上，而生产这些产品的企业所能做的只能是将产品的辐射降到尽可能的小，但绝不会完全没有辐射。”孙永杰表示。

当利与弊摆在你面前，关键就得看这个弊是否值得

使用率的高低是评价可穿戴设备是否值得购买的标准之一。开始限制自己使用谷歌眼镜的巴雷特表示：“它不值得我付出头痛的代价。如果有收发邮件等需要，笔记本或手机完全能够应对。”甚至在一些特别的场合，例如，在犹他州参加圣丹斯电影节的时候，巴雷特曾考虑使用谷歌眼镜拍些红毯走秀照片，但最终他还是选择了使用单反相机来完成这个任务。

（原载于《北京晨报》2014 年 2 月 1 日，作者：李小娟、杨琳）

第十章　经络养生 芝麻开门

《阿里巴巴和四十大盗》是阿拉伯地区广为流传的民间故事，最早出现在中古时期，即中国的南北朝到明朝之间。阿里巴巴是一个穷樵夫的名字，跟中国新首富马云创立的、总部设在杭州的世界第二大互联网公司没有半毛钱关系；至于后者是否取其寓意或有所借鉴，则不好妄加猜测。

故事是这样的：阿里巴巴在砍柴时无意间发现了强盗们藏宝的秘洞，并记住了“芝麻开门”这句神奇的咒语。阿里巴巴的哥哥知道他得到一笔意外之财后，也踏上取宝之路，哥哥由于贪婪并忘记开门的咒语，最后被强盗杀死。阿里巴巴把哥哥的尸体运回后，强盗们也跟踪而至，他在聪明女仆的帮助下粉碎了强盗们的复仇计划。阿里巴巴把洞中的宝物分给穷人们，大家都过上了幸福的生活。

这个故事让人深省的道理，跟《黄帝内经》传递的理念，可以说异曲同工。具体说来，有这样几点：放纵欲望（贪欲）自找死路，适度控制才驶得万年船；智慧是人类最大的财富；善有善报，恶有恶报；先人一步，快速、灵活地应变，才能成功。

还有，那句咒语“芝麻开门”值得人们琢磨。一句咒语，打开一扇石门，发现了一个充满财富的新世界。古人的想象力是非常丰富的，超前地想到了千百年后的声控技术。当然，这只是开玩笑，但不能否认的是，古代民间传说确实是后世新技术的萌芽，像上天入地、腾云驾雾等神话早已变成现实。

此外，为什么是芝麻开门而非其他农作物？主要是因为芝麻小，我们常说“芝麻绿豆小事”“拣了芝麻，丢了西瓜”等，估计阿拉伯世界和东方人的认知是相似的。它阐述的就是以小博大、四两拨千斤的道理，不要忽视细微之处的变化，集腋成裘，聚沙成塔，量变最终引起质变。

中医也是如此。人们研究人与自然的关系，要“法于阴阳”；探讨体内脏腑的功能，并将之归类于五行，琢磨相互之间的关系。但是，一到执行层面，却遇到了难题——人与自然之间如何相互影响，是否存在着一条能量互换的管道？在内窥镜、麻醉剂等现代医学技术缺失的古代，如何在不开膛破肚的情况下，对内部脏腑施加影响？

可喜的是，中国古代的医学家找到了这两个问题的答案，就像“芝麻开门”的咒语一样，由此打开了认识人体、调理内部脏腑的大门。这句咒语就是经络，建立在其基础上，外邪如何由表及里、一步步侵入人体的病理机制被揭示出来，对症下药才成为可能（张仲景的《伤寒杂病论》为该领域的开山之作）；针灸、推拿、熏蒸、刮痧、拔罐、艾灸等治疗调理的技术手段，也顺势而出，并有了施展其武功的舞台。

下面，我们就通过一个新视角对中医最玄妙的，也是支撑所有中医实践活动的理论支点——经络作简单的介绍。

经络是把金钥匙

经络到底是什么？几千年来众说纷纭，各执一端——有的坚信其存在，并通过各种方法来证明；有的认为解剖学意义上的经络并不重要，以其为基础能养生保健、治病救人就好；有的则斥之为迷信玄学，是“两千年来不折不扣的幻觉”。

在判断其有无之前，必须先弄清楚经络的定义。翻看所有关于经络的描述，无论哪家哪派，都认为经络是通道，这个通道负责气血运行、联系内外和调节人体机能。

中国科学院生物物理所主任教授祝总骧和他领导的科研团队，经过多年的科学实验，用电激发下的机械探测法、电阻测量法和高振动声测法证明了人体经络的存在。对于祝总骧的科研成果，有人认为是进步，也有人认为是骗局。笔者不予评论。

但有一个问题不容回避，那就是：无形的经络是气血运行的通道，那有形的气管、血管又起什么作用？里面运行的难道不是气血？这两类通道之间又是什么什么关系？

回答这些问题，就要从最初的人与自然的关系谈起。我们经常说，人是天地造物的恩宠。生命最初的起源，离不开空气和水。而气和水，正是天地提供给人类的。人必须不断地从外界摄取气和水而生存、发育、生长。天—地—人之间的关系，构成古今中外所有社会形态必须解释和依赖的基础。

一切有形的管道，构成气血在人体内部的自循环；而人—天、人—地之间的能量交换，则是由经络来完成的。并且，从位置看，有形管道的主体部分都在人体的内部深层；无形的经络则是在皮下，人体的浅表。这就好比高速公路的收费站都是在两省交界的附近一样。经络存在于皮下，人体的浅表；那根据对称原则，天、地本身是不是也存在一条能量交换的线呢？答案是肯定的。

我们知道，地球的外面是大气层，大气层分为对流层、平流层、中间层、暖层和散逸层。对流层距地面最近，厚度为 8~17 公里，75% 的大气和 90% 以上的水汽都集中在这一层。对流层的上面是平流层，通常飞机都在这一层飞行。笔者认为，对流层与平流层的界限就是天与人之间进行能量交换的最远边界线。至于地球内部，地下水的最深水位所连结成的线，就是地与人之间进行能量交换的最远边界线。

人体浅表的经络是人—天、人—地之间的能量交换的通道，完成相应的气循环和血循环。这两大循环，自然能反映体内气血循环的好坏，所以经络又是观察体内脏腑功能和气血内循环状况的晴雨表。

说到人与外界的能量交换，离不开人体自身的几个有形的孔。人体有形的孔一共有 5 个，1 张嘴、2 个鼻孔和 2 阴（眼睛、耳朵不算在内，是因为它们没有发生气血的双向流动），它们负责气和水的正常进出。而实际上，除有形的孔外，皮肤的下面还有一些无形的孔，它们同样负责人与外界的能量交换（即气和水的进出），并且是反映内部脏腑功能和气血循环状况的信息点，以及从外部以非打开的方式影响内部脏腑的关键点。而这些无形的孔，就是我们所说的穴位。

至于经络和穴位，则是整体与局部的关系。只有看到经络，才能把众多孤立的点连结在一起，系统地解决问题；只有掌握好穴位，才能把经络落到实处，更好地从外部观察内脏和调节、治疗。

人体经络系统的主体部分，是十二经脉构成的大循环和任督二脉构成的小循环。前者就是道家修炼中的大周天，后者就是小周天。至于能否通过修炼自我控制气血在经脉中的运行，这个不好说；但人—天之间的气循环，人—地之间的血循环（或曰水循环），人体内部的气血循环，确实存在并时刻运行着，其发生的场所就是人体的经脉。

从十二脏腑到十二经脉

要了解十二经脉，必须先了解十二脏腑，因为两者是一一对应的。前面章节介绍过五脏，接下来，我们看看第六脏是什么？与它们相对应的腑又是什么？

在肝、心、脾、肺、肾这五脏中，心为“君主之官”，是最重要的。

大家都知道古代的皇帝，身边总有个最亲近的跟班，也就是被称为大内总管的统领太监。这个人牵头负责皇帝的饮食起居，安排什么时间见哪些大臣，晚上翻哪位娘娘的牌子。电视剧《甄嬛传》里，雍正的贴身太监叫苏培盛，就是这样的角色。再比如明朝崇祯皇帝身边的提督太监王承恩，最后陪同皇帝在煤山自缢身亡。

作为君主之官的心，其近身也有一个类似大内总管的脏器，那就是心包。所谓心包，是指心脏的外膜，它包裹着心脏，附有络脉，以通行气血。心包亦被称为心包络或膻中。

心包的功能主要是代心行令和代心受过。心主神明，控制着思维活动，而思维又影响着情绪。可以说，喜乐等情绪皆由心而起，但却是通过心包反映出来的，即所谓“代心行令”。正如《素问·灵兰秘典论》所说：“膻中者，臣使之官，喜乐出焉。”大家熟悉的《甄嬛传》中，雍正皇帝的很多旨令都是由苏培盛去宣读和执行的；而甄嬛被贬甘露寺三年后，希望重回宫中，也是通过宫女崔槿汐搭上苏培盛这条线，才得以成功。

中医认为，心是不能遭受邪气侵袭的，所以有“心不受邪，受邪立死”的说法。当邪气侵犯时，首先由心包承受，以避免或减轻心脏受到损伤，因此说心包能“代心受邪”。

肝、心、脾、肺、肾加上心包，就是六脏。与六脏相对应的就是六腑，脏为阴，腑为阳。两者息息相关，用中医的说法叫互为表里。下面，依次介绍六腑以及脏腑之间的关系。

（1）肝—胆

胆附于肝，是一个中空的囊状体，它的生理功能是贮藏和排泄胆汁，帮助消化。胆汁来源于肝，并受肝的控制。胆汁色黄而味苦，如胆汁外溢，常见口苦、身目发黄等症状。胆与肝同主疏泄，有帮助消化饮食的作用。

肝主谋略，胆主决断。两者协同发展，影响着人的思维力和决策力。

唐太宗时期，有两个名相：房玄龄和杜如晦。前者善于出计谋，后者善于作决断，两人被称为“房谋杜断”。两人同心辅政，合作非常协调，被世人称赞“笙磬同音，惟房与杜”。这两人之间的关系恰与肝胆相似。

另外，前面章节提到过，十一脏腑皆取决于胆。人要顺天应地，从自然界摄取能量，体内阳气一点点开始聚集，那个开始聚集的地方就是胆。

（2）心—小肠

小肠位于腹中，是食物消化吸收的主要场所，盘曲于腹腔内，上连胃幽门，下接盲肠，全长约3～5米，分为十二指肠、空肠和回肠三部分。

小肠的主要功能有受盛化物和泌别清浊。受盛，即接受，以器盛物之意。化物，就是消化食物。小肠的受盛化物表现以下两方面：一是指小肠接受由胃下传的初步消化的食物，起到容器的作用，即受盛；二是胃初步消化的食物，在小肠必须停留一定时间，由小肠对其进行进一步消化，将饮食水谷精微化为精华和糟粕，即化物作用。小肠受盛功能失常，则气机阻滞，表现为腹部疼痛；若化物功能失常，可导致消化吸收功能障碍，表现为腹胀，腹泻，便溏等。

泌别清浊，就是区分水谷中的营养物质和糟粕，并对之作不同的处理。具体说来，吸收食物中的营养物质，通过脾传输全身，并将其糟粕下移大肠为大便，小肠中的水液经吸收，通过气化进入膀胱成为为小便，最后排出体外。

小肠不仅具有消化吸收的功能，而且也与大小便的形成有一定的联系。

心与小肠相表里，是因为两者在功能上紧密关联。心主血脉，小肠具有吸收功能，显然，吸收功能的实现以血脉为基础，小肠吸收的营养物质只有通过血脉才能运送到全身。心主神明，小肠可以泌别清浊，对水谷中清与浊的区分判断无疑离不开心的思维能力；离开心主神明的功能，仅凭小肠自然是无法分辨清浊的。心脏功能失调的时候，小肠的受盛化物、泌别清浊也会出问题。

（3）心包—三焦

三焦是最不容易讲清楚的腑。究竟存不存在？有形还是无形？三焦等同于上焦、中焦和下焦吗？为什么是三焦，而不是四焦或其他？其实，这些问题都没有统一的答案，千百年来争论不断。

笔者认为，不必过分纠结于三焦这个名字，只要知道它代表什么就可以了。《类经》为三焦下的定义为："藏府之外，躯体之内，包罗诸脏，一腔之大府也"。也就是说，容纳所有脏腑的就是三焦。还记得心包是什么吗？它是心的外膜，相当于心居住的房子。心为君主之官，心包就是紫禁城。三焦同样是包容体内所有脏腑的容器，就相当于它们居住的房子，那就是北京城。

三焦的主要功能有以下两方面：

一是通过气的运行让体内脏腑协同工作，成为一个整体。

我们知道，元气发源于肾。但它必须借助三焦的通路，敷布周身，从而激发、推动各脏腑组织器官的功能活动。《难经·六十六难》中说，"三焦者，原气之别使，主通行三气，经历五脏六腑。"别使可以理解为特派员，三气是指三焦之气。总之，元气是通过三焦到达五脏六腑和全身各处的。

二是水谷运行的通路。

《素问·五藏别论》称三焦为传化之府，其具有传化水谷的功能。根据上、中、下三焦所处部位不同，对水谷运行过程中所起的作用也就不同，上焦主纳，中焦主腐熟，下焦主分别清浊、主出。

三是水液代谢的通道。

三焦是人体管理水液的器官，有疏通水道，运行水液的作用。水液代谢虽由胃、脾、肺、肾、肠、膀胱等脏腑共同协作而完成，但人体水液的升降出入，周身环流，必须以三焦为通道才能实现。因此，三焦水道的通利与否，不仅影响到水液运行的迟速，而且也必然影响到有关脏腑对水液的输布与排泄功能。

心包是心生存的小环境，三焦是身体所有内脏共同存在的大环境，就好比是紫禁城和北京城，两者之间是包含与被包含的关系。历史上，朝廷内部发生兵变，紫禁城被包围，皇帝被困其中，政令不通，就没有办法调动外边的军队。反过来，当农民起义军强攻北京城，京城失陷的时候，“覆巢之下无完卵”，紫禁城和皇帝也难以独善其身，失守和改朝换代也就在旦夕之间（如明朝的崇祯）。

（4）脾—胃

胃是人体的消化器官，位于膈下，上接食道，下通小肠。胃的上口为贲门，下口为幽门。胃的主要功能是受纳、腐熟水谷，以及降浊。

胃主受纳，是指饮食入口，经食道，容纳于胃，所以被称为“水谷之海”。胃主腐熟，就是消化的意思。饮食入胃，胃便对其进行初步消化，成为食糜。如果胃不受纳，就会出现不食、厌食、胃脘胀痛等症。

纳于胃中的水谷，经过胃的腐熟消磨后，成为食糜，然后下降于小肠。当然，也包括被称为“浊”的食物残渣。所以，胃气必须下降，才能使腐熟的水谷下行。如果胃气不降，则食滞胃脘，引起胀满疼痛、大便秘结等症；如果胃气不降并且上逆，就会出现嗳气腐臭、呃逆、呕吐等症。

脾胃相表里，具体表现为三方面：（1）脾的运化功能是胃的消化功能的延续，即进一步的化，然后再运输；（2）脾的升清与胃的降浊相互制约，从而实现营养物质的吸收和废物排泄的一个平衡；（3）脾喜燥恶湿，胃喜润恶燥，只有让身体的内环境保持一个合适的湿燥范围，才能保证消化、吸收的顺利完成，反之如果过湿或过燥，必然会出问题。

（5）肺—大肠

大肠是对食物残渣中的水液进行吸收，使食物残渣形成粪便并排出体外的脏器。它是人体消化系统的重要组成部分，为消化道的下段，成人大肠全长约1.5m，起自回肠，包括盲肠、阑尾、结肠、直肠和肛管5部分。大肠在外形上与小肠有明显的不同，一般大肠口径较粗，肠壁较薄。

大肠的主要功能如下：

（1）主传化糟粕。大肠接受小肠下传的食物残渣，吸收其中多余的水液，形成粪便。大肠之气的运动，将粪便传送至大肠末端，并经过肛门有节制地排出体外，故大肠有“传道之官”之称。该功能失常，则出现排便异常，常见的有大便秘结或者泄泻。若有湿热郁结大肠，大肠传导机能失常，还会出现腹痛、里急后重、下痢脓血等病症。

（2）大肠主津。大肠接受小肠下传的含有大量水液的食物残渣，将其中的水液吸收，使之形成粪便，即是所谓的燥化作用。大肠吸收水液，参与体内的水液代谢，故说“大肠主津”。该功能失常，则大肠中的水液不得吸收，水与糟粕俱下，可出现肠鸣、腹痛、泄泻等病症。若是大肠实热，消烁津液，或者大肠津亏，肠道失润，又会导致大便秘结不通。

肺与大肠相表里，是指大肠的排便功能离不开肺气的推动，尤其是肺气的肃降。肺气不足，容易出现便秘；反过来，久泄则会造成肺气的损耗，连带肺功能出问题。另外，大肠主津，对水液的吸收则离不开肺通调水道的功能。

（6）肾—膀胱

膀胱位于下腹部，是人体负责水液代谢的器官之一，它的主要功能是贮尿和排尿。膀胱的贮尿、排尿功能失常，会出现小便癃闭、失禁、频数、淋痛等症状。

膀胱的贮尿、排尿，都受肾的控制。肾气足，膀胱的容量就大，开合功能好，人晚上一般不起夜；而肾气虚、肾不纳气的时候，肾对膀胱的控制力减弱，膀胱括约肌变得松弛，闭合功能失常，就会出现尿频、尿急、尿不尽的情况。前面章节讲过“恐伤肾”导致小便失禁的例子，因为恐怖，肾不纳气，膀胱的闭合功能失常，所以小便失禁。

膀胱的排尿，则跟肾的气化功能有关。所谓气化，笔者的理解就是肾气对水液下泄的推动作用。肾的气化功能出问题，排尿就会出现异常，并且体内水液上行不足，导致早晨起床后口干舌燥。

十二脏腑是人体内最重要的器官，而经络则是体内脏器与外界进行能量交换的通道，它能反映脏腑功能的好坏。于是，在经络系统中，有十二条经脉与十二脏腑相对应，它们都以其来命名，成为从体外观察该脏腑工作状态好坏的窗口，以及从外部对体内脏腑施加影响的有效途径。

前面讲过，12这个数字的出现，跟地球自转、公转以及圆的等分有关，也是天地人三者在四种不同阴阳状态下的发展变化。在十二经络中，每相邻四条经脉构成一个小循环，共三组，其实就是：天—人、地—人、人—人。三组小循环各自按照头—脚—腹—手—头的顺序运行，并且连接在一起，构成十二经脉气血运行的大循环。

十二经脉与十二时辰相对应，不同时辰成为不同经脉的工作时间。随着一天天的更迭，十二时辰周而复始，十二经脉不间断地循环。由此，人从外界摄取能量，并将体内的垃圾、毒素排出，随着时间流失，生命得以延续。显然，十二经脉的气血运行正常与否，反映着体内十二脏腑的功能是否正常，从而决定着身体的健康状况和寿命的长短。

接下来，我们就以四条经脉构成的小循环为基本单位，分三组来介绍十二经脉的详细知识和其中的重点穴位。

气循环：与天对话 补足精气神

“危楼高百尺，手可摘星辰。不敢高声语，恐惊天上人。”这是唐朝大诗人李白的一首诗，想象力瑰丽奇特，但也说明很多人都认为天上是住着神仙的。再比如，我们经常说“头上三尺有神明”，“人在做，天在看”。很多人都认同，在地球之外还存在着一个叫作“天”的空间，在那个空间里有可能住着神仙。

当然，这些都是人们想象出来的，至今无法得到科学的验证。但能说明的是，我们所了解的“天”都跟大脑的想象有关。而人的想象力最天马行空、最信马由缰，甚至不受控制的时候，就是睡梦中。

梦境跟现实生活有些许联系，但又相距甚远，且没有什么逻辑性，虚幻缥缈。人每天应当睡足 8 个小时，占一天时间的 1/3。也就是说，人生命的 1/3 都是在睡梦中度过的。梦可以看作是人与天进行交流的一种方式。当自身没有清醒的意识的时候，也就是心主神明的功能暂时失灵的时候，主宰身体的就是自然界的神明，就是“天”。

睡觉的时候，一方面人与天进行着某种方式的沟通；另一方面，人与天之间在作能量交换，排出负能量，补入正能量，让劳累的身心及时得到保养。

与之相关的，就是人的精气神。精是构成人体、维持人体生命活动的物质基础，有先天和后天之分。先天之精就是从父母那里遗传下来的肾精，它是生命之本；后天之精指的是来自饮食的营养物质，即水谷精微，就像手机的充电器、汽车的加油站一样，为生命提供续航的动力。

至于气，它既是运行于体内微小难见的物质，又是人体各脏腑器官活动的能力。简言之，气是发挥特定功能的物质、能量与信息的总和。人体的呼吸吐纳、水谷代谢、营养敷布、血液运行、津流濡润、抵御外邪等一切生命活动，无不依赖于气化功能来维持。宋代的老年养生专著《寿亲养老新书》中说道，“人由气生，气由神往。养气全神可得其道。”书中记载了古人养气的经验：“一者，少语言，养气血；二者，戒色欲，养精气；三者，薄滋味，养血气；四者，咽津液，养脏气；五者，莫嗔怒，养肝气；六者，美饮食，养胃气；七者，少思虑，养心气。”显然，睡觉的时候，以上七点基本都能做到；所以，睡觉是最重要的补气方式之一。

最后说一下神。神是精神、意志、知觉、运动等一切生命活动的最高统帅，包括魂、魄、意、志、思、虑、智等活动，这些活动反映人的健康情况。《素问·移精变气论》中说，“得神者昌，失神者亡。”正所谓，神充则身强，神衰则身弱，神存则能生，神去则会死。

显然，在三者中，精是人生存和发展的基础，气是生命活动的原动力，神则是生命的体现形式。套用哲学的说法，精是物质，神是意识；精是物质基础，神是上层建筑。精决定着神，是神的基础；反过来，神又影响着精。而气则是将精和神联结在一起的手段和渠道。

睡觉的主要目的有两个：让身体得到及时的休息和保养，延缓肾精的损耗过程；为身体补气，通过充盈的气迅速补足能量，以便第二天精力充沛地工作。

换言之，睡觉的时候，人与天之间进行的气循环为机体补足能量，调动脏腑的功能，第二天的工作、生活更有神。

根据古人的研究，睡觉应当从晚上的11点到早晨的7点。这8个小时涵盖了4个时辰：子时、丑时、寅时、卯时，分别对应着胆经、肝经、肺经和大肠经。这四条经脉构成的一圈循环，恰好负责人与天之间的能量交换，完成气循环。

在介绍这四条经脉之间，我们先解释一个问题：为什么有的书从胆经开始讲解十二经脉，而有的书则是从肺经开始讲解？

中医所说的阴阳，一直在强调阴阳互根，相互转化。所以，阴气最盛的时候，阳气就开始一点点聚集，并逐渐扩展自己的地盘（参见太极图）。自然界有“子时一阳生”的说法，《黄帝内经》里讲“法于阴阳”，人的生活习惯要与自然规律相适应。在子时，天地间阴气最盛，阳气开始汇聚的时候，人就应当睡觉休息，以避免体内阳气在自然界最盛的阴气中快速耗散，并且在睡梦中，人与天之间开始能量交换，一点点补足体内的阳气。

故此，《黄帝内经》讲“凡十一藏，取决于胆也。”子时一阳生，胆经在子时工作，阳气则汇聚于胆，并逐渐扩大，以提供给其他脏腑。十二经脉始于胆经，从头部双眼外侧的瞳子髎穴处阴气沉淀，阳气生发，可以说是气循环的自然起点。

至于肺，前面章节讲述过“朝百脉，主治节”。肺主一身之气，而气可以推动血的运行。肺完成清气与浊气的互换，是体内之气的源头。经脉是气血运行的通道，而气的生成在肺，所以肺朝百脉。所谓治节，则体现在肺对呼吸、气机、气血运行、水液代谢的治理和调节上。也就是说，气在体内的运行，实际是从肺开始的。寅时，即凌晨的 3 ~ 5 点，肺经开始工作，十二经脉也是从这个时候真正动力十足地开始运转的。所以，肺经是气循环的生理起点。

晚上经常熬夜的人，大都清楚这样一个规律：熬到凌晨 12 点并不觉得过睏，可是 3 点多，会感觉特别睏，上下眼皮打架，恨不得倒头就睡。其道理就在于，如果晚上 11 点之前没有睡着的话，12 点前后阳气开始生发，反而更加地睡不着；晚上 11 点到凌晨 1 点，大自然的补气工作开始，阳气一点点在胆聚集；凌晨 3 到 5 点，所补之气来到肺，并慢慢从肺运行至全身，而此时，如果还不睡觉的话，补气的工作就被彻底耽搁，身体各器官不但无法得到及时的能量补充，而且还要过度消耗体内的肾精，自然就出现身体想睡和意识不想睡之间矛盾冲突的情况。

以胆经为起点和以肺经为起点，都是有道理的。两者的不同在于，前者是自然起点，人与天的能量交换正式开始；后者是生理起点，从自然界补足的气开始向体内各脏腑推进。

（一）足少阳胆经

人体的十二经脉要么从手上经过，要么从足上经过。所以，各自的命名都包含了手或足。在长沙马王堆汉墓出土的医书中，就有《足臂十一脉灸经》。这也是目前能够看到的最古老的经络医书。这本书涉及的十一脉跟传世的十二经脉非常相近，同样是以上肢和下肢来区分的，只不过缺少手厥阴心包经。

少阳是阳气刚刚开始聚集的一种状态，这时在最盛的阴气中阳气一点点生发，既描述自然界的阴阳转换，也反映着体内阳气开始慢慢补足。

足少阳胆经起于眼外角，向上达额角部，下行至耳后，由颈侧，经肩，进入锁骨上窝。直行脉再走到腋下，沿胸腹侧面，在髋关节与眼外角支脉会合，然后沿下肢外侧中线下行。经外踝前，沿足背到足第四趾外侧端。

胆经有三个分支；一支从耳穿过耳中，经耳前到眼角外；一支从外眼角分出，下走大迎穴，与手少阳三焦经会合于目眶下，下经颊车和颈部进入锁骨上窝，继续下行胸中，穿过膈肌，络肝属胆，沿胁肋到耻骨上缘阴毛边际，横入髋关节；一支从足背分出，沿第 1 ～ 2 跖骨间到大拇指甲后，交与足厥阴肝经。

胆经主治侧头、眼、耳、鼻、喉、胸胁等部位病症，肝胆、神经系统疾病，发热病以及本经所过部位的病证。

（二）足厥阴肝经

厥阴是阴气发展到最后阶段，阴气之门慢慢合上，开始向阳的方面转化。显然，厥阴总是和少阳纠结在一起的，这种紧密关系也是肝胆相表里的另一种表现形式。

足厥阴肝经起于足大趾爪甲后丛毛处，沿足背向上至内踝前一寸处，向上沿胫骨内缘，在内踝上 8 寸处交出足太阴脾经之后，上行过膝内侧，沿大腿内侧中线进入阴毛中，绕生殖器，至小腹，挟胃两旁，归属肝脏，联络胆腑，向上穿过膈肌，分布于胁肋部，沿喉咙的后边，向上进入鼻咽部，上行连接目系出于额，上行与督脉会于头顶部。

肝经有两个分支：一支从目系分出，下行于颊里，环绕在口唇的里边；另一支从肝分出，穿过膈肌，向上注入肺，交于手太阴肺经。

肝经主治肝胆病症、泌尿生殖系统、神经系统、眼科疾病和本经经脉所过部位的疾病，如胸胁痛、小腹痛、疝气、遗尿、小便不利、遗精、月经不调、头痛目眩，下肢痹痛等症。

（三）手太阴肺经

太阴即阴气旺盛之义，它就像打开一扇门，阴气扑面而来。在三条阴经中，太阴经位于最表层。

肺经之所以跟肝经相连接，是因为两者之间的相克关系，木生火，火又克金。首先，肝生发，肺肃降，气的升降运动使体内的气血循环得以实现，并维持动态的平衡。其次，肝藏血，心主血脉，肺朝百脉，显然，有了血和脉，才谈得上朝百脉。再次，血为气之母，体内气的运行必须以血为载体，主藏血的肝，自然影响着主气的肺。

手太阴肺经起于中焦（腹部），向下联络大肠，回过来沿着胃的上口贯穿膈肌，归属肺脏，从肺系（气管、喉咙）横行出胸壁外上方，走向腋下，沿上臂前外侧，至肘中后再沿前臂桡侧下行至寸口（桡动脉搏动处），又沿手掌大鱼际外缘出拇指桡侧端。

肺经的支脉从腕后桡骨茎突上方分出，经手背虎口部至食指桡侧端，与手阳明大肠经相连接。

肺经主治咳、喘、咳血、咽喉痛等肺系疾患，及经脉循行部位的其他病证，如胸部满闷，咳嗽，气喘，锁骨上窝痛，心胸烦满，小便频数，肩背、上肢前边外侧发冷，麻木酸痛等症。

（四）手阳明大肠经

阳明是阳气发展到最后阶段，阳气之门慢慢合上，开始向阴的方面转化。人们常这样说，天无绝人之路，所有的门都关上的时候，上帝又为你打开一扇窗。太阴和阳明的关系也大抵如此，阳气之门合上的时候，阴气的窗户悄然打开。

手阳明大肠经始于食指末端，沿食指桡侧缘，出第一、二掌骨间、进入两筋（拇长伸肌腱和拇短伸肌腱）之间，沿前臂桡侧，进入肘外侧，经上臂外侧前边，上肩，至肩关节前缘，向后与督脉在大椎穴处相会，再向前下行入锁骨上窝，进入胸腔络肺，通过膈肌下行，归属大肠。

大肠经的支脉从锁骨上窝上行颈旁，通过面颊，进入下齿槽，出来挟口旁，交会人中部——左边的向右，右边的向左，上夹鼻孔旁，接于足阳明胃经。

大肠经主治头面五官疾患、咽喉病、热病、皮肤病、肠胃病、神志病等及经脉循行部位的其他病证，如腹痛、腹鸣、腹胀、腹泻、便秘、肩膀僵硬、皮肤无光泽、肩酸、喉干、喘息、宿便、痔疮、肩背部不适或疼痛、牙疼、皮肤异常、上脘异常等。

有人会问这样一个问题：为什么大肠经在手上而不在脚上，毕竟后者与大肠的生理距离更近？这主要涉及到人体对称性原则，左右对称，手足对称等。大肠经止于迎香穴，该穴位在口腔附近，而口腔跟肛门是对称的。

至于很多人起床后大都要排便的原因，则在于：肺在凌晨 3 ~ 5 点补足了气，大肠经工作的 5 ~ 7 点就最容易排便。再者，前一天的宿便、垃圾经过长时间的堆积，急需排出体内。如果便秘的人在这个时段都难以排便的话，就证明比较严重，如同无法晨勃的男人证明肾虚比较严重一样。

胆经—肝经—肺经—大肠经在晚上 11 点到早晨 7 点完成了人与天之间的气循环，为身体补足能量。但我们发现，上述四条经脉非闭合循环，胆经的起点瞳子髎和大肠经的终点迎香穴之间，并没有经脉相连。这其实也容易理解，虽然晚上休息的 8 个小时是补气的重要时段，但白天的时间人体与外界关于气的交换依然在进行；再有，肝和肺虽是气循环中的绝对主角，但体内自身的肾气、脾的水谷之气以及血为行气的载体等，也是气循环中不可或缺的部分。

人只有在睡觉的时候，才会出现打鼾。这种现象是身体发生病变，尤其是呼吸道变窄，发生堵塞的前兆，有可能导致脑部供氧不足，甚至是出现休克。但反过来考虑，为什么打鼾只有在睡着的情况下才能发生呢？这也从侧面证明了，睡觉的时候确实存在着人与天之间的气循环，这种能量交换是持续的，并且是深层次的；而白天的气循环不过是浅层次的。

血循环：大地深情　饮食人生

2014 年央视春节晚会上，一首歌唱亲情的歌曲《时间去哪儿了》风靡神州大地，并由此揭开了“去哪儿了”热点模式，如反映污染问题的“北京去哪儿了”、春运期间的“火车票去哪儿了”、留守儿童的“爸爸去哪儿了”等等。而其中，“飞机去哪儿了”所隐喻的 MH370 航班失联，则成为全球瞩目的热点事件和该年度最大的谜局。

MH370 航班为马来西亚航空公司航班，由吉隆坡国际机场飞往北京首都国际机场。MH370 航班上载有 227 名乘客（其中中国大陆 153 人，中国台湾 1 人），机组人员 12 名。2014 年 3 月 8 日凌晨时在马来西亚与越南的雷达覆盖边界与空中交通管制失去联系。失踪 16 天后的 3 月 24 日，马来西亚总理纳吉布宣布，马航 MH370 航班已经在南印度洋飞行终结。截至本书结稿的 2015 年 1 月份，飞机残骸仍未找到。

在科技高度发达的今天，一架波音 777 型号的大飞机居然消失得无影无踪，这说明人类对天的了解远不及对地的熟悉。交通工具对危机状况的应急处理能力，天空远不如地面。人们会说听天由命、怨天尤人，在地面上可控性就更强。

与天空的神秘莫测相比，地球是人类生存的基础，人们对地球的了解更多、更深入，对其规律的认识也更深刻，自身所拥有的经验和知识也更丰富。还有，天提供给人的大多是无形的，如气、光等；地提供的东西绝大多数都是有形的，看得见，摸得着，如食物、水等。天与人之间的能量交换以气为主要形式；地与人之间的能量交换则以水为主要形式，在体外表现为食物和水，在体内表现为血液。

可以说，地与人之间进行的是血循环。而血循环，主要在早晨的7点到下午的3点这个时段内完成，参与的脏腑有胃、脾、心和小肠。其中，胃负责消化，小肠吸收，脾来运化，心为吸收和运化提供血脉渠道的支持。

这个时段包含4个时辰，分别为辰时、巳时、午时和未时，对应着胃经、脾经、心经和小肠经4条经脉。这4条经脉构成的一圈循环，负责着人与地之间的能量交换，完成血循环。

前面章节提到过科学的三餐标准——早吃好、中吃饱、晚吃少。古代的一些养生家和宗教人士的标准更为严苛，叫“过午不食”。显然，这些饮食标准的出现跟血循环的完成时段有着千丝万缕的联系。当然，晚餐未必是不吃，而是尽量少吃，并且吃饭时间不能太晚，因为晚上9～11点工作的三焦经负责体液循环，吸收、运化还可以完成，但这些工作都必须在晚上11点之前全部结束。

下面，我们依次介绍这四条经脉的相关知识。

（五）足阳明胃经

胃经与大肠经同为阳明经，只不过一条在足，另一条在手。胃经与大肠经相连接，是因为它们分别代表着水谷的进和无法吸收的食物残渣的排出，排便功能正常可以反映出胃的消化功能正常。人便秘的时候，食物残渣无法正常排出，累积在肠道里，必然会连累胃的消化功能。

足阳明胃经起于鼻翼旁，挟鼻上行，左右侧交会于鼻根部，旁行入目内眦，与足太阳膀胱经相交，向下沿鼻柱外侧，入上齿中，还出，挟口两旁，环绕嘴唇，在颏唇沟左右相交，退回沿下颌骨后下缘到大迎穴处，沿下颌角上行过耳前，经过上关穴，沿发际，到额前。

本经脉分支从大迎穴前方下行到人迎穴，沿喉咙向下后行至大椎，折向前行，入缺盆，下行穿过膈肌，属胃，络脾。直行向下一支是从缺盆出体表，沿乳中线下行，挟脐两旁，下行至腹股沟外的气街穴。本经脉又一分支从胃下口幽门处分出，沿腹腔内下行到气街穴，与直行之脉会合，而后下行大腿前侧，至膝膑沿下肢胫骨前缘下行至足背，入足第二趾外侧端。本经脉另一分支从膝下 3 寸处分出，下行入中趾外侧端。又一分支从足背上冲阳穴分出，前行入足大趾内侧端，交于足太阴脾经。

胃经主要支配脾胃的功能，主管人体的气血生化，主治肠鸣腹胀、腹痛、胃痛、腹水、呕吐等症。此外，胃经也影响着自己循行经过的很多部位，包括头面部、胸部、腹部、腿部以及脚部。如果一个人胃疼，当然是胃经的问题，但是膝盖疼也可能是胃经的问题，脚疼也可能是胃经的问题，还有些年轻人脸上长青春痘，从胃经方面治疗也能收到很好的效果。

辰时，也就是上午的 7 ~ 9 点，胃经在这个时段工作。那我们看看，不吃早餐会有哪些危害？

（1）5 ~ 7 点大肠经运行的时段是最佳排便时间，有出必有进，否则人体将失去平衡。

（2）7 ~ 9 点、9 ~ 11 点分别是胃经和脾经气血最充盈的时间，这个时候胃和脾进入最佳工作状态，一个要消化，一个要运化，如果没有可以消化和运化的食物的话，脾胃就相当于一台空转的机器，时间一长就会功能失调。

（3）上午是一天繁忙工作的开始，不吃早餐的话，仅仅依靠前一天晚餐提供的能量远远不够，身体经常处于营养不足的状态会带来各种问题。

（4）从自然界来说，上午是气温上升、阳光充足的时候，人体也是阳气积聚的时候，此时最容易消化吸收。现代人不吃早餐，晚上大吃大喝的陋习是有悖自然规律的。晚上阴气上升，身体的各个器官也逐渐进入休息状态，自然难以消化，久积成病。

（六）足太阴脾经

脾经和肺经同为太阴经，两者在所有阴经中居浅表层。所以，与之相关的呼吸系统、消化系统疾病为常见病，日常生活中最为常见。另外，脾经与胃经相连，是因为脾胃相表里，这个无须作过多的解释。

脾经起于足大趾内侧，沿内侧赤白肉际，上行过内踝的前缘，沿小腿内侧正中线上行，在内踝上 8 寸处，交出足厥阴肝经之前，上行沿大腿内侧前缘，进入腹部，归属于脾，络胃，向上穿过膈肌，沿食道两旁，连舌本，散舌下。本经脉分支从胃别出，上行通过膈肌，注入心中，交于手少阴心经。

脾经主治脾胃病、妇科、前阴病及经脉循行部位的其他病证，如胃脘痛、食则呕、嗳气、腹胀、便溏、黄疸、身重无力、舌根强痛、下肢内侧肿胀、厥冷、足大趾运动障碍等。

（七）手少阴心经

少阴与少阳相对，它反映的是阴气刚刚开始聚集的一种状态，这时在最盛的阳气中阴气一点点生发，既描述自然界的阴阳转换，“午时一阴生”，也反映体内补足能量的过程趋于完成，身体慢慢进入自我修养、调整的状态之中。

心经与脾经相连，是因为心与脾的相生关系。脾主升清，脾对清的判断无疑来自于心主神明的功能。脾的运化，把营养物质输送至全身，更是离不开血液的支持。

手少阴心经自心中开始，出来属于心系，向下贯穿膈肌，联络小肠；它的分支，从心系向上，挟着食道两旁，上连目系（眼与脑相连的组织）；它的外行主干，从心系上行于肺，向下出于腋下的极泉，沿上臂内侧后缘，下向肘内侧横纹头的少海，沿前臂内侧后缘下行，到掌后豌豆骨部的神门，进入掌内后边，沿小指的桡侧出于末端少冲，交手太阳小肠经。

心经主治胸、心、循环系统病症、神经精神系统病症以及经脉循行所过部位的病症，例如心痛、心悸、失眠、咽干、口渴、癫狂及上肢内侧后缘疼痛等。

（八）手太阳小肠经

太阳即阳气旺盛之义，它就像打开一扇门，阳气扑面而来。在三条阳经中，太阳经位于最表层。小肠经与心经相连，同样是因为心与小肠相表里。

手太阳小肠经起自手小指尺侧端，沿手掌尺侧缘上行，出尺骨茎突，沿前臂后边尺侧直上，从尺骨鹰嘴和肱骨内上髁之间向上，沿上臂后内侧出行到肩关节后，绕肩胛，在大椎穴处与督脉相会。又向前进入锁骨上窝，深入体腔，联络心脏，沿食道下行，穿膈肌，到胃部，归属于小肠。其分支从锁骨上窝沿颈上面颊到外眼角，又折回进入耳中。另一支脉从面颊部分出，经眶下，达鼻根部的内眼角，然后斜行到颧部，与足太阳膀胱经相接。

小肠经发生病变，主要表现为咽痛、下颌肿、耳聋、中耳炎、眼痛、头痛、扁桃体、失眠、落枕、肩痛、腰扭伤，目黄和肩部、上肢后边内侧本经脉过处疼痛等。

小肠经的终点在目、在耳，是因为小肠的吸收有赖于肝气的推动，吸收与代谢相对应，吸收之后的液体废物需要肾经排出体外。

胃经—脾经—心经—小肠经在上午 7 点到下午 3 点之间，完成人与地的能量交换，即血循环。实际上，我们发现这 8 个小时可谓是一天中的黄金时段，大自然阳气充足，光照强，人也精力充沛。在事业与家庭的两难选择中，这个 8 个小时往往是留给事业的。

很多单位的工作时间是朝九晚五，跟朝七晚三比，后延了两个小时，显然跟现代人夜生活丰富的习惯有关。而我们也知道，临下班前的两小时，工作状态通常是不及其他时段的。中国股市工作日是每天下午 3 点休市的，跟血循环结束的时间相同，我们就当作一种巧合吧。

小肠经虽然经过胃部，但它与胃经并没有明确的交点。也就是说，胃经—脾经—心经—小肠经构成的血循环，同样也不是闭合循环。早晨7点到下午3点，食物的补足确实主要集中在这八个小时，但我们知道，晚上还可以吃适量的晚餐，来自外界（地面）的营养物质依然在补充，血循环还在进行。所以，表现在经络上，血循环是非闭合的。

内循环：化为己用　培元固本

马克思创立的唯物主义辩证法，在东西方哲学史上占非常重要的位置，得到特别多人的认同和追随。其中，关于事物发展变化所需条件的论述，被广泛应用。马克思是这样讲的：内因是事物发展变化的根据，外因是事物发展变化的条件，外因通过内因起作用。

比如春播秋收，种到地里的种子就是内因，“种瓜得瓜，种豆得豆”；光照、水分、土壤的肥沃度等就是外因。没有充足的阳光、及时的灌溉、肥沃的土壤等条件，一颗种子就无法长成参天大树；反过来，这些条件即使都具备，但种到地里的是颗石子而非种子，那它怎么都不会发芽，更别说开花结果。

我们在讨论天—地—人三者关系的时候，也会用到上述观点。天提供给人的气，地提供给人的水和食物，这些都是外因；人体脏腑机能的好坏才是内因，只有消化、吸收、呼吸、血液循环、排泄等功能正常，外部能量才能转化为体内的气血，为生命提供永续的动力。

显然，气循环和血循环只是完成了外因的初步转化，而外因如何通过内因起作用，则有赖于气血在体内的闭合循环，即内循环。

内循环由膀胱经、肾经、心包经和三焦经来完成，具体的时间是从下午3点到晚上11点，分别对应申时、酉时、戌时和亥时。膀胱和肾的参与，说明在内循环中废物如何排出体外也非常重要。肾是先天之本，所有外界能量进入体内后，无论经过什么样的转化过程，最终都必须起到提振肾气、强身壮体的功效。心包为心脏提供营养物质，三焦为体内所有脏腑提供营养物质，并使之连为一个整体。

膀胱经—肾经—心包经—三焦经构成的内循环，把前面气循环、血循环中摄取的营养物质真正化为己用，并融会贯通，提供给体内的脏腑、组织、器官。而具体的输送过程，则是由血管、气管等有形的管道来完成的，这四条经脉构成的内循环不过是体内有形管道气血循环在皮下经络上的一个映射。

（九）足太阳膀胱经

阳明经不光是三条阳经中最浅层的，而且是所有经脉中最浅层、最易受外邪侵袭的。在东汉名医张仲景的《伤寒论》中，外邪致病由表及里的顺序为：太阳病、阳明病、少阳病、太阴病、少阴病、厥阴病。可见，在抵御外邪的过程中，太阳经首当其冲。

膀胱经与小肠经相连接，主要是因为小肠吸收的营养物质由脾来运化，而脾不光要运化水谷精微，而且要运化水湿，水湿最终排泄出体外依赖的是肾和膀胱。这样的上下游关系决定了，膀胱的功能失调也会反过来影响小肠。

足太阳膀胱经起于目内眦，上达额部，左右交会于头顶部。本经脉分支从头顶部分出，到耳上角部。直行本脉从头顶部分别向后行至枕骨处，进入颅腔，络脑，回出分别下行到项部，下行交会于大椎穴，再分左右沿肩胛内侧，脊柱两旁（一寸五分），到达腰部，进入脊柱两旁的肌肉，深入体腔，络肾，归属于膀胱。本经脉一分支从腰部分出，沿脊柱两旁下行，穿过臀部，从大腿后侧外缘下行至腘窝中。另一分支从项分出下行，经肩钾内侧，从附分穴挟脊（三寸）下行至髀枢，经大腿后侧至腘窝中与前一支脉会合，然后下行穿过腓肠肌，出走于足外踝后，沿足背外侧缘至小趾外侧端，交于足少阴肾经。

膀胱经主治泌尿生殖系统、神经精神方面、呼吸系统、循环系统、消化系统病症和热性病，以及本经脉所经过部位的病症，如头、项痛，眼痛多泪，鼻塞，流涕，鼻血，痔疮，足小趾不能运用，疟疾，癫狂，小便淋沥、短赤，尿失禁等。

在膀胱经上，有18处穴位都以“某某俞”来命名。其中，又以五脏俞最出名。它们从上至下依次为：肺俞、心俞、肝俞、脾俞、肾俞。那五脏俞为什么是这样的排列顺序呢？隐含着什么样的秘密？

首先，这样的排列顺序是五脏生理位置在膀胱经上的投影。

其次，以肝为出发点，按一上一下的顺序依次排列，恰好五行相生的顺序。

再次，除心和肝是相生关系外，从上至下两两之间都是相克的关系。

最后，从肺开始和从肝开始（肝胆是一体的，在忽略胆的情况下，以胆为起点和以肝为起点是一样的），恰好是十二经脉的生理起点和自然起点。

（十）足少阴肾经

肾经与心经同为少阴经，少阴为枢，枢是门轴的意思，在阳气最盛的时候转动门轴，门一点点打开，阴气开始聚集，并越来越盛。

肾经与膀胱经相连，因为肾与膀胱相表里，无须作更多的解释。

足少阴肾经起于足小趾下，斜走足心，出于舟骨粗隆下，沿内踝后，进入足跟，再向上行于腿肚内侧，出于腘窝内侧半腱肌腱与半膜肌之间，上经大腿内侧后缘，通向脊柱，归属于肾脏，联络膀胱，还出于前，沿腹中线旁开0.5寸、胸中线旁开2寸，到达锁骨下缘。

肾脏直行之脉：向上通过肝和横膈，进入肺中，沿着喉咙，挟于舌根两侧。

肺部支脉：从肺出来，联络心脏，流注胸中，与手厥阴心包经相接。

肾经主治妇科、前阴、肾、肺、咽喉病证，如月经不调、阴挺、遗精、小便不利、水肿、便秘、泄泻，以及经脉循行部位的病变。

（十一）手厥阴心包经

心包经和肝经同为厥阴经，厥阴为合，也就是阴气发展到了最后阶段。在所有经脉中，厥阴经是最深层的，得病后治疗起来相对也比较费力。

心包经与肾经相连，原因在于：肾阳滋养心阳，一定是通过心包这个阴来传导的；而肾水平衡心火的时候，心包起到保护、缓冲的作用。

手厥阴心包经起于胸中，出属心包络，向下穿过膈肌，依次络于上、中、下三焦。它的支脉从胸中分出，沿胁肋到达腋下 3 寸处向上至腋窝下，沿上肢内侧中线入肘，过腕部，入掌中，沿中指桡侧，出中端桡侧端。另一分支从掌中分出，沿无名指出其尺侧端，交于手少阳三焦经。

心包经发生病变，主要表现为手心热，肘臂曲伸困难，腋下肿，胸胁胀闷，心痛，心烦，面红，目黄，喜笑无常等。

（十二）手少阳三焦经

三焦经与胆经同为少阳经，可见阳气的生发在子时之前的亥时就已经开始。通过手足两条少阳经的连接，十二经脉一天的子午流注大循环完成后，无缝连接到新一天的循环，新的子午流注重新开始。

三焦经向下与胆经相连的原因还在于，三焦像一个大容器，气血、津液在其中运行，是胆汁形成的源泉之一，是肝气形成的场所。三焦经终于丝竹空，在眼睛附近，而肝主目。

回头看一下，三焦经向上与心包经相连，其中的道理在于心包与三焦相表里，也不作过多的说明。

一条支脉从膻中上出缺盆，上项，系耳后，直上出耳角，以屈下颊至。其支者：从耳后入耳中，出走耳前，过客主人，前交颊，至目锐眦。统属于上、中、下三焦。另一支脉从耳后进入耳中，出行至耳前，在面颊部与前条支脉相交，到达外眼角。脉气由此与足少阳胆经相接。

手少阳三焦经起于无名指末端，上行小指与无名指之间，沿着手背，出于前臂伸侧两骨（尺骨、桡骨）之间，向上通过肘尖，沿上臂外侧，向上通过肩部，交出足少阳经的后面，进入锁骨上窝，分布于膻中，散络于心包，通过膈肌，归属于三焦。

胸中支脉从膻中上行，出锁骨上窝，上向颈旁，联系耳后，直上出耳上方，弯下向面颊，至眼下。

耳后支脉从耳后进入耳中，出走耳前，经过上关前，交面颊，到外眼角，接足少阳胆经。

此外，三焦经下合于足太阳膀胱经的委阳穴。

三焦经主治头、目、耳、颊、咽喉、胸胁病和热病，以及经脉循行经过部位的其他病证，如胃脘痛、腹胀、呕恶、嗳气、食不下、黄疸、小便不利、烦心、心痛、失眠，舌本强、股膝内肿、厥，足大趾不用，身体皆重等。

三焦经与膀胱经交汇于委阳穴，由此，膀胱经—肾经—心包经—三焦经形成一个闭合的内循环。与之相比，前面讲的气循环和血循环都不是完全闭合，因为它们都涉及到人与外部自然界的能量交换。

在闭合的内循环中，肾经发挥了非常重要的作用，因为肾主纳气，肾开窍于前后二阴，肾的功能保证了气血在体内的闭合循环，正常情况下不会发生泄漏的情况。

内循环的工作时间是下午 3 点到晚上 11 点。所以晚上不应有剧烈的活动（健身、蹦迪等），熬夜，加班和吃夜宵。这些剧烈活动都会影响体内气血循环的正常进行，不但无法通过内循环为肾提供足够的能量，而且还要消耗大量的气血用于肢体运动、消化吸收、思考问题等。

有人会问，晚上适合过性生活吗？什么时候是最佳的性生活时间？适合。尤其是下午 5 ~ 7 点，肾经的工作时间，也是最佳的性生活时间。只不过，这个时段很多人都在下班回家路上或在吃晚餐，而没有那个时间。次佳时间是晚上的 9 ~ 11 点，三焦经工作，体内气血融会贯通，也适合房事，并且做完后就睡觉，便于及时休息。另外，还有一个次佳时间是早晨起床前，7 点前后，这时晚上的气循环刚刚结束，气血充盈，男性经常发生晨勃，此时也是适合性生活的。

提纲挈领说任督

气循环、血循环和内循环沿着头—脚—腹—手—头的顺序，在体内运转三圈，并且首尾相接构成一个十二经脉的大循环。以天为单位，每天一轮大循环。细化到时辰，子时开始，亥时结束，再从子时开始。与之相对应，胆经开始，三焦经结束，再从胆经开始。这个大循环周而复始，交替往复。

也有人对十二经脉的循环持否定态度，甚而质疑经络本身是否存在。比如著名科普作家、反学术腐败的斗士方舟子，在文章中这样写道，“若根据经络理论来看，人的下肢分布了六条最重要的经脉，分别属于脾、胃、肾、膀胱、肝、胆等最要害的脏腑。但双下肢截肢的病例并不少见，病人除了不能行走外，其他生理功能与常人并无二致”，并由此证明“经络理论的荒谬”。

更有甚者，科普网站科学公园创始人龙哥认为，“经络学说是两千年来不折不扣的幻觉。”龙哥的文章只是拼凑了国际上关于经络研究的一些资料，如朝鲜金凤汉的研究、中科院祝总骧的研究等。有些研究是失败的，有的涉嫌学术造假，有的可能隐含着商业利益，但这些只能证明学术研究中存在的问题，没有找到确凿的证据，无法说明经络的存在，也无法说明经络不存在。

我们主要分析一下方舟子先生的论据。

对于上肢或下肢伤残的人来说，十二经络确实是残缺的，并且很难形成一个闭合的循环机制。那对这些人来说，是不是气血就无法正常运行了？答案显然是否定的。人体除了十二经络子午流注这个大循环外，还有任督二脉闭合的小循环。在手足伤残导致十二经络无法闭合这个特殊情况下，任督二脉起了替代作用，气血主要通过闭合的任督二脉来维系自身的循环运行。

汉高祖刘邦有一个宠妃叫戚夫人，刘邦死后，吕后为了报复，把戚夫人变成人彘，手足尽废，但她还是存活了一段时间，就是因为任督二脉依然畅通。反过来，如果任督二脉被割断，人立马就会死亡。

接下来，我们就详细介绍由任督二脉所构成的气血循环。

（十三）任脉

任脉的“任”为责任、妊养之义，总任诸阴，为“阴脉之海”。足三阴经与任脉交会于关元、中极，冲脉与任脉交会于阴交、会阴，阴维脉与任脉交会于天突、廉泉，手三阴经通过足三阴经与任脉发生联系。任脉总任一身之阴经，调节阴经气血。任脉循行于腹部正中，腹为阴，说明任脉对一身阴经脉气具有总揽、总任的作用。

另外，任脉起于胞中，具有调节月经，促进女子生殖功能的作用，故有“任主胞胎”之说。

任脉是人体的前中轴线。具体而言，任脉起于小腹内胞宫，下出会阴毛部，经阴阜，沿腹部正中线向上经过关元等穴，到达咽喉部，再上行到达下唇内，环绕口唇，交会于督脉之龈交穴，再分别通过鼻翼两旁，上至眼眶下，交于足阳明胃经。

任脉主治下腹部、男女生殖器官及咽喉部的病症以及本经脉所经过部位的病症，如疝气、阴部肿痛、小便不利、遗尿、痔疾、腹痛、皮肤瘙痒、咽干不利、便泄、痢疾、咳嗽、咽肿、膈寒、脘痛及产后诸疾等。

（十四）督脉

督脉的“督”是督察、统领的意思，总督诸阳，为“阳脉之海”。

手足三阳经与督脉交会于大椎，阳维脉与督脉交会于风府、哑门，带脉则出于第二腰椎。

督脉是人体的后中轴线。具体说来，督脉起于小腹内胞宫，下出会阴部，向后行于腰背正中至尾骶部的长强穴，沿脊柱上行，经项后部至风府穴，进入脑内，沿头部正中线，上行至颠顶百会穴，经前额下行鼻柱至鼻尖的素髎穴，过人中，至上齿正中的龈交穴。

督脉有三条分支。第一支与冲、任二脉同起于胞中，出于会阴部，在尾骨端与足少阴肾经、足太阳膀胱经的脉气会合，贯脊，属肾。第二支从小腹直上贯脐，向上贯心，至咽喉与冲、任二脉相会合，到下颌部，环绕口唇，至两目下中央。第三支与足太阳膀胱经同起于眼内角，上行至前额，于颠顶交会，入络于脑，再别出下项，沿肩胛骨内，脊柱两旁，到达腰中，进入脊柱两侧的肌肉，与肾脏相联络。

督脉主治神志病，热病，腰骶、背、头项局部病证及相应的内脏疾病，如头风、头痛、项强、头重、脑转、耳鸣、眩晕、眼花、嗜睡、癫狂、痫疾、腰脊强痛、俯仰不利、肢体痿软，后人所载还有手足拘挛、震颤、抽搐、麻木及中风不语等。

任督二脉构成了体内气血运行的一个小循环，在以下几方面发挥着重要作用：

第一，任督二脉是人体气血运行的主干道，连结着其他经脉，任督通，则百脉通。以上海为例，内环、延安高架路、南北高架路都是城区的主干道，很多道路都与之相连。如果主干道发生严重堵塞，其他道路的交通状况也好不到哪儿去，整个市区路网的通行率就会下降。任督二脉则是体内经脉的主干道，如果任督二脉出现堵塞，其他经脉就会受到影响，从而体内的气血运行不畅。

第二，任督二脉是阴阳辩证调理或治疗的首选。中医上讲，为脏腑提供营养支持的就是阴，而脏腑本身的功能就是阳。凡是身体出问题，只要能区分清楚阴阳，就可以在任督二脉上进行有针对性的调理或治疗，让复杂的中医辩证变得简单，可操纵性更强。

关于任督二脉的阴阳属性，一个是阴脉之海，另一个是阳脉之海，涉及到腹为阴、背为阳，我们作两点补充说明。

首先，腹为阴、背为阳的原因，并非太阳照射位置的不同，毕竟人是直立行走的，而不是像动物一样四肢着地。我们知道，在眼睛的视线范围内，如果发生特殊情况的，人能作出及时的应急反应，以规避风险；反之，不在视线范围内的部位，比如背部，如果受到外来冲击的话，人无法作出及时调整，只能以身体最坚硬的部分来对冲风险。所以，从抵御外邪和自我保护的角度看，腹为阴，背为阳。

其次，在运用任督二脉调理的时候，还要注意阴阳互根，阴的问题也可以在督脉上解决，阳的问题亦能在任脉找到解决方法。比如，任脉上的关元穴，是公认的补阳要穴，具有培元固本的功效。再如，督脉上的陶道穴，具有补益肺气的功效，显然是滋阴的。

第三，任督二脉构成一个闭合的气血循环，在十二经脉大循环出问题的时候，它将扮演备胎的角色。当十二经脉中的某一处或几处出现淤堵的时候，只要任督二脉畅通无阻，体内气血就依然能正常运行。更严重的情况，当十二经脉的子午流注大循环因截肢而被打破的时候，任督二脉构成的闭合循环就起非常重要的作用，好比备胎保证车胎被扎后的正常运转一样，任督二脉此时可以保证气血在体内的正常运行。

去繁就简的穴位

前面讲过，穴位是反映内部脏腑功能和气血循环状况的信息点，以及从外部以非打开的方式影响内部脏腑的关键点。穴位和经络是局部与整体的关系。了解经络知识，不光要熟悉其循行路线、作用功效等，而且要花相当的精力去学习经络上的穴位，然后应用。

人体上的穴位有很多，可分为经穴、奇穴和阿是穴三类。经穴是分布在十二经脉和任督二脉上的穴位，前者为双数，后者为单数，共361个。奇穴是不在十四条经脉上，但有固定的名称、位置、功效等的穴位，共114个。阿是穴是身体上的疼痛点，没有固定的位置和名称。

经穴和奇穴加起来总共是475个。显然，要把475个穴位名称记住，位置找准，功效搞清楚，并且知道其特殊作用，确实是一项非常庞杂的工作。即使对学中医的人来说，完成上述工作都非易事，可能需要几十年甚至一辈子的时间，就更别说非中医专业的普通百姓，完全是一项不可能完成的任务。

那我们想了解一些穴位知识，熟悉一些重要的穴位，该怎么办？本书为广大读者从经穴中精选了60个穴位，这些也是最常用的穴位，作详细的介绍。

精选60穴歌诀

中府尺泽和列缺，腕纹太渊肺原穴。
商阳合谷与曲池，大肠经口谁人解？
天枢丰隆总冲阳，胃足三里好处多。
公孙络穴三阴交，阴陵泉里脾肾合。
极泉少海走神门，心向少冲汗为液。
少泽后溪人养老，支正小海听宫歌。
五腧昆仑连京骨，至阴开窍又活络。
涌泉太溪光照海，肾水汇聚成江河。
曲泽内关入劳宫，心包居中代人过。
关冲外关支沟里，三焦翳风泻内热。
风池风市阳陵泉，脏腑皆由胆来决。

大敦太冲肝经过，任脉关元补阳穴。
会阴气海和神阙，膻中止痛又止咳。
命门至阳腰阳关，督脉补阳无须说。
大椎风府过哑门，百会水沟无风波。

（一）手太阴肺经

1. 中府：

【定位】在胸外侧部，云门（锁骨下窝凹陷处）下1寸，平第一肋间隙处，距前正中线6寸

【功效】宣肺理气，和胃利水

【特效】腹胀、丰胸

2. 尺泽

【定位】在肘横纹中，肱二头肌腱桡侧凹陷处

【功效】清宣肺气，泻火降逆

【特效】关节痛、便秘、麻疹、高血压

3. 列缺

【定位】桡骨茎突上方，腕横纹上1.5寸。两手虎口自然平直交叉，一手食指按在另一手桡骨茎突上，指尖下凹陷中是穴

【功效】宣肺通络

【特效】头痛、颈酸、美白、大便干结、口臭、腹泻、牙痛

4. 太渊

【定位】在腕掌侧横纹桡侧，桡动脉搏动处

【功效】宣肺平喘止咳，通脉理血

（二）手阳明大肠经

5. 商阳

【定位】食指末节桡侧，距指甲角 0.1 寸

【功效】清热消肿，开窍醒神

【特效】耳聋耳鸣、牙痛、青盲、中风昏迷、咽炎

6. 合谷

【定位】手背第 1、2 掌骨间，当第 2 掌骨桡侧的中点处。一手的拇指第一个关节横纹正对另一手的虎口边，拇指屈曲按下，指尖所指处

【功效】清热解表，明目聪耳，通络镇痛

【特效】牙痛、失音、半身不遂、痄腮、便秘、痞疾

7. 曲池

【定位】屈肘 90 度，肘横纹头与肱骨外上髁连线中点

【功效】清热疏风，消肿止痒

【特效】高烧不退、高血压、荨麻疹、贫血、皮肤粗糙、老人斑、癫狂

（三）足阳明胃经

8. 天枢

【定位】脐中旁 2 寸

【功效】调理肠腑，升降气机

【特效】减肥、月经不调

9. 足三里

【定位】外膝眼下 3 寸，距胫骨前缘一横指（中指）。手掌心放在膝盖上，中指紧挨着小腿正中间那根骨头的外侧，指尖所按之处

【功效】和胃健脾，通腑化痰，升降气机

【特效】癫狂、中风、脚气、水肿、下肢不遂、失眠、高血压、低血压、肾病、耳聋耳鸣、妇科病

10. 丰隆

【定位】小腿前外侧，外踝尖上 8 寸，条口穴外 1 寸，距胫骨前缘两横指，当外膝眼（犊鼻）与外踝尖连线的中点

【功效】化痰定喘，宁心安神

【特效】癫狂、头痛、眩晕

11. 冲阳

【定位】脚背最高处，用手按会感觉动脉搏动

【功效】和胃健脾，镇惊安神

【特效】面神经麻痹、眩晕、风湿性关节炎、足扭伤、牙痛

（四）足太阴脾经

12. 公孙

【定位】足内侧缘，当第一跖骨基底部的前下方

【功效】健脾化湿，和胃理中

【特效】脚气、失眠、关节痛、妇科病

13. 三阴交

【定位】在小腿内侧，当足内踝尖上 3 寸，胫骨内侧缘后方；正坐屈膝成直角取穴

【功效】健脾化湿，肃降肺气

【特效】妇科病、男科病、脚气、湿疹、荨麻疹、失眠、高血压

14. 阴陵泉

【定位】胫骨内侧髁下方凹陷处

【功效】健脾渗湿，益肾固精

【特效】妇科病、失眠、糖尿病、黄疸

（五）手少阴心经

15. 极泉

【定位】在腋窝顶点，腋动脉搏动处

【功效】舒经活血，宽胸理气

【特效】胃胀、胃痛、腹胀、颈椎病

16. 少海

【定位】屈肘，当肘横纹内侧端与肱骨内上髁连线的中点处

【功效】舒筋活络，宁心安神

【特效】手颤、健忘、肺结核、神经精神病

17. 神门

【定位】位于腕部，腕掌侧横纹尺侧端，尺侧腕屈肌腱的桡侧凹陷处

【功效】清心调气，宁心安神

【特效】失眠、健忘、痴呆、高血压、失音

18. 少冲

【定位】小指末节桡侧（靠近无名指），距指甲角 0.1 寸处

【功效】开窍，泻热，醒神

【特效】耳鸣耳痛、癫狂、中风

（六）手太阳小肠经

19. 少泽

【定位】在手小指末节尺侧（远离无名指），距指甲根角 0.1 寸

【功效】清热利窍，利咽通乳

【特效】耳鸣耳聋、急性乳腺炎、精神病、扁桃体炎，咽炎、结膜炎、白内障

20. 后溪

【定位】微握拳，第 5 指掌关节后尺侧的远侧掌横纹头赤白肉际

【功效】清心解郁，清热解疟，散风舒筋

【特效】耳鸣耳聋、肩背酸痛

21. 养老

【定位】在前臂背面尺侧，当尺骨小头近端桡侧凹陷中

【功效】舒筋增液，清上明目

【特效】老年病、美颜去皱

22. 支正

【定位】在前臂背面尺侧，当阳谷与小海的连线上，腕背横纹上 5 寸【功效】清热解表，疏肝宁神

【特效】情绪失常、便秘、腹泻、好笑善忘、糖尿病、扁平疣、脂肪瘤

23. 小海

【定位】肘内侧，当尺骨鹰嘴与肱骨内上髁之间凹陷处

【功效】清热祛风，疏肝宁神

【特效】癫痫、耳鸣耳聋

24. 听宫

【定位】耳屏前，下颌骨髁状突的后方，张口时呈凹陷处

【功效】开窍聪耳

【特效】癫痫、耳痛

（七）足太阳膀胱经

25~29. 肺俞、心俞、肝俞、脾俞、肾俞

【定位】胸椎棘突下旁开 1.5 寸、第五胸椎下旁开 1.5 寸、第九胸椎棘突下旁开 1.5 寸、第十一胸椎棘突下旁开 1.5 寸、第二腰椎棘突下旁开 1.5 寸

注：五脏俞的功效，望文生义即可。

30. 昆仑

【定位】在足部外踝后方，当外踝尖与跟腱之间的凹陷处。

【功效】清热镇痉，通络催产

【特效】镇痛、难产

31. 京骨

【定位】在足外侧，第 5 跖骨粗隆下方，赤白肉际处。

【功效】清头明目，镇痉舒经

【特效】头痛、脖子僵硬、腰腿痛

32. 至阴

【定位】足小趾末节外侧，距趾甲角 0.1 寸

【功效】通窍活络，舒筋转胎

【特效】胎位不正、难产、头痛、目痛、鼻塞

（八）足少阴肾经

33. 涌泉

【定位】足前部凹陷处第 2、3 趾趾缝纹头端与足跟连线的前三分之一处

【功效】益肾调便，平肝熄风

【特效】头顶痛、睁不开眼、便秘、失眠、脱发、糖尿病、妇科病、失音、癫痫、高血压、慢性咽炎

34. 太溪

【定位】足内侧，内踝后方，当内踝尖与跟腱之间的凹陷处

【功效】益肾纳气，培土生金

【特效】牙痛、耳鸣耳聋、糖尿病、失眠、健忘、祛痰、咽喉肿痛、视力减退、关节炎、风湿痛

35. 照海

【定位】足内侧，内踝正下凹陷处

【功效】调阴宁神，通调二便

【特效】嗜睡、顽固性喉咙肿痛

（九）手厥阴心包经

36. 曲泽

【定位】肘横纹中，当肱二头肌腱尺侧缘

【特效】急性肠胃炎、腹泻、呕吐

37. 内关

【定位】前臂正中，腕横纹上 2 寸，在桡侧屈腕肌腱同掌长肌腱之间【功效】宁心安神，疏肝和胃，止痛

【特效】失眠、上肢麻痹、退烧、晕车、孕吐

38. 劳宫

【定位】手掌心，当第 2、3 掌骨之间偏于第 3 掌骨，握拳屈指时中指尖处

【功效】清心泻热，醒神开窍，消肿止痒

【特效】口臭、感冒、中风、中暑、高血压、精神病、手癣

（十）手少阳三焦经

39. 关冲

【定位】无名指末节尺侧，距指甲根角 0.1 寸处

【功效】清心开窍，泻热解表

【特效】口干舌燥、浑身无力、耳鸣耳聋

40. 外关

【定位】手背腕横纹上 2 寸，尺桡骨之间

【功效】清热解表，聪耳明目

【特效】发热、手麻

41. 支沟

【定位】前臂背侧，当阳池与肘尖的连线上，腕背横纹上 3 寸，尺骨与桡骨之间

【功效】聪耳利胁，降逆润肠

【特效】止痛、便秘、咳嗽

42. 翳风

【定位】耳垂后，当乳突与下颌骨之间凹陷

【功效】聪耳通窍，散内泄热

【特效】牙痛、面瘫

（十一）足少阳胆经

43. 风池

【定位】在项部，当枕骨之下，与风府相平，胸锁乳突肌与斜方肌上端之间的凹陷处

【功效】平肝熄风，清热解表，清头明目

【特效】头痛、头项僵硬、头晕目眩、感冒

44. 风市

【定位】在大腿外侧部的中线上，当腘横纹上七寸，或直立垂手时，中指尖处

【功效】祛风化湿，疏通经络

【特效】半身不遂、脚气、关节痛、四肢无力

45. 阳陵泉

【定位】小腿外侧，当腓骨头前下方凹陷处

【功效】疏肝利胆，舒筋活络

【特效】半身不遂、脚气、抽筋

（十二）足厥阴肝经

46. 大敦

【定位】大趾末节外侧（靠第二趾一侧）趾甲根角侧后方 0.1 寸

【功效】调理肝气，镇痉安神

【特效】心痛出汗、生闷气、失眠、高血压、小儿夜啼

47. 太冲

【定位】足背侧，第一、二跖骨结合部之前凹陷处

【功效】平肝熄风，健脾化湿

【特效】腹胀、妇科病、生闷气、磨牙、头晕目眩、高血压

（十三）任脉

48. 会阴

【定位】二阴之间

【功效】醒神镇惊，通调二阴

【特效】前列腺炎

49. 关元

【定位】脐中下 3 寸

【功效】培补元气，导赤通淋

【特效】中风、晕厥、腹泻、失眠、神经衰弱、减肥、增肥、荨麻疹

50. 气海

【定位】在下腹部正中线上，当脐下 1．5 寸处

【功效】益气助阳，调经固精

【特效】便秘、腹胀、妇科病、食积、夜尿症

51. 神阙

【功效】温阳救逆，利水固脱

【特效】腹痛腹泻、水肿、虚脱

52. 膻中

【定位】两乳之间的中心

【功效】理气止痛，止咳平喘

【特效】呕吐、催乳、减肥、增肥

（十四）督脉

53. 腰阳关

【定位】身体后正中线上，第四腰椎棘突下凹陷中。

【功效】祛寒除湿、舒筋活络

【特效】男科病、妇科病、便血、坐骨神经痛、小儿麻痹、盆腔炎

54. 命门

【定位】身体后正中线上，第二腰椎棘突下凹陷中

【功效】补肾壮阳

【特效】遗尿、泄泻、胃下垂

55. 至阳

【定位】身体后正中线上，第七胸椎棘突下凹陷中

【功效】利胆退黄、宽胸利膈

【特效】胆囊炎、胆道蛔虫症、胃肠炎、肋间神经痛

56. 大椎

【定位】身体后正中线上，第七颈椎棘突下凹陷中

【功效】清热解表、截虐止痫

【特效】咳嗽、气喘、上呼吸道感染、颈椎病、落枕、疟疾、小儿麻痹后遗症

57. 风府

【定位】后发际正中直上 1 寸，枕外隆凸直下凹陷中

【功效】散风熄风、通关开窍

【特效】咽喉肿痛、失音、头痛、颈项强急、神经性头痛、癔病

58. 哑门

【定位】后发际正中直上 0.5 寸，第一颈椎下

【功效】散风熄风、开窍醒神

【特效】舌强不语、颈项强急、癫痫、脑瘫、脑膜炎、脊髓炎

59. 百会

【定位】两耳连线的中点

【功效】熄风醒脑，升阳固脱

【特效】失眠、眩晕、耳鸣

60. 水沟

【定位】人中沟上 1/3 处

【功效】醒神开窍，清热熄风

【特效】晕厥、面肿、急救

【链接】 星座与经络

在西方占星学上，黄道 12 星座是宇宙方位的代名词，一个人出生时，各星体落入黄道上的位置，说明了一个人的先天性格及天赋。黄道 12 星座依次为白羊座（3.21 ~ 4.19）、金牛座（4.20 ~ 5.20）、双子座（5.21 ~ 6.21）、巨蟹座（6.22 ~ 7.22）、狮子座（7.23 ~ 8.22）、处女座（8.23 ~ 9.22）、天秤座（9.23 ~ 10.23）、天蝎座（10.24 ~ 11.22）、射手座（11.23 ~ 12.21）、摩羯座（12.22 ~ 1.19）、水瓶座（1.20 ~ 2.18）、

双鱼座（2.19 ~ 3.20）。

12 星座的性格特征

星座	性格特征
白羊座	好胜、直接，最初的、最简单的
金牛座	谨慎、务实，保守派
双子座	机智、善变，好奇心旺盛
巨蟹座	温柔体贴、善良，敏感又情绪化
狮子座	慷慨、自信，自尊心强
处女座	镇静、挑剔，细节完美主义者
天秤座	优雅、洒脱，追求公平
天蝎座	神秘、性感、感情动物、爱恨分明
射手座	爱冒险、乐观，粗心大意
摩羯座	稳固、低调，保守刻板
水瓶座	睿智、独特、疏离，叛逆下的灵动
双鱼座	变色龙、复杂、感性，具有极端鲜明的反差

12 星座不光被用于性格分析，还成为很多人的婚配恋爱指南。12 星座的配对指数详见下表，数值越高代表配对和谐性越高。

12 星座的配对指数

	男												
女	星座	双鱼	水瓶	摩羯	射手	天蝎	天秤	处女	狮子	巨蟹	双子	金牛	白羊
	白羊	70	88	58	99	70	85	65	97	47	82	75	90
	金牛	81	66	100	61	78	57	97	45	75	72	88	100
	双子	48	99	64	86	69	93	57	81	71	89	76	79
	巨蟹	100	74	87	70	95	66	84	65	89	78	82	52
	狮子	62	84	77	92	45	81	72	87	69	79	56	97
	处女	84	100	95	72	81	49	89	66	88	76	100	61
	天秤	64	100	47	80	71	90	77	90	58	98	74	85
	天蝎	92	57	76	47	87	73	84	65	95	68	80	60
	射手	44	78	75	89	68	86	58	98	65	81	70	92
	摩羯	77	74	88	64	90	51	100	59	80	70	97	43
	水瓶	60	90	69	82	61	96	64	91	58	100	50	82
	双鱼	88	69	82	54	95	74	65	61	100	46	78	71

至于12星座的性格分析、婚恋配对等，到底有没有道理，分析判断是否准确，笔者不予置评。权当娱乐，没必要较真。

但我们发现，12星座与农历的12月份（地支）存在某种并不十分严格的对应关系。12星座使用的是公历，大多数情况下，春节要比元旦晚半个月到一个半月左右，所以星座与农历月份的大体对应关系是水瓶—子月，双鱼—丑月……并以此类推。

当然，因为农历闰月的存在，星座与农历月份之间的对应关系并不是十分严格的。

农历12月份与12经脉相对应，所以，12星座与12经脉就建立起了对应关系，如下表：

座与经脉的对应关系

星座	经脉
水瓶	胆经
双鱼	肝经
白羊	肺经
金牛	大肠经
双子	胃经
巨蟹	脾经
狮子	心经
处女	小肠经
天秤	膀胱经
天蝎	肾经
射手	心包经
摩羯	三焦经

12经脉暗含了五行相生相克的关系，比如肝与肾相生，肝与脾相克。而12星座的配对指数，同样反映的是相生相克关系。经络和星座存在着某种程度上的一致性，只不过是对同一事物的不同解读。由此可见，东西方文化存在着一定的同源性。

下面举例说明：

从12星座配对指数表上可以看出，无论男女，双鱼座都与天蝎座相处融洽，而与双子座相冲。

我们知道，双鱼座与肝经相对应，天蝎座与肾经相对应，根据五行原理，水生木，肾生肝，双鱼座与天蝎座相处融洽就容易理解。双子座与胃经相对应，脾胃相表里，根据五行原理，木克土，肝克脾，双鱼座与双子座相冲相克也在情理之中。

第十一章　食疗与中药

现代人的身体疾病或亚健康症状，大都跟饮食习惯相关，可以说是“吃出来”的。“三高”食品之于肥胖，口味过咸之于高血压，长期酗酒之于酒精肝，三餐不规律之于肠胃病……都演绎着自然界的因果规律——种瓜得瓜，种豆得豆。

既然大多数病都是“吃出来”的，人们就会琢磨，有没有可能通过改变饮食习惯、调整饮食结构调理养生，把病再“吃回去”呢？

“把吃出来的病吃回去。”这不正是伪养生大师张悟本那本畅销书的书名吗？一些读者可能质疑，张悟本早已被揭下画皮，既非中医科班出身，也没有行医资格，“绿豆汤包治百病、生吃长条茄子能减肥”，更是被证明子乌虚有；把他的观点再提出来，还有意义吗？

笔者认为，对于张悟本、林光常、马悦凌等伪大师，要辩证分析。盲听盲信，过分夸大食疗功效，是不对的；一棒子打死，全盘否定，也是错误的。

那食疗到底是否有助于养生？如何客观地看待食疗的效果？优点何在？局限性又有哪些？在雾霾重重的环境里，吃什么样的食物能够提升心肺功能，抵御 PM2.5？世上真有防霾的“灵丹妙药”吗？

还有，作为中医悬壶济世、治病救人核心技术的中药方剂，发挥其功效的原理何在？现代人该如何看待和选择中药治疗？

功过说食疗

所谓食疗，是指通过日常饮食来调节机体功能，达到防病养生的目的。食疗受到古今中外众多医家的推崇和重视。

《黄帝内经》指出，“大毒治病，十去其六；常毒治病，十去其七；小毒治病，十去其八；无毒治病，十去其九。谷肉果菜，食养尽之，无使过之，伤其正也。”治病不能完全依赖药物，与食疗配合才是正道。这一理念在后世演化成人们熟知的“三分治七分养”，这个“养”主要是指食疗。

被尊称为“药王”的孙思邈，在《千金方》中用一卷的内容专门论述了食疗。他认为，“若能用食平疴，释情遣疾者，可谓良工。长年饵生之奇法，积养生之术也。夫为医者，当须先洞晓病源，知其所犯，以食治之，食乃不愈，然后命药。”行医遵循先食疗后药物治疗的顺序，食疗不起作用才能施药。

近代医家张锡纯在《医学衷中参西录》中写道，食物“病人服之，不但疗病，并可充饥；不但充饥，更可适口，用之对症，病自渐愈，即不对症，亦无他患”。食疗能发挥调理治病的功效，即便疗效不明显或没有疗效，也不会带来其他负作用。

被尊为“西方医学之父”的古希腊著名医学家希波克拉底，也持同样的观点。他认为，药物治疗不如食疗，食物是人类治病的最好药品。他相信人体天赋的自然免疫力是疾病真正的终结者。

无须列举更多的医家名言，食疗在健康养生领域的重要性被越来越多的人意识到，并且身体力行之。下面，我们简单总结一下食疗的作用和优势。

（1）绿色、安全，毒副作用小。与药物（无论中药还是西药）相比，食物的毒性小，凉热属性温和，即使不对症，也不会对身体有害。另外，食物即便长期食用，也不会像有些药物那样养成依赖性和成瘾性。

（2）食材易得，成本低，食疗方法容易学习和推广。食材在超市、菜市场就能买到，并且因为规模化种植或养殖，成本相对低廉；反之，像牛黄、虎骨等名贵中药，并非每家药店都能买到，药物因不易种植、养殖，制作工艺繁琐，耗费大量的人力、物力、财力，所以成本也比较高，长期服用费用惊人。还有，西药的加工过程有可能造成环境污染，中药的采集有可能加剧珍稀动植物的减少，破坏生态平衡；食材的生产、采集通常不会出现上述问题。

（3）食疗必须长期坚持，才能取得相应的效果。与药物相比，食物确实更温和，毒副作用小，所以疗效也较微弱。只有一日三餐保证一定的食量，并且长期坚持，食疗的功效才能显现出来。

诚然，食疗作为一种绿色安全、简单易行的自我养生保健方式，受到现代人的普遍追捧和效仿。电视台五花八门的养生节目、鱼龙混杂的养生大师、洛阳纸贵的养生图书，都说明了这一市场的庞大和需求的旺盛。

但是，食疗也有其局限性，绝不可能“把吃出来的病吃回去”。非但如此，对那些常年不合理饮食习惯导致身体出现亚健康症状，尚未严重到疾病的人来说，仅靠食疗来调理身体，修复失调的脏腑机能，也不大可能。因为“冰冻三尺非一日之寒”，身体出问题跟长期不合理的饮食习惯息息相关，而效果微弱的食疗显然难以担当迅速建功的大任，路漫漫其修远兮。

接下来，我们就分析一下食疗的不足和局限性。

一是小马拉大车，力不从心。

食疗最大的特点就是绿色安全，毒副作用小；但反过来，凉热属性温和，单次效果微弱，即使坚持比较长的一段时间（如三个月、半年），也未必能见到效果。所以，食疗仅限于健康人的日常养生保健，以及不严重的慢性疾病的长期调理。对于重病和稍微严重些的亚健康症状（如便秘、失眠、腰酸背痛等）来说，食疗显然是勉为其难，力不从心的。

二是望山跑死马，病不等人。

“集腋成裘，聚沙成塔”所描画的，是事物从量变到质变的漫长过程，其实也是人们通过食疗达到养生保健目的的真实写照。只有坚持不懈，有水滴石穿的恒心，食疗才能发挥其功效。这个漫长的调理过程，对急病、重病，以及严重的亚健康症状来说，自然是不合时宜的，因为病不等人。

三是食物非灵丹，不能盲信。

食物毕竟不是药物，其疗效也十分有限。任何过分夸大其疗效的说辞，都是虚假宣传。曾经有这样一幅漫画，果农为了推销自家的西瓜，不停地贴标签夸大其功效，先是最甜、解渴、生津，后来是美容、减肥、补足能量，最后是治脚气、壮阳等。那些伪养生大师们，也在不断重复着类似的故事：张悟本认为绿豆包治百病，林光常把红薯推上抗癌食品的宝座，马悦凌声称生吃泥鳅可以治疗世界性顽疾……

上面的奇谈怪论根本就不值一驳。如果绿豆、红薯和泥鳅有如此威力的话，那些伪养生大师早就获得了诺贝尔医学奖，而很多医院早就关门大吉。绿豆不过是夏天解暑汤的原料，而非铁拐李葫芦里的灵丹妙药，它的常用功效是解毒、消肿，仅此而已。

四是常年食一物，知易行难。

任何一个食疗方子，都必须常年食用，才谈得上功效。但问题是，任何一种食物经年累月地食用都非易事，因为在单一口味和疗效之间是两难选择：坚持意味着长期食用几种食物，用不了几天就会吃腻，更别说连续数年；放弃则意味着前功尽弃，没有时间的积累，食疗根本就不会有什么效果。

笔者记忆中，童少年时代最怕吃的东西就是冬储大白菜。那个物质匮乏的年代，整个冬天，炒白菜、煮白菜、熘白菜……除了白菜还是白菜，真让人绝望。坚持食疗所经历的，比冬天吃大白菜有过之而无不及，令人崩溃。

读到这里，有人会问：既然如此，强调食疗的重要性还有何意义？其实，在笔者看来，食疗也就那么回事，毕竟聊胜于无；做总比不做强，权当心理慰藉，对其功效也不必太较真。

主次分明　五谷为养

《黄帝内经》里记载了食物搭配的指导性建议——“五谷为养，五果为助，五畜为益，五菜为充，气味合而服之，以补精益气。”翻译成现代文，就是：五谷是为身体提供能量的主食，水果、蔬菜只能起辅助作用，肉类食物有助于补益脏腑的精气；选择什么样的食物，要跟个人体质、时令、环境等相匹配，只有这样，才有益于身体健康。

但现代人的饮食大都与上述理念背道而驰，具体表现在这样几方面：

首先，主食不主。很多人饮食以吃菜为主，其中荤菜又占非常大的比例，快饱的时候吃一小碗米饭，或者干脆什么主食都不吃。主次颠倒的后果在于，碳水化合物和纤维素摄入量不足，而蛋白质和脂肪过量。根据 2002 年新修订的标准，中国健康人群的碳水化合物供给量为总能量摄入的 55 ~ 65%。显然，很多人少吃或不吃主食，碳水化合物摄入量远低于上述标准。碳水化合物缺乏会导致全身无力、疲乏、血糖含量降低，产生头晕、心悸、脑功能障碍等。严重者会导致低血糖昏迷。纤维素的缺乏则会增加动脉硬化、冠心病等心血管疾病的发病率，导致大便干燥、便秘以及痔疮等疾病的发生。另外，纤维素摄入量不足，就会导致人产生饥饿感，加大食物的摄入量，进而导致糖尿病、肥胖症的发生。

其次，水果、蔬菜食用过量。水果、蔬菜本来只是起到辅助作用，但有的人却将其当主食吃。按照中国营养学会推荐的“中国居民平衡膳食宝塔”建议，每人每天应吃100 ~ 200克水果和400 ~ 500克蔬菜。过量食用水果、蔬菜，有可能导致维生素摄入过量。以维生素C为例，太多的维生素C可以引起胃痛和肠功能失调，还可影响红血球的产生，使人身体虚弱、疲劳。中医一直强调的就是过犹不及，什么食物吃得太多都会对身体造成不同程度的损害。

为减肥只吃水果、蔬菜，容易患上脂肪肝。其原因在于，这样很容易造成营养不良，身体无法获得必需的能量，就会动用其他部位贮存的脂肪、蛋白质来转化为葡萄糖。这些脂肪、蛋白质都将通过肝脏这一“中转站”转化为热量，于是大量脂肪酸进入肝脏。要把这些脂类物质代谢掉，需要两方面的条件，一是酶类，这就好像工厂里的设备，另一方面包括维生素和脂蛋白，而合成后者还需要胆碱、蛋白质和脂肪酸，它们就好像是原材料。问题在于，这些酶类平时的活性就不怎么高，而一旦开始节食，这座工厂的产能不够、原材料不全，自然造不出好产品。其结果是，脂类物质作为唯一过剩的原材料，在厂里积压了下来，形成了脂肪肝。

再次，很多人自诩为“肉食动物”，顿顿无肉不欢。“中国居民平衡膳食宝塔”中明确指出，一个人每天摄入瘦肉75克，即一副扑克牌大小的一块。但很多人都远远超过了这一标准。《吕氏春秋·重己》中指出，善于养生的人是“不味众珍”的，因为“味众珍由胃充，胃充则大闷，大闷则气不达”。“众珍”主要指游鱼、飞鸟、走兽之类的动物食品，古人认为这类食品吃多了会使脾胃消化功能呆滞，还会影响气血功能的畅达。

现在越来越多的实验证明，吃肉过多对人体非常有害：美国每年至少有100万新增心脏病患者，近60万人因此丢掉性命。美国的心脏病研究委员会研究报告指出，这些心脏病患者，大多数是由于吃肉太多，吃蔬菜和运动太少。除此之外，吃肉多和高血脂、肥胖等代谢病也息息相关。英国的《每日邮报》撰文表示，连关节炎、胆结石、老年痴呆症、骨质疏松这些看似不相干的病，也与吃肉多脱不了干系。当人类变身“肉食动物”，不仅会给身体带来损害，还会使人体大脑多巴胺分泌旺盛，乙酰胆碱活动异常，造成情绪暴躁、欲望强烈，而且影响智力。

最后，以口味、价格等为标准选择食物，很少考虑个人体质、时令、环境等因素。现代人偏爱重口味、油炸食物等，而很少考虑其危害，以及跟自己的体质状况是否匹配。有的人吃饭喜欢讲排场，价格越高越有面子，并不去考虑食物是否当令，其凉热属性对自己的身体到底是有益还是有害。像人参、鹿茸、燕窝、海参等价格不菲的滋补品，就并非人人可以食用；对那些容易上火、脏腑机能亢进的人来说，无异于火上浇油。

下面，简单介绍一下作为主食的五谷的功效。对于五果、五菜和五畜，就不再展开分析。

普遍认为，五谷是指稻、黍、稷、麦、菽，即大米（稻米）、小米、黄米、小麦、豆类。

（1）大米

中医认为大米味甘性平，具有补中益气、健脾养胃、益精强志、和五脏、通血脉、聪耳明目、止烦、止渴、止泻的功效，称誉为“五谷之首”，是中国的主要粮食作物，约占粮食作物栽培面积的四分之一。世界上有一半人口以大米为主食。

大米，入脾、胃、肺经，具有补中益气、滋阴润肺、健脾和胃、除烦渴的作用。古代养生家还倡导“晨起食粥”以生津液，因此，因肺阴亏虚所致的咳嗽、便秘患者可早晚用大米煮粥服用。经常喝点大米粥有助于津液的生发，可在一定程度上缓解皮肤干燥等不适。

（2）小米

小米专入肾，兼入脾、胃（《本草求真》）。小米可以健脾和胃、补益虚损、和中益肾、除热解毒，治脾胃虚热、反胃呕吐、消渴、泄泻。另外，小米内含有多种对性有益的功能因子，能壮阳、滋阴、优生。

（3）黄米

黄米味甘、性微寒，具有益阴、利肺、利大肠的功效。黄米饭可治阳盛阴虚，夜不得眠，久泄胃弱，疗冻疮、疥疮、毒热、毒肿等症。

（4）小麦

小麦是世界上最早栽培的农作物之一，2010 年小麦是世界上总产量位居第二的粮食作物（6.51 亿吨），仅次于玉米（8.44 亿吨）。小麦富含淀粉、蛋白质、脂肪、矿物质、钙、铁、硫胺素、核黄素、烟酸、维生素 A 及维生素 C 等。

中医认为，小麦味甘、性凉，具有养心安神、除烦止躁的功效，可以 治心神不宁、失眠、妇女脏躁、烦躁不安、精神抑郁、悲伤欲哭等症。未成熟的小麦可入药治盗汗等；小麦皮治疗脚气病。

（5）豆类

豆子种类多，营养丰富，常吃豆子对身体大有好处。我国传统饮食讲究“五谷宜为养，失豆则不良”。豆子可以减少脂肪含量，增加免疫力，降低患病的几率等。下面，介绍几种常见豆子的功效。

红豆可补心、利尿，能解酒、解毒，对心脏病、肾病、水肿有一定疗效。红豆还有较多的膳食纤维，有良好的润肠通便、降血压、降血脂、调节血糖、抗癌、减肥作用。

绿豆味甘性凉，有清热解毒作用，能帮助人体排泄毒素，可降低胆固醇、保肝、抗过敏。

黄豆可补脾，促进新陈代谢，对泻痢、腹胀等病症有辅助食疗作用，是高血压、冠心病、动脉硬化、肥胖、糖尿病等患者的理想食品，还有助于延缓衰老。

白芸豆含有皂苷和多种球蛋白等，能提高人体免疫能力、预防呼吸道疾病。

黑豆能促进肾脏排出毒素，有很强的补肾养肾、活血润肤作用。

寒者热之　热者寒之

中医非常重视研究食物和药物的“四气、五味”。四气是指寒、热、温、凉四种属性，五味则是指酸、苦、甘、辛、咸。关于五味的内容，前面章节中已经详细介绍，这里就不再赘述。下面，主要分析食物的四气属性，以及不同体质的人所应注意的饮食原则和禁忌。

四气也被称为四性，即寒、凉、温和热性（连同不寒不热的平性，亦有人称五性）。寒与凉，热与温，仅是程度的不同。

正常情况下，日常饮食应当多吃平性的食物。当身体处于阴阳寒热失衡时，可通过食物的四气属性来调理。《黄帝内经》提出了四气食疗的基本原则“寒者热之，热者寒之”。热性、温性食物，适宜寒证或阳气不足的人；寒性、凉性食物，适宜热证或阳气旺盛的人。即前者忌吃寒凉性食品，后者忌吃温热性食物。

（1）凉性与寒性食物，多具有清热泻火和解毒的功能，可以用来治疗热症和阳症。其症状的表面现象是：面红目赤，口舌干苦，喜欢冷饮，手足温，小便短黄，大便干结，舌苔黄等。适用食物有苦瓜、苦菜、白萝卜、竹笋、冬瓜、西瓜、丝瓜、黄瓜、油菜、菠菜、荸荠、甘蔗、西洋菜、白菜、绿豆、豆腐、荞麦、芋头、柑、梨、枇杷、橙子、紫菜、海带、鸭蛋、兔肉等。

（2）温性与热性食物，具有温阳散寒的作用，适用于寒症和阴症。症状是脸色苍白，口淡，喜热饮，畏寒肢冷，小便清长，大便稀烂，舌淡润，脉沉迟等。适用食物有生姜、葱、韭菜、刀豆、芥菜、大蒜、杏、桃、樱桃、石榴、大枣、胡桃仁、蚕豆、莲子、辣椒、鳝鱼、虾、鸡肉、羊肉、牛肉、海参等。

（3）平性食物多为一般营养保健之品。对热症和寒症都可配用，尤其是对些虚不受补的病人，是十分适合的。适用的食物有大米、糯米、黄豆、黑豆、山药、花生、猪肉、苹果、胡萝卜、玉米、黑芝麻、无花果、白木耳、鸡蛋、蜂乳等。

另外，食物的四气要与四季气候相适应。《黄帝内经》指出，“用凉远凉，用寒远寒，用温远温，用热远热，食宜同法，此其道也。”即寒凉季节要少吃寒凉性食品，炎热季节要少吃温热性食物，饮食宜忌要随四季气温而变化。

例如，夏天我们喝绿豆汤、吃西瓜等消暑，这些食物都是凉性或寒性，这个季节则应当少吃羊肉、辣椒等温性或热性食物。到冬天，人们常吃火锅，饭菜乘热吃，而少吃凉菜，少喝冷饮。

当然，以上四季饮食原则是相对的，不能教条。“冬吃萝卜夏吃姜”的谚语似乎不通情理，实则不然。冬天温补是人们的共识，热性食物就难免会吃多，凉性的萝卜恰好起中和作用，更重要的是，羊肉、牛肉等温热食物易导致体内痰热，萝卜具有清热化痰、消积除胀的作用，恰好派上用场。炎炎夏季，人们往往过食寒凉，吹空调过冷过久，容易损伤脾胃阳气，表现为恶风怕冷、疲乏无力、腹疼腹泻、食欲不振、口中黏腻等。这时喝一点生姜汤，可起到散寒祛暑、开胃止泻的作用。另外，生姜的挥发油可促进血液循环，对大脑皮层、心脏的呼吸中枢和血管运动中枢均有兴奋作用。

食物的颜色

本书第二章在介绍五行与五脏之间对应关系的时候，提到了五色——青（绿）、赤（红）、黄、白、黑。五色食物（注：这里指植物而非动物）与五脏之间也存在着对应关系，不同颜色的食物就成为滋养不同内脏的食疗配方。

（1）绿色食物

绿色对应木和肝。绿色食物具有舒肝、强肝的功能，是人体的“排毒剂”。肝主目，绿色果蔬中有丰富的维生素 A，而维生素 A 有助于防止视力减退和治疗眼疾。肝藏血，绿色蔬菜里丰富的叶酸成分，是人体新陈代谢过程中重要的维生素之一，可有效地消除血液中过多的同型半胱氨酸。肝克脾，多吃绿色食物还有助于调节脾胃功能，绿色食物大都含有纤维素，能清理肠胃毒素，防止便秘，减少直肠癌的发病率。

常见的绿色食物有绿豆、青豆、猕猴桃、奇异果、黄瓜、芹菜、菠菜、笋类等。

（2）红色食物

红色对应火和心。按照中医五行学说，红色为火，为阳，故红色食物进入人体后可入心、入血，大多具有益气补血和促进血液、淋巴液生成的作用。研究表明，红色食物一般具有极强的抗氧化性，它们富含番茄红素、丹宁酸等，可以保护细胞，具有抗炎作用。有些人易受感冒病毒的“欺负”，多吃红色食物会助你一臂之力，如胡萝卜所含的胡萝卜素，可以在体内转化为维生素 A，保护人体上皮组织，增强人体抗御感冒的能力。此外，红色食物还能为人体提供丰富的优质蛋白质和许多无机盐、维生素以及微量元素，能大大增强人的心脏和气血功能。因此，常吃一些红色果蔬，对增强心脑血管活力、提高淋巴免疫功能颇有益处。

常见的红色食物有红小豆、红枣、草莓、西红柿、红椒、胡萝卜、红薯、红苹果等。

（3）黄色食物

黄色对应土和脾。黄色食物含有丰富的胡萝卜素和维生素 C，可以健脾，预防胃炎，防治夜盲症，护肝，使皮肤变得细嫩，并有中和致癌物质的作用。黄色果蔬还富含两种维生素 A 和 D。维生素 A 能保护胃肠黏膜，防止胃炎、胃溃疡等疾患发生；维生素 D 有促进钙、磷两种矿物元素吸收的作用，进而收到壮骨强筋之功，对于儿童佝偻病、青少年近视、中老年骨质疏松症等常见病有一定预防之效。故这些人群偏重一点儿黄色食品无疑是聪明的选择。

常见的黄色食物有玉米、小米、南瓜、黄豆、韭黄、黄花菜等。

（4）白色食物

白色对应金和肺。在五行中属金，入肺，有补气、滋阴、养肺的作用。据科学分析，大多数白色食物，蛋白质成分都比较丰富，经常食用既能消除身体的疲劳，又可促进疾病的康复。经常食用对调节视觉与安定情绪有一定作用，对于高血压、心脏病患者益处也颇多。特别是豆腐，在我们的健康饮食中，它起到不可或缺的作用，这也是为什么我们每周至少要吃三次豆腐的原因。

常见的白色食物有大米、小麦、银耳、百合、莲子、藕、梨、白萝卜、白芝麻等。

（5）黑色食物

黑色对应水和肾。黑色食品来自天然，所含有害成分少；营养成分齐全，质优量多；最重要的是，黑色食品可明显减少动脉硬化、冠心病、脑中风等严重疾病的发生几率，对流感、气管炎、咳嗽、慢性肝炎、肾病、贫血、脱发、早白头等均有很好的疗效。此外，各种黑色食品都有它的独特的防病功能，如黑木耳防治尿路结石，乌鸡调理女性月经，黑豆预防肥胖和动脉硬化，黑米可健脾暖肝明目防治少白头等。

常见的黑色食物有黑米、黑木耳、黑芝麻、黑豆、海带、紫菜等。

另外，需要提醒读者的是，五色食物与五脏的对应关系是相对的，不能机械硬搬。下面，举几个对应关系错乱的例子。

芒果是黄色的，人们第一反应是补脾。芒果确实有益胃止呕的功效，但它本身又性凉，对脾胃虚弱的人来说，不易多食和直接食用。此外，芒果还有补肺的功效，可以祛痰止咳、理气平喘。

成熟的木瓜是黄色的，有助消化、治呃逆的功效，但它更是养肝、护肝的重要水果。原因如下：（1）富含维生素 C。木瓜维生素含量是苹果的 48 倍。维生素 C 具有多种生理功能，能够清除氧自由基、增加肝细胞的抵抗力，稳定肝细胞膜，促进肝细胞再生和肝糖元合成，从而促进受损肝脏的修复。（2）富含多种氨基酸。慢性肝病患者多存在营养不良，氨基酸缺乏。木瓜含有多种氨基酸成分，都是人体所必需的，且能够满足肝病患者营养需求。（3）富含齐墩果酸。齐墩果酸是一种具有护肝降脂、抗炎抑菌等功效的化合物，以“齐墩果酸”为主要成分的齐墩果酸片，是一种常用的保肝药物。（4）抗癌作用。亚硝胺是肝癌的诱生物，而木瓜具有阻止亚硝胺合成的本领，有一定抗癌作用。

再如白色的大蒜，具有光谱抗菌、抗病毒的功效。从此意义上讲，多吃大蒜对肺有好处，可以少患感冒，也是对的。但大蒜的功效显然不止于补肺，更重要的是：（1）大蒜中含的蒜精可以降低血胆固醇、扩张血管、降低血压、抗血栓，对心肌梗塞、动脉硬化及静脉瘤皆具有令人满意的防治效果；（2）大蒜中的微量元素硒，通过参与血液的有氧代谢，清除毒素，减轻肝脏的解毒负担，从而达到保护肝脏的目的；（3）大蒜可有效抑制和杀死引起肠胃疾病的幽门螺杆菌等细菌病毒，清除肠胃有毒物质，刺激胃肠黏膜，促进食欲，加速消化；（4）大蒜可有效补充肾脏所需物质，改善因肾气不足而引发的浑身无力症状，并可促进精子的生成，使精子数量大增；（5）大蒜中的锗和硒等元素可抑制肿瘤细胞和癌细胞的生长，实验发现，癌症发生率最低的人群就是血液中含硒量最高的人群。美国国家癌症组织认为，全世界最具抗癌潜力的植物中，位居榜首的是大蒜。归结一下，常吃大蒜对五脏皆有益处，可谓是“五项全能食物”。

“防霾”只是个幌子

对食疗有个大致全面的了解后，我们再落实到本书的主题——吃什么食物能防霾？真有抵御 PM2.5 的食疗方法吗？

大家口口相传，并且被说得有鼻子有眼的防霾食物有黑木耳、鸭血、五花肉、白萝卜、梨、罗汉果等。具体“理由”如下：

黑木耳中的胶质，可以将残留在人体消化系统内的灰尘杂质吸附聚集，排出体外，起清涤肠胃的作用。所以，吃黑木耳也能清理呼吸道的杂质。另外，《神农本草经》记载，黑木耳能益气润肺，滋阴润燥。

鸭血能清热解毒，可以清除肠腔的沉渣浊垢，对尘埃及金属微粒等有害物质具有净化作用，以避免积累性中毒。所以，鸭血也能解呼吸道里的毒。网上风传，“听说矿上的工人，每天收工必吃一顿新鲜鸭血，之后大便呈暗黑色，排出的就是肺里的杂质和毒素。”

五花肉防霾的说法来自韩国。据韩国《首尔经济》报道，有消息称，猪肉中的不饱和脂肪酸能有效地帮助人体排出积聚在呼吸器官及肺部的微细颗粒物和重金属，因而能减轻雾霾对人体的影响。这一传言让韩国五花肉销量暴涨 315%。

白萝卜、梨、罗汉果等本可入药的食物，之所以被赋予防霾重任，则是因为它们有清热化痰、生津润燥、止咳解毒等功效的缘故。

我们归结一下，这些食物被贴上防霾标签，以讹传讹，有以下几类原因：

一是跨领域类推之误。有人开玩笑的时候经常说“我的数学是语文老师教的”，暗指自己的数学成绩不好。显然，语文老师在语文领域有特长，但据此认为语文老师一定能教好数学，则逻辑不通。但遗憾的是，很多人对食疗功效的认识，却停留在类似的想当然的层面。

黑木耳、鸭血能清肠胃之毒，五花肉所含的不饱和脂肪酸能调节血脂，清理血栓，也就是说，这些食材在消化系统、循环系统扮演着“清道夫”的角色。但由此认为，它们也能清除呼吸系统的杂质和毒素，显然是说不通的。毕竟，要清除沉积在肺里的粉尘，就得让“清洁夫”与粉尘见面才行，而食物从消化道进入体内，经过胃肠，大分子被消化分解成小分子，跟食物中的其他小分子一样进入血液，然后被运送到人体各处的细胞中。在这个过程中，对比在肺中的空气颗粒物与食物在体内的动向，会发现两者完全没有见面的机会，自然也就无法清除呼吸道杂质了。

二是眼见未必为实。湖南卫视上映的新剧《神雕侠侣》中，李莫愁变身科普达人，对油锅中手捞铜钱进行说明，油的下面是醋，醋的沸点低，看起来油锅滚滚，手伸进去并不会烫伤。这就是说，我们看到的只是现象，却并不了解背后的本质。

吃过鸭血后，大便变成暗黑色，由此认为鸭血能清除呼吸道杂质，显然也是类似的情况——只见现象，并没有看到本质。鸭血含铁量较高，大便自然会被黑，这跟防霾、清除肺部杂质没有半毛钱关系。

三是望文生义。中医上讲，白萝卜、梨、罗汉果等具有润肺、清肺的功效。很多人将“清肺”理解为清除肺部杂质，显然是错误的。中医提到“清肺”的时候前面一般还有“养阴”两个字，意思是滋养阴液，清除肺热、肺火，缓解干咳少痰、咽燥咯血、咳嗽气喘、鼻干唇燥等症状。

四是千人一方之祸。尽可能多吃上述食物，不仅起不到防霾的功效，而且不考虑个体差异、时令等因素的话，反而会带来一些副作用。

罗汉果性凉味甘，能清肺润肠，主治百日咳、痰火咳嗽、血燥便秘等症。但并不是人人都适合喝罗汉果茶。罗汉果性凉，风寒感冒咳嗽患者不宜食用。如果一味坚持“排毒”，喝下过多的罗汉果茶，功效会适得其反。吃黑木耳对身体有益，但过敏体质者不可多吃，尤其是慢阻肺、哮喘患者更不能吃。此外，木耳中往往铅、镉等重金属容易超标，所以那种认为木耳能“清肺”和降血脂，就每天大量食用木耳的做法是不推荐的，木耳应该作为配菜，每天少量吃点即可。

最后总结一下，食疗确实难以承担防霾和清除呼吸道杂质的重任，至多是心理安慰罢了。有人非要说白萝卜、百合等食物能增强人体的免疫力，所以抵御雾霾的能力也会增强，笔者并不反对；米饭也起类似的功效，因为它为人体提供营养，从而抵抗PM2.5的能力更强，你说是吗？

以偏纠偏的中药

比食物效果更好，毒性也更大的是中药。接下来，我们就看看中药治疗原理何在，以及中药在抵御PM2.5的战役中发挥什么样的作用。

粗略地讲，人生病的时候，脏腑功能失调，气血循环无法正常运行，身体处于不平衡状态；喝汤药正是希望通过中药的偏性来纠正身体的偏性，使脏腑功能恢复正常，气血正常循环，人体重新达到一个平衡状态。

食物的四气属性寒、热、温、凉，中药也具备。食疗原则“寒者热之，热者寒之”，对药物治疗来说也是适用的。《神农本草经》上讲，“疗寒以热药，疗热以寒药”。

药性有阴阳，医药学家多用阴阳来阐释药理。金代医家李杲在《东垣十书·汤液本草》中说道：“温凉寒热，四气是也。温热者，天之阳也；凉寒者，天之阴也。此乃天之阴阳也……辛甘淡酸苦咸，五味是也。辛甘淡者，地之阳也；酸苦咸者，地之阴也。此乃地之阴阳也。味之薄者，为阴中之阳，味薄则通，酸苦咸平是也；味之厚者，为阴中之阴，味厚则泄，酸苦咸寒是也。气之厚者，为阳中之阳，气厚则发热，辛甘温热是也；气之薄者，为阳中之阴，气薄则发泄，辛甘淡平凉寒是也。”

翻译成现代文就是：温凉寒热是中药的四气，它们是天赋予的；其中，温热是阳，凉寒是阴。辛甘淡酸苦咸是中药的五味（这里是六味），它们是地赋予的；其中，辛甘淡是阳，酸苦咸是阴。轻口味的酸苦咸是阴中之阳，起疏通作用；重口味的酸苦咸是阴中之阴，能使气血运行淤堵。重口味的辛甘淡是阳中之阳，能发热；轻口味的辛甘淡是阳中之阴，是寒凉的。

寒热症要仔细辨别，分清主因才能对症下药。对于真寒假热证，以热药为主，佐以少量寒药，或热药凉服才发挥作用；对于真热假寒证，以寒药为主，佐以少量温热药，或寒药热饮才发挥作用。

中医用药，未必一定直接针对出现不良症状的脏腑，而有可能根据五脏之间相生相克的关系，针对另一脏腑施治，起到四两拨千斤的功效。比如，肾生肝，肾阴虚则肝阴虚，肝阳上亢，即水不涵木。临床上出现腰膝酸软、下肢无力、头晕目眩、烦躁易怒、耳鸣耳聋等症状。这时候，采取的治疗方法就是滋水涵木，通过养肾阴缓解肝阳上亢的症状，可以服用杞菊地黄丸等。

用药讲“中和”。中和首先是不同药物担任不同的角色，即君、臣、佐、使。君药是针对主病或主证，起主要作用的药物，按需要可用一味或几味；臣药是辅助君药加强治疗主病或主证作用的药物，或者是对兼病或兼证起主要治疗作用的药物；佐药是辅助君臣药起治疗作用，或治疗次要症状，或消除（减轻）君、臣药的毒性，或用于反佐药，使药是起引经或调和作用的药物。

以《伤寒论》中第一方“麻黄汤”为例，主治外感风寒的表实证。君药——麻黄（3 两），辛温，发汗解表以散风寒，宣发肺气以平喘逆。臣药——桂枝（2 两），辛甘温，温经和营，助麻黄发汗解表。佐药——杏仁（70 个），苦温，降肺气助麻黄平喘。使药——炙甘草（1 两），苦温，调和诸药又制约麻、桂发汗太过。麻、桂、杏皆入肺，有引经之效，故不再用引经的使药。麻黄、桂枝、杏仁、炙甘草的药性有主次，相互制约又相互补充，协调作用，形成一股强大的药力，去攻克外感风寒这一堡垒，临床疗效十分显著，成为千古名方、经方。

其次，君臣佐使之中，还有一个最佳组合的问题。君臣之间，不但有相互协调（配合）的关系，还有相互制约的关系。方药中的君臣，也是同样的道理。麻杏石甘汤是治疗邪热壅肺的名方，用麻黄为君药，宣肺平喘，是“火郁发之”之义，但其性温，故配辛甘大寒之石膏为臣药，石膏既可清宣肺热，又可制约麻黄温性，使其去性存用，两者相配，肺郁解，肺热清，咳喘平，疗效可靠，深得配伍变通之妙。

是药三分毒

中医讲求的是辩证施治，对症下药。因此，在没有深入了解病情的情况下，不要随意用药。我们不是实验用的小白鼠，药物服用不当不仅无法治病，而且会带来副作用。

实际上，即便用药得当，依然难以杜绝药物的副作用。这就是人们常说的“是药三分毒”。在很多人的印象里，与化学合成等工艺制成的西药比，中药取材天然，所以毒性小，更安全。但并不尽然，中药的毒性也不小。

据报道，有这样一个人，本来身体已是健康无病，就因服用了一支东北人参，结果导致胃部胀满疼痛、头晕、面部潮红、血压升高、大汗淋漓，经诊断其症状乃因服用过量人参而致“人参综合征”。此人病好后，在很长时间乃食欲不振。诚然，补药也不能随便滥用，无病照样伤身。

据文献记载，已发现能致死的中草药就达 20 多种，如有大毒的专治类风湿性关节炎的雷公藤，有中等毒性的驱蛔虫中药苦楝子，有毒的息风止痉的中药蜈蚣等。在中草药中有一些药物不仅具有毒性，甚至是剧毒，如水银、斑蝥、红砒石、白砒石等。有的生药的毒性还是较大的，如生附子、生半夏、马前子、生草乌、马豆、生南星等。这些药物经过炮制后，虽然毒性可大为减低，但若滥用或药量过大，仍然会发生毒副作用，或出现中毒甚至死亡。所以，在应用时，应严格掌握剂量。据报道，曾经有位“专家”用附子治疗风湿病，因用药量增加一倍，结果病人呜呼哀哉。

南京军区南京总医院全军肾脏病研究所的研究表明，中药木通、厚朴、粉陀已、细辛中含有的马兜铃酸能导致肾小管及间质、近端肾小管酸中毒及低渗尿。此类患者临床初期出现少尿性急性肾衰，随着时间的推移，转变成慢性小管间质性肾炎。而这些患者的治疗极为困难，往往逐步走向终末期衰竭。中国中西医结合学会肾病专业委员会副主任委员刘云海教授研究发现，有近 50 种中药对肾脏有毒性，可引起急、慢性肾脏功能损害和肾脏衰竭。

有毒性的中草药用时虽应注意，但对一些常用的中草药，也仍然要讲究剂量，若药量过大。同样也会导致副作用。如甘草，药性平和，能调和诸药，有健胃之功，具有补中益气，泻火解毒，缓和药性，和中缓急之效。但若无故而久服，就能影响脾胃气机，有碍消化功能。黄药子用量过大，可导致肝脏损害和黄疸；木通用量过大，可引起肾脏损伤；苦寒的龙胆草、大黄及生石膏用量过大或长期滥用，可引起食欲减退、胃痛、腹泻等消化道的副作用。

既然中药大都有毒性，用中药治病不过是以偏纠偏，那我们服用中药就必须谨慎，特别要注意以下几方面：

首先，喝中药提前防御疾病（包括防霾）有可能得不偿失。作个简单的类比，坐在凳子上，身体不断向左侧倾斜，喝中药就好比从左侧推一把，身体就会恢复原位。但如果身体是正的，为了预防身体左倾而提前喝中药，就相当于从左侧推了一把，这时身体就会向右侧倾斜。

吃药是为了治病，无病自然没必要吃药。身体健康的时候提前吃药，不仅无法预防疾病，反而因药物的毒性而影响健康。

其次，中药的功效和副作用之间的选择，应当是“两害相权取其轻”。

生病的时候，比如因雾霾天气出现咳嗽、痰多、气管炎等的时候，为了治病，消除这些症状，就必须喝中药。而服用中药，都要经过消化系统，在小肠吸收，通过血液循环到达病灶，并发挥作用。前面已经探讨过，“是药三分毒”，有毒性的药物进入体内，就难以避免对肠、肝、肾等脏腑造成伤害。

当然，即使有副作用存在，也无法否认中药治疗在治病救人、抵抗PM2.5 的战役中发挥的作用。

那有没有一种方法能起到预防或治疗的作用，让中药发挥其药效但毒性最小呢？答案是肯定的，那就是中药外用，直接作用于经络和穴位。

【链接】卫生部公布的药食同源物品名单

类别	物品名称
既是食品又是药品的物品	丁香、八角茴香、刀豆、土人参（人参菜）、小茴香、小蓟、山药、山楂、马齿苋、乌梢蛇、乌梅、木瓜、火麻仁、代代花、玉竹、甘草、白芷、白果、白扁豆、白扁豆花、龙眼肉（桂圆）、决明子、百合、肉豆蔻、肉桂、余甘子、佛手、杏仁（甜、苦）、沙棘、牡蛎、芡实、花椒、赤小豆、阿胶、鸡内金、麦芽、昆布、枣（大枣、酸枣、黑枣）、罗汉果、郁李仁、金银花、青果、鱼腥草、姜（生姜、干姜）、枳椇子、枸杞子、栀子、砂仁、胖大海、茯苓、香橼、香薷、桃仁、桑叶、桑椹、橘红、桔梗、益智仁、荷叶、莱菔子、莲子、高良姜、淡竹叶、淡豆豉、菊花、菊苣、黄芥子、黄精、紫苏、紫苏籽、葛根、黑芝麻、黑胡椒、槐米、槐花、蒲公英、蜂蜜、榧子、酸枣仁、鲜白茅根、鲜芦根、蝮蛇、橘皮、薄荷、薏苡仁、薤白、覆盆子、藿香
可用于保健食品的物品	人参、人参叶、人参果、土人参（人参菜）、三七、土茯苓、大蓟、女贞子、山茱萸、川牛膝、川贝母、川芎、马鹿胎、马鹿茸、马鹿骨、丹参、五加皮、五味子、升麻、天门冬、天麻、太子参、巴戟天、木香、木贼、牛蒡子、牛蒡根、车前子、车前草、北沙参、平贝母、玄参、生地黄、生何首乌、白及、白术、白芍、白豆蔻、石决明、石斛（需提供可使用证明）、地骨皮、当归、竹茹、红花、红景天、西洋参、吴茱萸、怀牛膝、杜仲、杜仲叶、沙苑子、牡丹皮、芦荟、苍术、补骨脂、诃子、赤芍、远志、麦门冬、龟甲、佩兰、侧柏叶、制大黄、制何首乌、刺五加、刺玫果、泽兰、泽泻、玫瑰花、玫瑰茄、知母、罗布麻、苦丁茶、金荞麦、金樱子、青皮、厚朴、厚朴花、姜黄、枳壳、枳实、柏子仁、珍珠、绞股蓝、胡芦巴、茜草、荜茇、韭菜子、首乌藤、香附、骨碎补、党参、桑白皮、桑枝、浙贝母、益母草、积雪草、淫羊藿、菟丝子、野菊花、银杏叶、黄芪、湖北贝母、番泻叶、蛤蚧、越橘、槐实、蒲黄、蒺藜、蜂胶、酸角、墨旱莲、熟大黄、熟地黄、鳖甲

第十二章　细数调理之术

当您读到这里的时候，对雾霾天气里该如何养生的探讨也已接近尾声。很多读者的观念已发生变化，也有了一条比较清晰的脉络；但有些人还会心存疑惑：除减少与雾霾的接触机会外，还有什么好的调理方法，不光是抵御 PM2.5，而且确保身体的系统性健康？

我们先简单回顾一下本书的主要观点和尚未解决的问题。

适当的口罩、空气净化器等，确实能在一定程度上抵御 PM2.5，但各有各的不足，难以独立担当防霾大任。

养成科学的生活习惯非常重要。但如果长期的陋习已造成脏腑功能失调，仅改变习惯远远不够，必须想办法修复脏腑功能。

食疗确实绿色、安全，简便易行，但效果不明显，且见效慢，用一句歌词形容，“等到花儿都谢了”。反过来，服用中药效力猛，见效快，但副作用大，且只能先病后药，辩症不易，用药须谨慎。这些都验证了自然界的一条真理，“既要马儿跑得好，又要马儿不吃草”是不现实的，“鱼和熊掌”无法兼得。

那有没有相对更好、性价比高的养生调理方法呢？本章将揭晓答案。当然，所有的调理方法都是以经络和穴位为基础的。经络系统是人与自然界之间进行能量交换的通道，这个通道强大了，外界的 PM2.5、病毒、细菌等自然也不易进入，体内的免疫力变得强大，即使有“漏网之鱼”，体内的气血循环系统也能轻松对付。

会动更健康

法国思想家伏尔泰有句名言，“生命在于运动”。这句话阐释了运动对于生命的重要性，没有了运动，人就活不下去。适当的运动能锻炼身体，更能带来健康。但问题的关键是，什么样的运动最适当、最有养生价值呢?

在探讨运动养生这个话题之前，我们再对前面章节提到的防霾操作一下分析。在23个武术动作中，被认为具有防霾作用的是按压合谷穴和气沉丹田这两个动作。通过经络和穴位知识的学习，我们知道，合谷是大肠经的原穴，主要功效是清热解表，明目聪耳，通络镇痛。

关于丹田，这里解释一下。丹田原本是道教的修炼用语，有上、中、下丹田之分，都在人体的黄金分割线上。上丹田，从下巴算起，头部的长度乘以0.618的位置，对应印堂穴；中丹田，从下阴算起，躯干的长度乘以0.618的位置，对应膻中穴）；下丹田，从脚部算起，身高的长度乘以0.618的位置，对应关元穴。

气沉丹田指的是下丹田，即关元穴。关元在任脉之上，是小肠的募穴，主要功效是培补元气，导赤通淋。

显然，合谷和关元两穴并不直接对应肺经，也起不到增强肺气宣发肃降的作用。所以，防霾操至多不过是一个噱头罢了。但退一步讲，这套包含了23个武术动作的防霾操是具有自我保健、强身壮体的功效的，称之为保健操可能更恰当些。

在广西壮族自治区左江流域各县的花山上，古人留下了人物形象众多、内容丰富的崖壁画，尤以宁明县为代表。这些崖壁画宽220米，高45米，人物图像1800多个，距今有2000年以上的历史，被统称为“花山岩画”。

关于花山岩画描绘的内容，可以说“仁者见仁，智者见智”，并没有形成统一的意见。目前，学界较为认可的说法是，花山岩画是壮医为防病强身创制的功夫动作图。从两手上举，肘部弯曲 90° ～110° ，半蹲，两膝关节弯成 90° ～110° ，两腿向后弯曲，两手向上伸张等舞蹈动作，显然有舒筋活络、强壮筋骨等保健作用。花山岩画是国内运动健康的最早历史记录（图画形式）。

1972 ～ 1974 年，湖南省长沙市的马王堆乡挖掘了西汉时期的三座墓葬。马王堆汉墓的出土文物中，帛画《导引图》将古代的医疗体操进一步发扬光大，以经络理论为基础，更具系统性。原帛画长约 100 厘米，与前段 40 厘米帛书相连。画高 40 厘米。分上下 4 层绘有 44 个各种人物的导引图式，每层绘 11 幅图。每图式平均高 9 ～ 12 厘米。每图式为一人像，男、女、老、幼均有。其术式除个别人像作器械运动外，多为徒手操练。其中。涉及动物的有鸟、鹞、鹤、颤、猿、猴、龙、熊等八式。

所谓“导引”，是呼吸运动和躯体运动相结合的一种医疗体育方法，呼吸吐纳，屈伸俯仰，活动关节。用现代汉语来表达，“导引”就是保健医疗体操。

《导引图》文字说明中直接提到治病的项目共有“烦”“痛明”“引聋”“引温病”等 12 处，说明导引术不仅对自我保健，而且对疾病治疗都有一定的功效。

在国家体育总局健身气功管理中心的指导下，上海体育学院教授、博士生导师邱丕相，经过数年悉心研究，将马王堆导引术重新整理、归纳，并加以推广。该套功法以循经导引、行意相随为主要特点，围绕肢体开合提落、旋转屈伸、抻筋拔骨进行动作设计，是一套古朴优美、内外兼修的功法，集修身、养性、娱乐、观赏于一体，动作优美，衔接流畅，简单易学，安全可靠，适合于不同人群习练，具有祛病强身、延年益寿的功效。

马王堆导引术招式一览表

动作顺序	功法名称	注意事项
	预备势	1. 松静站立，自然呼吸。2. 面容安详，内心平静。
起 势		1. 百会穴上领，身体保持中正安舒。2. 按掌与托掌转换时，注意旋腕。3. 抬掌时意念劳宫穴，按掌时意念下丹田。
第一式	挽弓	1. 动作与呼吸配合，开吸合呼。2. 沉肩与顶髋同时进行，不可 过分牵拉。3. 伸臂时，意念从肩内侧（中府穴），经肘窝（尺泽穴）注到拇指端（少商穴）。
第二式	引背	1. 伸臂拱背要充分，注意眼睛近观和远望的变化。2. 拱背时，意念从食指（商阳穴）经肘外侧（曲池穴）到鼻翼两侧（迎香穴）。
第三式	凫浴	1. 摆臂动作幅度可由小逐渐加大，要因人而异，量力而行。 2. 两臂下落时，意念从面部（承泣穴）经腹侧（天枢穴）、胫骨外侧（足三里穴）到脚趾端（厉兑穴）。
第四式	龙登	1. 下蹲时，根据自身年龄及柔韧性状况，可选择全蹲或半蹲。2. 手掌外展提踵下看时，保持重心平衡，全身尽量伸展。3. 两掌上举时，意想从脚大趾（隐白穴）上行，经膝关节内侧（阴陵泉穴）至腋下（大包穴）。
第五式	鸟伸	1. 注意头颈与脊柱的运动要协调一致。2. 侧摆臂时，意念从腋下（极泉穴）经肘（少海穴）至小指端（少冲穴）。
第六式	引腹	1. 两臂内旋外展时，注意腹部放松。2. 上举时，上面手 掌的小指对照肩部后侧（臑俞穴），下面手掌的拇指对照臀部（环跳穴）。3. 两掌上撑时，意念从小指端（少泽穴）经肘关节内侧（小海穴）至耳前（听宫穴）。

第七式	鸱视	1. 两臂上伸时，掌心向外；头微用力前探。2. 勾脚尖时，意念从头经后背、腘窝（委中穴）至脚趾端（至阴穴），勾脚后微停顿。
第八式	引腰	1. 左肩上提，保持右掌不动，转腰抬肩方向与头转的方向要 一致。前俯时，头部不要低垂。2. 两掌上举时，意念从脚底（涌泉穴）经膝关节内侧（阴谷穴）至锁骨下沿（俞府穴）。
第九式	雁飞	1. 动作要徐缓自如，注意抬掌与转头的转换要协调。2. 转头下视 时，意念从胸内（天池穴）经肘横纹中（曲泽穴）至中指端（中冲穴）。
第十式	鹤舞	1. 整个动作要求舒展圆活，上下协调。2. 按推时，意念从手指端（关冲穴）经肘外侧（天井穴）至头面部（丝竹空穴）。
第十一式	仰呼	1. 两臂分落至水平，颈部肌肉放松。2. 掌上举下落时，意念从头面部（瞳子髎穴）经身体外侧（环跳穴）至脚趾端（足窍阴穴）。
第十二式	折阴	1. 上步举臂时，尽量拉伸躯干。2. 双掌沿下肢内侧上行时，意念从脚趾端（大敦穴）经膝关节（曲泉穴）至腹侧（期门穴）。
收势		1. 两掌体前合拢时，身体重心随动微移。2. 两掌心依次对照（膻中穴）、上腹部（中脘穴）、下腹部（神阙穴），然后按掌。3. 下按时，意想涌泉穴。

马王堆引导术之后出现的保健医疗体操还有很多，其中比较知名的有五禽戏、八段锦、太极拳等。

五禽戏通过模仿虎、鹿、熊、猿、鹤五种动物的动作，以达到治病养生，强身健体的目的。五禽戏由东汉名医华佗创制，其健身效果被历代养生家称赞，据传华佗的徒弟吴普因长年习练此法而达到百岁高龄。2003年，国家体育总局把重新编排后的五禽戏作为“健身气功”的内容向全国推广。

八段锦形成于12世纪，后在历代流传中形成许多练法和风格各具特色的流派。它动作简单易行，功效显著。古人把这套动作比喻为“锦”，意为动作舒展优美，如锦缎般优美、柔顺，又因为功法共为八段，每段一个动作，故名为“八段锦”。

太极拳是以中国传统道家哲学中的太极、阴阳辩证理念为核心思想，集颐养性情、强身健体、技击对抗等多种功能为一体，结合易学的阴阳五行之变化，中医经络学，古代的导引术和吐纳术形成的一种内外兼修、柔和、缓慢、轻灵、刚柔相济的汉族传统拳术。作为一种饱含东方包容理念的运动形式，其习练者针对意、气、形、神的锻炼，非常符合人体生理和心理的要求，对人类个体身心健康以及人类群体的和谐共处，有着极为重要的促进作用。

以上几种功法都自成体系，有各自的理论基础，动作设计上连绵不绝。对初学者来说，还是有一定的难度。那有没有一些易学的简易动作（未必成体系）能达到强身健体的目的呢？下面，我们为读者介绍几种：

（1）蹲马步

武术的许多门派中，常把马步桩作为最基本的桩功之一进行训练。它一直都被武林前人视为一种不可不练的、对内功的增长和提高搏击能力极为有效的训练方法。练习马步主要是为了调节“精、气、神”，完成对气血的调节、精神的修养的训练，锻炼对意念和意识的控制。这种桩功，由于是长时间的静功，所以对于人体全身各器官是很好的锻炼，通过这样的锻炼能够有效地提升在剧烈运动时人体的反应能力。

长期蹲马步桩，可以使人体内脏得到特殊的锻炼，其功能将得到改善；还能增强体能、提高耐力、腰力腿力，聚气凝神，练内壮之效。马步蹲得好，可壮肾腰，强筋补气。

蹲马步能使女性骨盆肌、会阴区域的全部肌肉收缩，有助于骨盆肌肉血管分布的改善和血管密度的增加，加大会阴部充血量，加快血流速度，从而增加性器官的敏感性。而且，盆肌血管分布的增加，还会增强女性性快感和性高潮时阴道黏液的分泌。

男性蹲马步，则能使腰腹部肌肉的力量得到加强，有助于性生活时支撑体位，且不易感到疲劳。男性骨盆肌肉若得到锻炼，可增加整个骨盆和阴茎的血液供应量，促进勃起，并改善自身对射精的控制。每天蹲15分钟的马步，就能取得明显效果。

（2）腹式呼吸

腹式呼吸就是让横膈膜上下移动。由于吸气时横膈膜会下降，把脏器挤到下方，因此肚子会膨胀，而非胸部膨胀。为此，吐气时横膈膜将会比平常上升，因而可以进行深度呼吸，吐出较多易停滞在肺底部的二氧化碳。

科学家们研究发现，人的肺细胞平展面积有两个足球那么大，但大多数人在一生中只使用了其中1/3的能力。美国健康学家的一项最新调查显示，不论在发达国家，还是在发展中国家，城市人口中至少有一半以上的人呼吸方式不正确。很多人的呼吸太短促，往往在吸入的新鲜空气尚未深入肺叶下端时，便匆匆地呼气了，这样等于没有吸收到新鲜空气中的有益成分。

研究证明，膈肌每下降一厘米，肺通气量可增加250至300毫升。坚持腹式呼吸半年，可使膈肌活动范围增加四厘米。这对于肺功能的改善大有好处。

具体说来，腹式呼吸带来的好处表现在以下几方面：

第一，扩大肺活量，改善心肺功能。能使胸廓得到最大限度的扩张，使肺下部的肺泡得以伸缩，让更多的氧气进入肺部，改善心肺功能。

第二，减少肺部感染，尤其是降低患肺炎的可能。

第三，可以改善腹部脏器的功能。腹式呼吸通过腹腔压力的改变，使胸廓容积增大，胸腔负压增高，上下腔静脉压力下降，血液回流加速。

由于腹腔压力的规律性增减，腹内脏器活动加强，改善了消化道的血液循环，促进消化道的消化吸收功能，促进肠蠕动，防止便秘，起到加速毒素的排出，减少自体中毒，而达到减慢衰老的目的。此外，对结肠癌及痔疮的预防也卓有成效。腹式呼吸可以通过降腹压而降血压，对高血压病人很有好处。

第四，腹式呼吸还包括盆腔运动，即在做腹部大呼吸的同时，配合收肛及舒肛运动以及缩腹上举，目的在于促进盆腔血流，使盆腔中的脏器得到锻炼，从而使人的内分泌系统、生殖泌尿系统功能增强。

（3）拍打法

拍打法是一种简易的健身法，通常是用自己的手掌或握拳拍打全身。拍打后，全身感到轻松。拍打法有助于强筋壮骨、发达肌肉、活动关节，并有促进血液循环、增强内脏功能和代谢的积极作用。

拍打法功效一览表

拍打的部位	功效
头面	能防治头痛、神经衰弱、脑动脉硬化、脑血栓、面部神经麻痹等病症，有增强记忆力，明目健脑的功效。
双肩	可防治胃痛、肩酸、肩关节周围炎、老年性关节僵硬等。
腰背	可防治腰痛、腰酸、腹胀、便秘和消化不良等疾病，也可使腰肌灵活，防止扭腰岔气。劳累时拍打，可有舒服解乏的作用。
胸腹	有助于减轻呼吸道及心血管疾病症状。同时，还可防治中老年人肌肉萎缩，促进局部肌肉健康，增加肺活量，增强机体免疫力。
两肋	有助于肝胆、脾胃的健康。
上肢	可预防或缓解上肢肌肉发育不良、肢端紫绀、上肢麻木、半身瘫痪。
下肢	可防治腿部发育不良、偏瘫、下肢麻木、下肢无力。

（4）踮脚尖

踮脚尖是个不错的有氧运动，它不仅能使人的心率保持在每分钟150次左右，让血液可以供给心肌足够的氧气，有益于人的心脏、心血管健康，还能锻炼小腿肌肉和脚踝，防止静脉曲张，增强踝关节的稳定性。

踮脚走路，可以锻炼屈肌。从经络角度看，还有利于通畅足三阴经。把足尖翘起来，用足跟走路，可以练小腿前侧的伸肌，疏通足三阳经。两者交替进行可以祛病强身。

男性踮起脚尖小便，可起到强肾的作用，连带达到强精的效果。女性坐蹲的同时，把第一脚趾和第二脚趾用力着地，踮一踮，抖一抖，也可起到补肾利尿的效果。倘若能在一天内做上五六次这样的踮脚尖运动，连续1～6个月，便能达到很好的强精又健身的作用。同时，亦可缓解因长时间站立而导致的足跟痛。若患有慢性前列腺炎及前列腺肥大，小便时踮脚亦有尿畅之感。

药油按摩　双管齐下

前面提到的运动健身，无论成套的保健功法，还是单个的简易动作，都牵扯到多个器官之间的配合、协调，而非具体针对某一点（穴位）或某一脏器，所以见效就没有那么快。

跟运动健身类似，但针对性更强的是按摩，可以自己操作，也可以由专业人士来完成。按摩是指用手法作用于人体体表的特定部位以调节机体生理、病理状况，达到理疗目的的方法。

我们先说一下自我按摩。自我按摩的优势在于，简便易行，受时间和场地的影响小，力度的可控性强；缺点在于，很多穴位是自己的手所不及的，难于操作，再有就是，按摩技术的学习非一日之功。

除自我按摩外，更多时候最好还是将按摩交给专业的中医按摩技师来操作。因为专业的人做专业的事，说到底按摩是个技术工种，越有经验的操作起来越安全，效果也越好。再者，人体的不少穴位（如背部），自己用手按摩力度不够，甚至根本就无法触及，不得不借助外力。

按摩治疗的范围很广，在伤科、内科、妇科、儿科、五官科以及保健美容方面都可以适用，尤其是对于慢性病、功能性疾病疗效较好。

单独用手按摩（也包括肘、膝、足等）对颈椎病、腰肌劳损、缓解疲劳等效果较好，但是对体内脏腑功能失调引起的亚健康症状及疾病，效果就不如前者明显。并且，按摩技术要做到舒适、轻柔不难，要达到治疗效果并不容易。

要解决这一问题，就用到了对按摩起辅助作用的药油。药油，简言之，就是含中药成分的精油。我们先简单介绍一下精油。

精油是从植物的花、叶、茎、根或果实中提炼萃取出来的挥发性芳香物质。未经稀释的被称为单方精油，经过稀释的被称为复方精油。精油具有亲脂性，很容易溶在油脂中，因为精油的分子链通常比较短，这使得它们极易渗透进皮肤，且借着皮下脂肪下丰富的毛细血管而进入体内。精油是由一些很小的分子所组成，这些高挥发物质，可由鼻腔黏膜组织吸收进入身体，通过气味刺激大脑中相关的神经中枢，调节情绪和身体的生理功能。

精油较为人熟知的功效，不外乎舒缓与振奋精神这些较偏向心理上的功效。但是，精油的功效不限于此，不同种类的精油还有各种不同的功效，对于一些疾病，也有舒缓和减轻症状的功能。精油对许多的疾病都很有帮助，配合药物的治疗，可以让疾病恢复得更快。并且在日常生活中使用，可以起到净化空气、消毒、杀菌的功效，还可以预防一些传染性疾病。

药油则是精油与名贵中药材有效成分的复合制剂，既含中药的治疗成分，也有精油的成分。药油不但可以休闲养生，还可以调理经络穴位或治疗疾病，是目前调理或预防亚健康最有效的养生用品。并且天然，环保，渗透快，效果好，效率高，无任何副作用。具有针对性，无明显不良反应，是中国中医养生与西方精油心灵疗法的完美结合。

用药油按摩，使外力刺激与药物渗透相得益彰。药物增强了按摩的功效，弥补了手法的不足；精油的易渗透性和按摩时对皮肤的外力刺激强化了药物的渗透性，药物从皮肤进入经络，通过气血运行直接达到病灶。

药油按摩是非常绿色、安全的养生方法，不经消化系统，不伤害身体；同时也是行之有效、见效快的调理手段，直接进入经络，直达病灶，免去了消化、吸收等不必要的程序。

从艾灸到药敷

药油按摩主要是借助外力作用和精油的亲脂性，使中药成分通过皮肤进入体内。但以上至多是循经操作，而非具体针对某些穴位。另一种古老的调理方法弥补了上述操作的不足，并且效果更好。那就是针对特定穴位的灸法，即燃烧药物熏烤穴位，而最常用的药物就是艾。这个调理方法被称为艾灸。

灸法的出现，最早可以推至原始社会的石器时代。原始人在掌握人工取火的技术后，长期的实践中，人们发现，树木等用火燃着后灸于患处，可以祛除寒邪，解除痛苦。桑、槐等都曾作为施灸的原料，后来发现艾草的疗效最显著，艾灸才成为应用最广泛的灸法保健技术。

在笔者的家乡，有正月十六烤柏灵火的习俗。用柏树枝引火，把家里的旧笤帚、旧席子等作燃料，一家人站在火堆边烤火，以求祛病强身。显然，这种民间习俗跟古老的灸法有一定的渊源。

中医认为艾属温性，其味芳香，善通十二经脉，具有理气血、逐寒湿、温经、止血、安胎的作用。艾具有广泛的治疗作用，虽然在灸治过程中艾叶进行了燃烧，但药性尤存，其药性可通过体表穴位进入体内，渗透诸经，起到治疗作用；又可通过呼吸进入机体，起到扶正驱邪、通经活络、醒脑安神的作用；对位于体表的外邪还可直接杀灭，从而起到治疗皮部病变和预防疾病的作用。

现代研究证实，艾灸燃烧时产生的热量，是一种十分有效并适应于机体治疗的物理因子红外线。根据物理学的原理，任何物体都可以发射红外线和吸收红外线，人体也不例外。近红外线对人体的穿透深度较远红外线深，最多可达 10mm，并被机体吸收。研究认为，艾灸在燃烧时产生的辐射能谱是红外线，且近红外线占主要成分。近红外线可激励人体穴位内生物分子的氢键，产生受激相干谐振吸收效应，通过神经—体液系统传递人体细胞所需的能量。艾灸时的红外辐射可为机体细胞的代谢活动、免疫功能提供所必需的能量，也能给缺乏能量的病态细胞提供活化能。而艾灸施于穴位，其近红外辐射具有较高的穿透能力，可通过经络系统，更好地将能量送至病灶而起作用，说明了穴位具有辐射共振吸收功能。

经络腧穴是艾灸施术的部位。灸法防治疾病的“综合效应”，是由艾灸理化作用和经穴特殊作用的有机结合而产生的。艾灸的药性作用和热作用只有作用于经络腧穴，才能起到全身治疗作用。艾灸保健作用的产生是与强壮穴结合的结果。艾灸作用于关元穴有回阳救逆的作用；艾灸作用于百会穴有升阳举陷的作用；艾灸作用于阿是穴可起到消瘀散结、拔毒泄热的作用。

灸法的作用是由艾灸燃烧时的物理因子和药化因子，与腧穴的特殊作用、经络的特殊途径相结合，而产生的一种“综合效应”。经络腧穴对机体的调节是灸法作用的内因，艾灸时艾的燃烧和所产生的药性是灸法作用的外因，两者缺一不可。

由于艾灸以火熏灸，施灸不注意有可能引起局部皮肤的烫伤，另一方面，施灸的过程中要耗伤一些精血，所以有些部位或有些人是不能施灸的，这些就是施灸的禁忌。尤其要注意以下几方面：

（1）凡暴露在外的部位，如颜面，不要直接灸，以防形成瘢痕，影响美观。

（2）皮薄、肌少、筋肉结聚处，妊娠期妇女的腰骶部、下腹部，男女的乳头、阴部、睾丸等不要施灸。关节部位不要直接灸。此外，大血管处、心脏部位不要灸，眼球属颜面部，也不要灸。

（3）极度疲劳，过饥、过饱、酒醉、大汗淋漓、情绪不稳，或妇女经期忌灸。

（4）某些传染病、高热、昏迷、抽风期间，或身体极度衰竭，形销骨立等忌灸。

（5）无自制能力的人，如精神病患者等忌灸。

艾灸所采用的药物比较单一，并且操作过程中容易出现烫伤。有一种调理方法弥补了上述不足，并且作用机理也大体相近，那就是中药热敷。

《扁鹊见蔡桓公》是《韩非子》中的一篇文章，被收录在中学语文课本中。这篇文章记载“疾在腠理，汤熨之所及也”。所谓的“汤熨”，就是中药热敷，即用布将药物包好，加热或蒸煮后热敷患处的疗法。其作用机理在于，通过温热的刺激，使药物成分从皮肤进入体内，然后通过经络的气血运行，直达功能失调的脏腑。

现代研究也证明，通过温热的刺激加之药物的功效，可引起血管、淋巴管扩张促进局部和周围血液、淋巴循环，促进炎症及水肿的吸收，并可改善组织粘连，能松弛骨骼肌，有解疼止痛作用，在临床上广泛用于关节炎、颈椎病、痛经、腹痛等属寒、属瘀的病症。

热敷眼部，缓解疲劳，明目安神。可轻闭双眼进行热敷。此法对白内障、青光眼有辅助治疗作用。运用此法时可配以桑叶、密蒙花、菊花、夜明砂、谷精草、金银花、鱼腥草等清热消炎的中草药，能起到清热明目的作用。

热敷小脑，健脑益智，缓解头晕。可用菊花、远志、菖蒲、决明子、牛膝等中草药煎水，热敷脑门 3 ～ 5 分钟，每天 2 ～ 3 次，有健脑益智的功效，对老人常见的头晕、失眠、高血压等也有防治效果。出现头痛的老人还可敷额头、太阳穴、颈、肩等部位，每天 3 次，每次 20 分钟左右。

热敷耳朵，改善循环，增进听力。可用菖蒲、远志、郁金、丹参、白芷煎药水，交替重复热敷双耳，每天 2 次。此法能促进耳部、头部血液循环，对听力衰退、耳鸣有一定疗效。

热敷脊椎，舒筋活血，温经散寒。可配以伸筋草、威灵仙、续断、桂枝、川乌、草乌、乳香、没药、川芎煎药水，热敷脊椎，对治疗肩周炎、颈椎病有一定疗效。

热敷腹部，温阳补肾，促进消化。可配以乌药、葛根、藿香、蔻仁等中草药煎药水，热敷小腹，每天 2 次，每次 5 ～ 8 分钟，可促进胃肠蠕动，对治疗便秘、减少腹部脂肪堆积有一定好处。

需要注意的是，并不是任何人都适合热敷，也不是任何部位都可热敷。如对于面部三角区感染，各种脏器出血，软组织挫伤、扭伤，皮肤湿疹等，忌热敷。热敷时一定要保持适当温度，尤其是小孩，温度不宜过高，以免烫伤。

当然，除了热敷，还有冷敷。将冷却处理的中药药包放置在人身体的某个部位上，使局部的毛细血管收缩，起到散热、降温、止血、止痛及防止肿胀等作用。

无论热敷还是冷敷，使用的都是中药药包，并且要先对其进行冷热加工处理，所以操作起来并不方便，且难以长时间操作。我们常见的膏药贴，则是以上调理方法的很好补充，易操作，易携带，长时间敷贴增强药效。

膏药贴，就是将药材、食用植物油与红丹炼制成膏料，摊涂于裱背材料上制成的外用制剂。膏药贴主要用来治疗疮疖、消肿痛等，由于膏药用于肌表薄贴，所以膏药中取气味具厚的药物，并加以引药率领群药，开结行滞直达病灶。因此可透入皮肤产生消炎、止痛、活血化淤、益气养血、通经走络、强筋健骨，舒筋活络、开窍透骨、祛风散寒等。贴于体表的膏药刺激神经末梢，通过反射，扩张血管，促进局部血液循环，改善周围组织营养，达到消肿，消炎和镇痛的目的。

润物无声的熏蒸

有一部流行的电视剧，叫《神医喜来乐》。其中曾讲述这样一个小故事：清朝王府的格格得了怪病，躺在床上，水米不进。很多太医都束手无策，于是劝告王爷为其准备后事。有人推荐了神医喜来乐，王爷把这个民间土郎中当成最后一根救命稻草。喜来乐在房间里架起锅熬药，含中药成分的水蒸气最后治好了格格的病。这种治疗方法就是中药熏蒸。

艺术来源于生活，熏蒸在历史上确有其事，只不过时间更早，发生在南北朝时期。南朝陈国的柳太后患了中风，面部神经麻痹，嘴也失去了正常功能，不能吃东西，更别说给她吃药了，这可难坏了很多太医。

当时的名医许胤宗给柳太后看过后，命人做了十多剂治疗中风的黄芪防风汤。其他御医看了说，明明知道太后不能喝药，还做这么多汤药有什么用啊！许胤宗笑答说，虽然太后现在不能用嘴喝，但是我可以用其他办法让太后服药。他叫人把滚烫的汤药放在太后的床下，汤气蒸腾起来，药气在熏蒸时便慢慢进入了太后的肌肤，并从肌肤进入身体，药效逐渐发挥，达到了调理气血的作用，柳太后的气血得到调理，在被汤药熏蒸了数小时后，病情终于有了好转。

中药熏蒸是中医外治疗法之一，它是借热力和药治的共同作用，通过扩张皮肤微小血管，加快血液循环，由表及里，在温热中实施治疗。皮肤是人体最大的器官，具有分泌、吸收、渗透、排泄、感觉等多种功能。中药熏蒸就是利用皮肤的生理特性和药物归经归脏的特性，使药物通过皮肤表层吸收，进入血液循环、经络、脏腑从而达到治疗的效果。

中医薰蒸疗法是物理疗法，其机理是通过温热对局部或全身皮肤的刺激，促进血管扩张，血液及淋巴循环，促进新陈代谢，改善局部或全身的组织营养、代谢、调节全身神经、肌肉关节的功能，即中医理论之活血化瘀。药物通过皮肤吸收面积大，作用直接，药物吸收不受内环境影响，减轻胃肠道副作用，给药方便。

熏蒸养生疗法的五大作用及好处如下：

（1）皮肤吸收作用

通过皮肤吸收药物，作用直接而快速，并且减轻肠胃吸收药物导致的功能负担，完成外部给药。皮肤覆盖在身体表面，面积大，毛孔多，除可以保护体内组织和器官免受外界各种刺激外，尚有排泄和透皮吸收等作用。药物薰蒸局部皮肤，可通过局部的皮肤黏膜、汗腺毛囊、角质层、细胞及其间隙等将药物转运而吸收入体。薰蒸时湿热的药物能加强水合作用和皮肤的通透性，能加速皮肤对药物的吸收，而引起整体药理效应。

（2）血液循环作用

通过药物薰蒸，加热全身，从而使血流加快，达到活血化瘀，加速新陈代谢，促进血液循环的作用。药物通过皮肤黏膜吸收，角质层运转（包括细胞内扩散、细胞间质扩散）和表皮深层运转面被吸收；另外角质层经水合作用，使药物通过一种或多种途径进入血液循环。

（3）移毒杀菌作用

通过药物薰蒸，打开人体最大的排毒通道——皮肤。人体组织中，带孔的地方都是排毒通道，熏蒸使毒邪通过皮肤孔窍外移，外拔，外透，不使邪陷脏腑，使药物的作用直接起到抑制与杀灭病菌的作用。另外，通过药物的作用，而引起的神经反射激发机体的自身调节作用，促使某些抗体的形成，借以提高机体的免疫功能，从而达到防病，治病，美容的目的。

（4）脏腑输布作用

体表与脏腑是表里相属，经脉相连的，当药物薰蒸局部皮肤时，药物透过皮肤通过经脉而传入脏腑，再通过脏腑的输布作用，布散于全身，从而起到治病防病的作用。

（5）物理刺激作用

通过药物薰蒸，药物的热力可使皮肤温度升高，皮肤毛细血管扩张，能促进血液及淋巴液的循环，改善周围组织营养，利于血肿、水肿的消散，收到活血化瘀的疗效。

止痛，加快清除疼痛部位的代谢废物。熏蒸后可以更加保护皮肤软组织，使疼痛部位的废弃物随着按摩手法的进行从而代谢出体外，达到止痛效果。

药物可消炎，杀菌，杀虫止痒，消肿。熏蒸时药物分子被雾化，通过毛孔间隙作用于身体，可以使细胞间隙内的细菌杀灭，从而消炎，还可以把多余的水分等物代谢出来从而消肿。

熏蒸首先对哪个脏器产生疗效？首先想到的当然是肺，肺主皮毛，肺与皮肤相表里，肺主气，皮肤的汗孔被称为“气门”，有宣肺气的作用；肺通调水道，汗液显然是方式之一；肺是“娇脏”，皮肤则是抵御外邪的第一门户。而熏蒸是作用于皮肤的，熏蒸有利于改善肺的生理机能。熏蒸技术加上对心肺功能起作用的中药，无疑将把这种疗效发挥到极致。

熏蒸的第二大功能要点是高温除湿，显然对脾胃功能的改善有很好的疗效。我们知道，脾与肌肉相表里，熏蒸直接作用于皮肤，进入皮肤后下一步自然是肌肉，熏蒸可以增强肌肉的弹性。脾统血摄汗，熏蒸能够加速血液循环，加速汗液排出体外，从而改善脾的生理机能。

熏蒸的另一项主要功能是加速血液循环，而肝主藏血，熏蒸无疑能改善肝脏的生理机能。

刮痧与拔罐

加热、外力和药物，是中医养生调理最常用的三大方法。按摩显然是借助外力；艾灸、药敷和熏蒸都属于加热，三者的不同在于加热方法，干热还是湿热；药物要通过皮肤进入体内，需要一定的介质或载体，精油、空气、水蒸汽则扮演了相应的角色。

接下来，我们看看中医特有的借助外力来调理养生的工具和方法。

多年前有这样一部电影，故事发生在一个美国的华人中产家庭，来自中国的爷爷照看年幼的孙子，小孩生病的时候，爷爷看不懂英文，无法用合适的药，就采取中医传统的刮痧疗法。后来，小孩身上的痧印被人发现，其父惹上官司，被控虐待儿童。中西方文化发生碰撞，最后人们的真诚和爱心使困境被冲破。这部电影的名字就叫《刮痧》。

以上故事的背景，就是西方人对中医传统疗法一无所知。下面，我们简单介绍一下刮痧疗法及其作用机理。

刮痧是通过特制的刮痧器具和相应的手法，蘸取一定的介质，在体表进行反复刮动、摩擦，使皮肤局部出现红色粟粒状，或暗红色出血点等“出痧”变化，从而达到活血透痧的作用。

刮痧具有调气行血、活血化瘀、舒筋通络、驱邪排毒等功效，已广泛应用于内、外、妇、儿科的多种病症及美容、保健领域。尤其适宜于疼痛性疾病、骨关节退行性疾病如颈椎病、肩周炎的康复；对于感冒发热、咳嗽等呼吸系统病证临床可配合拔罐应用；对于痤疮、黄褐斑等损容性疾病可配合针灸、刺络放血等疗法；还适用于亚健康、慢性疲劳综合征等疾病的防治。

显然，刮痧是以中医经络理论为基础的。经脉存在于皮下，所以用刮痧板在皮肤上循经操作，可以起到疏通经络的作用。经络通，则百病无。经络通畅，则气血循环加快，身体与外界的能量交换速度加快，垃圾、毒素能尽快排出体外，外界的清气、营养物质能迅速补充给体内的脏腑，抵御外邪的能力也会自然增强。

此外，刮痧也可以看作是按摩的一个变种，只不过是借助刮痧板操作而已。《保赤推拿法》记载："刮者，医指挨儿皮肤，略加力而下也。"

刮痧是循经操作的，一般不针对具体的穴位，所以力度不可能太大。与之相比，拔罐则是针对穴位的，皮肤所承受的外力也更强。

拔罐是一种以杯罐作工具，借热力排去其中的空气产生负压，使吸着于皮肤，造成淤血现象的一种疗法。拔罐在古代典籍中被称为角法，这是因为古代医家应用动物的角作为吸拔工具。

拔罐疗法发挥作用的原理在于：

（1）机械刺激

通过排气造成罐内负压，罐缘得以紧紧附着于皮肤表面，牵拉了神经、肌肉、血管以及皮下的腺体，可引起一系列神经内分泌反应，调节血管舒、缩功能和血管的通透性，从而改善局部血液循环。

（2）负压效应

拔罐的负压作用使局部迅速充血、淤血，小毛细血管甚至破裂，红细胞破坏，发生溶血现象。红细胞中血红蛋白的释放对机体是一种良性刺激，它可通过神经系统对组织器官的功能进行双向调节，同时促进白细胞的吞噬作用，提高皮肤对外界变化的敏感性及耐受力，从而增强机体的免疫力。其次，负压的强大吸拔力可使汗毛孔充分张开，汗腺和皮脂腺的功能受到刺激而加强，皮肤表层衰老细胞脱落，从而使体内的毒素、废物加速排出。

（3）温热作用

拔罐局部的温热作用不仅使血管扩张、血流量增加，而且可增强血管壁的通透性和细胞的吞噬能力。拔罐处血管紧张度及黏膜渗透性的改变，淋巴循环加速，吞噬作用加强，对感染性病灶，无疑形成了一个抗生物性病因的良好环境。另外，溶血现象的慢性刺激对人体起到了保健功能。

家用真空抽气式罐由于它的简便、易学，已经走进了越来越多的百姓家中。当人们受凉、肩背疼痛时，一些人就会说："拔拔罐吧。"起罐后的一身轻松，能缓解甚至解除许多不适。但也有人因在使用中方法不当，反造成了一些新的不适。

下面几点是家庭拔罐常见的禁忌。

首先，要确定拔罐者的体质。如体质过于虚弱者就不宜拔罐，因为拔罐中有泻法，反而使虚者更虚，达不到治疗的效果。

其次，孕妇及年纪大且患有心脏病者拔罐应慎重。因孕妇的腰骶部及腹部是禁止拔罐部位，拔罐极易造成流产。在拔罐时，皮肤在负压下收紧，对全身是一种疼痛的刺激，一般人完全可以承受，但年老且患有心脏疾病的患者在这种刺激下可能会使心脏疾病发作。所以此类人群在拔罐时也要慎重。

再次，局部有皮肤破溃或有皮肤病的患者，不宜拔罐。

最后，拔罐时留罐时间不宜过长（一般拔罐时间应掌握在 8 分钟以内），以免造成起泡。

神奇的针灸

小学课本里有这样一个寓言故事：天鹅、虾和梭子鱼是好朋友，他们齐心协力拉车去赶集。天鹅套上绳索往天上飞，虾弓着身子拉车向后退，梭子鱼则是拉车往水里钻。大家都很努力，但车却是纹丝未动。这个故事告诉我们，方向不对，努力白费；只有力往一处使，才能更接近成功。再举个例子，攥紧拳头才用得上力，五指分开打出去，不但无法伤人，反而可能被人伤。

中医调理养生和治病，也是如此。越针对具体的穴位，对其刺激越强，调理的效果就越快、越明显；反之，涉及的范围越广，效果就越慢、越不理想。前面介绍的诸多方法中，疗效较好的是艾灸、药敷和拔罐，它们无一不是针对局部，针对具体的穴位。

还有一种疗法，也是针对具体的穴位，物理刺激更强（刺入体内），这就是针灸。原本针灸两字包含了针和灸两种中医技术，但现代约定俗成地仅指前者，所以，本书提到的针灸也仅指针刺。

针灸的历史由来已久，《黄帝内经》本身就是最好的说明。我们知道，《黄帝内经》包括《素问》和《灵枢》两部分，前者 9 卷（唐朝人王冰补订为 24 卷），探讨了藏象、经络、病因、治疗、养生等最基本的中医理论；后者同样是 9 卷（南宋人史崧将之改为 24 卷），亦名《针经》，是针灸医学最早的教科书，至今仍是中医针灸的圭臬。

也就是说，《黄帝内经》有一半的内容都是跟针灸有关的。由此，足可见针灸在中医治疗实践中的重要性。

所谓针灸，是指以中医的经络和腧穴理论为基础，把针具（通常指毫针）按照一定的角度刺入患者体内，运用捻转与提插等针刺手法来刺激人体特定部位从而达到治疗疾病的目的。

针灸疗法在临床上，按中医的诊疗方法诊断出病因，找出疾病的关键，辨别疾病的性质。然后进行相应的配穴处方，进行治疗。以通经脉，调气血，使阴阳归于相对平衡，使脏腑功能趋于调和，从而达到防治疾病的目的。具体说来，该疗法的治病原理如下：

（1）调和阴阳

在正常情况下，人体中阴阳两方面处于相对平衡状态，针灸的治疗作用首先在于调和阴阳，针灸调和阴阳的作用，基本上是通过经络、腧穴配伍和针刺手法来实现的。如胃火炽盛引起的牙痛，属阳热偏盛，治宜清泻胃火，取足阳明胃经穴内庭，针刺泻法，以清泻胃热。寒邪伤胃引起的胃痛，属阴邪偏盛，治宜温中散寒，取足阳明胃经穴足三里和胃之募穴中脘，针用泻法，并灸，以温散寒邪。现代大量的临床观察和实验研究也已经充分证明，针灸对各个器官组织的功能活动均有明显的调整作用，特别是在病理状态下，这种调节作用更为明显。一般说对于亢进的、兴奋的、痉挛状态的组织器官有抑制作用，而对于虚弱的、抑制的、弛缓的组织器官有兴奋作用。这种调节是良性的、双向性的。这就是针灸能治疗多种疾病的基本原因之一。如果将组织器官的病理失调与阴阳理论联系起来，均可用阴阳解释，所以说针灸调节了病理性失调，也就是调节阴阳的失调。

（2）扶正祛邪

针灸具有扶正祛邪作用，具体表现为补虚泻实。针灸的补虚泻实，体现在三个方面，一是刺灸法，如艾灸多用于补虚，刺血多用于泻实；二是针刺手法，古今医家已总结出多种补泻手法；三是腧穴配伍，长期大量临床经验，不少腧穴其补泻作用各异，如膏肓、气海、关元、足三里、命门等穴，有补的作用，多在扶正时应用；而十宣、中极、水沟，有泻的作用，多在祛邪时应用。现代的临床实践和实验研究证明针灸能够增强机体的免疫功能，抵抗各种致病因素的侵袭，而这种作用与中医的“扶正祛邪”相似。

（3）疏通经络

针灸通过穴位的刺激，具有疏通经络、调理气血的作用，从而达到治疗疾病的目的。针灸止痛，更是通经络、疏闭阻的结果。

针灸疗法具有很多优点：第一，有广泛的适应症，可用于内、外、妇、儿、五官等科多种疾病的治疗和预防；第二，治疗病的效果比较迅速和显著，特别是具有良好的兴奋身体机能，提高抗病能力和镇静、镇痛等作用；第三，操作方法简便易行；第四，医疗费用经济；第五，没有或极少副作用，基本安全可靠，又可以协同其他疗法进行综合治疗。

最后，我们再说一下刺血疗法。该疗法可谓是针灸的一个变种，都用针刺穴位；两者的不同在于，针灸起针后皮肤表面无损，刺血则有血流出来。

刺血疗法同样以中医的经络和腧穴理论为基础，通过放血祛除邪气而达到调和气血、平衡阴阳和恢复正气目的的一种有效治疗方法，适用于“病在血络”的各类疾病。现代临床刺血，都应在常规消毒后进行，手法宜轻、浅、快、准，深度以 0.1 ~ 0.2 寸为宜。一般出血量以数滴至数毫升为宜，但也有多至 30 ~ 60 毫升者。

在热症、急症、实症范围之内，针刺疗法都有一定的作用。其疗效如下：

（1）解表

当外邪尚在体表，刺血可起祛邪解表之效。《素问・离合真邪论》中记载，“此邪新客，溶溶未有定处也……刺出其血，其病立已。”张从正《儒门事亲・目疾头风出血最急说》也认为，“出血之与发汗，名虽异而实同。”

（2）泻热

治疟疾发热，可取足阳明胃经上的冲阳穴放血以泄热。《素问・刺疟》中说，“疟发身方热，刺跗上动脉，开其空，出其血，立寒。”针刺放血后可促使邪热外泄或减少血中邪热，使体内阴阳平衡而退热。

（3）止痛

运用刺血疗法可治疗神经性头痛、关节疼痛、坐骨神经痛、结石绞痛、脉管炎剧痛、阑尾炎腹痛等病症，针刺放血后疼痛均可明显减轻或消失。

中医认为“痛则不通”。如果气血运行失常，发生气滞血瘀，经络壅滞、闭塞不通，就会发生疼痛。针刺放血可以疏通经络中壅滞的气血，改变气滞血瘀的病理变化，“通则不痛”，经络气血通畅了，疼痛则可消除。

（4）镇静

刺血疗法有镇静安神的作用，对狂躁型精神分裂症、失眠、癔病、破伤风、癫痫等疾病有一定的疗效。这种作用是通过理血调气、通达经络，使脏腑气血和调，而恢复正常的生理功能。

（5）消肿

《素问·缪刺论》认为，“人有所堕坠，恶血留内。”刺血疗法可以活血化瘀，消除肿胀。跌打损伤引起的肢体局部肿胀疼痛，活动受限，多因气滞血瘀、经络壅塞所致。刺血疗法可以疏通经络中壅滞的气血，使局部伤处气血畅通，则肿痛自可消除。

（6）急救开窍

刺血疗法的急救作用，历来被众多医家所重视，民间流传也较为普遍。如中暑、惊厥、痧症、昏迷、血压升高、毒蛇咬伤等急症，经刺血后，险情常可立即解除。

现代医学研究表明，刺血疗法直接把富含致痛物质的血液放出，同时形成负压促使新鲜血液向病灶流动，稀释了致病物质的浓度，改善了局部微循环障碍状态。该疗法也可能通过影响血流剪应力而调节内皮细胞，引起复杂的生理病理效应。

刺血疗法操作时要注意以下几方面的禁忌：

一是在临近重要内脏部位，切忌深刺。

二是动脉血管和较大的静脉血管，禁用刺血。

三是虚证，尤其是血虚或阴液亏损患者，禁用刺血。

四是孕妇及有习惯性流产史者，禁用刺血。

五是病人暂时性劳累、饥饱、情绪失常、气血不足等情况，应避免刺血。

【链接一】 太极拳用说

五行生克，无处不有，无时不然。如两人交手，敌以柔来者，属阴，阴当以阳克之；属水，水当以火克之。此当然之理势也，人所易知者也。独至于拳则不然。运用纯是经中寓权，权不离经。何言乎尔？彼以柔来者，是先以柔精听（忖也）我如何答应，而后乘机击我。我以刚应，是我正中其谋，愚莫甚也。问：该如何应答？彼以柔法听我（以胳膊听我，非以耳听也），我以柔法听彼，拳各有界，彼引我进，我只可至吾边界，不可再进。再进则失势。

如曰“不入虎穴，焉得虎子”，是以天生大勇者论之，非为常人说法也。即为大勇，亦为涉险。问：该如何处置？如彼引吾前进，未出吾界即变为刚，是彼惧我而变柔为刚，是不如我者也。我当以柔克之。半途之中，生此变态，我仍是以柔道之引进落空者击之。如彼引我，已至吾界，是时正宜窥彼之机势，视彼之形色，度彼之魄力。如有机可乘，吾即以柔者忽变为刚击之。此之为以刚克柔，以火克水。如彼中途未变其柔，交界之际强为支架，亦宜击之。

如彼引我至界，无隙可乘，彼之柔精如故，是劲敌也，对手也。不可与之相持，吾当退守看吾门户。先时我以柔进听之者，至此吾仍以柔道听之，渐转而退，仍以柔道引之使进。彼若不进，是智者也。彼若因吾引而遽进，误以我怯，冒冒然或以柔来，或中途忽以柔变为刚来，我但称住其手，徐徐引之使进，且令其不得不进。至不得势之时，彼之力尽矣，彼之智穷矣，彼之生机更迫促矣，是时，我之柔者忽变而为刚，并不费多力，一转即克之矣。

是时，彼岂不知孤军深入难以取胜？然当是时，悔之不及，进不敢进，进亦败；退不敢退，退亦败；即不进不退，亦至于败。盖如士卒疲敝，辎重皆空，惟束手受缚，降服而已矣，何能为哉！

击人之妙，全在于此。此之谓以柔克刚，以火克水，仍是五行生克之道也。

天一生水，水外阴而内阳，外柔而内刚，属肾。其以柔进，如水之波流旋绕，不先尚其力，用其智也。地二生火，火外阳而内阴，外刚而内柔，在人属心。水火有形而无质。天三生木，地四生金，则有形有质矣。天五生土。水火势均者不相下。

言以火胜水者，以火之多于水者言之耳。彼以柔进忽变而为刚者，是水之所生之木也。木阳质也。即水中之阳性因滋以成质者也。水与木本自一串，故柔变刚最易，以其形与质皆属阳也。

上言以火克水，盖以火能生土，土能生金。火外明而内暗，阴性也。金，阴所成之质也。木，在人属肝。金，在人属肺。天下能克木者惟金，金与火皆阴类也。所言以刚克柔者，是以火克水，以金克木也。是以其外者言之。火性激烈，金质坚硬，心火一起，脾气动也。怒气发泄于外，有声可听，金为之也。脾气动，则我之肝与肾无不与之俱动。虽曰以刚克柔，其实是以柔克刚。盖彼先柔而后刚，我是柔中寓刚，内文明而外柔顺，故克之。

若彼先以刚来，则制之又觉易易。何言之？如人来击我，其势甚猛，我则不与之硬顶，将肱与身与步一顺身卸下，步手落彼之旁面，让过彼之风头，彼之锐气直往前冲不顾左右，且彼向前之气力，陡然转之左右，甚不容易。我则以旁击之，以我之顺力，击彼之横而无力，易乎不易？吾故曰："克刚易，克柔难。"

——摘自陈鑫著《陈氏太极拳图说》

（作者陈鑫为近代武术史上著名的太极拳理论家）

【链接二】 太极拳的养生功效

对骨骼肌肉：矫正脊柱

打太极对脊柱有很明显的锻炼效果。练太极几乎每个招式都会用到腰，长期的积累下来，对脊柱的形态和结构有良好的作用。广西中医学院教授诸葛纯英说，"很少能看到练太极的老人会发生脊柱畸形的，驼背的也很少。"

驼背是典型的老年畸形，是衰老的结果，但是经常打太极拳的人，驼背的发生率就远比一般人少。经常打太极拳，脊柱的活动幅度比较好，骨质疏松的发生率也会较低。"老人骨质疏松有两大原因，一个是缺乏运动，一个是缺钙，所以不能盲目补钙，不运动，太极要求动作连贯，也有一定的防老作用。"她说。

对呼吸：拥有"开阔"的心胸

太极爱好者，经常都拥有一颗"开阔"的心胸，这就要归功于长期的坚持。经常练习太极拳的人，肺组织的弹性好，胸廓的活动度也大，同时还会增强肺的通气功能。

太极拳，多半是以腹式呼吸为主，呼吸深长均匀，在反复的动作中，腹肌和膈肌经常运动，因此可以增加透气功能。又能通过腹压有规律地改变，使体内的血流加速，增进肺泡的换气功能，这些都有助于保持老人的活动能力。因此，我们经常看到打太极的老人，不气喘，恢复又很快，秘密就在这里。

对物质代谢：打击胆固醇

太极对身体的影响往往都是潜移默化的，对待胆固醇也是这样。专家表示，打太极拳对脂类、蛋白质类以及无机盐中钙、磷的代谢，有良好的影响。打太极会影响物质代谢，可以说是运动防老。

以前曾有过实验，证实老年人打太极锻炼5~30小时后，血内的胆固醇含量会下降，其中以胆固醇增高的老人，下降尤为明显。对动脉硬化的老人进行锻炼前后的代谢研究发现，经过5~6个月锻炼后，老人血中的白蛋白含量增加，球蛋白及胆固醇的含量却明显减少，而且动脉硬化的症状也会大大减轻。

对心血管：消除瘀血的良方

太极拳的动作很多，包括了各组肌肉和关节的活动，还包括着有节律的呼吸运动，特别是横膈运动。专家表示，这些动作组合在一起，就能加强血液和淋巴的循环，减少体内的瘀血现象，是一种消除体内瘀血的良方。

太极，经常要求“气沉丹田”，也就是说要求气向下沉。其实这就是一种横膈式呼吸，通过膈肌和腹肌的收缩与舒张，使腹压不断改变，加快血液的流通，也就改善了血液循环的状况。因此，太极的动作要领，不单可以有规律地按摩肝脏，还是消除肝瘀血，改善肝功能的“省钱方”。

对中枢：优化大脑“软件系统”

众所周知，神经系统是人体的“主心骨”，是所有调节系统中最重要的一环，也是调节与支配所有系统与器官活动的枢纽。专家指出，如今社会节奏快，压力大，中枢神经系统经常“不负重荷”，导致疾病的产生。因此，任何一种锻炼，如果能增强“主心骨”的机能，对全身都有很好的保健意义。

练习太极拳，要求“心静”“用意”，注意力要集中，对大脑活动都有良好的锻炼作用。从动作上来讲，练太极动作要“完整一气”，由眼神到上肢、躯干、下肢，要上下不乱，前后连贯。因为动作有时较复杂，所以需要良好的支配和平衡能力，无形中，就一次次地优化我们大脑的“软件系统”，加强了系统的工作能力。

对消化：机械刺激，预防便秘

所谓“一物降一物”，因为中枢神经系统主管着体内的所有系统，因此经常练习太极拳，可以达到“隔山打牛”的效果，通过中枢神经系统活动能力的提高，改善消化系统的机能，还能避免因神经系统紊乱，而产生的消化系统疾病，如运动、分泌、吸收的紊乱。

此外，打太极所产生的规律的呼吸运动，可以对胃肠道起到机械刺激的作用，改善消化道的血液循环。所以可以促进消化，预防便秘，解决老年人生活的一大难题。

（原载于《南国健报》2011 年 1 月 21 日）

附录　雾霾治理，难在何处？

1. 通过减排治理雾霾天气的方法有哪些？

一是直接做减法，对污染源限制甚至是关停。

以北京为首的一些城市实行机动车尾号限行措施，周一到周五，每天都有相应尾号的机动车 7 ~ 20 点禁止在某些路段行驶。当空气污染红色预警发布时，北京市还将实施单双号限行的应急性措施。1/5 或者 1/2 的机动车停驶，自然会为减排作出贡献。

北京、上海等城市对新增机动车的车牌号（上路许可证），实行摇号、拍卖等政策，以限制机动车的增量。

对于重污染设备和企业，采取直接关停的方法，是非常有效的减排措施。显然，跟关停相比，一些小企业采取“游击战”和偷排策略，对它们的监管和惩处更为重要，也更不容易。下面，看一下雾霾天气大省河北省针对减排的做法。

2013 年年底前，河北省完成了 3.5 万台燃煤锅炉拆除治理任务。截至 2014 年 1 月中旬，石家庄已拆除、治理燃煤小锅炉 34010 台，其他设区市累计淘汰燃煤小锅炉 2231 台，152 台燃煤锅炉新建或改造了除尘设施。河北省 2013 年关停取缔重污染小企业 8347 家。其中，完成脱硫项目 291 个，完成脱硝项目 172 个，完成除尘治理项目 119 个。

2013 年河北省挂牌督办了 124 个环境违法案件，取缔非法企业

1329 家。10298 名大气污染防治义务监督员经培训持证上岗。加大对举报人的奖励力度，2013 年共对 318 个环境举报案件的 318 名举报人进行了奖励，累计发放奖金 30.65 万元。据监测，2013 年下半年，河北省 PM2.5 平均浓度为 98 微克 / 立方米，与上半年的 118 微克 / 立方米相比，下降了 17%。

二是用技术改造和产品升级做除法，减少存量重污染项目的排放量。

据统计，城市里行驶的机动车近 30% 时间处于停车怠速状况。如果遇上严重的交通堵塞，这个比例还要高。在这种情况下，绝大多数驾驶员都不会熄火停车，而是习惯于保持发动机怠速运转。专家表示，这时的状况如同成百上千的小锅炉在城市中心排放着废气。汽车发动机启停技术可以改变上述状况，并实现节能减排。采用该技术，在行驶中直接踩刹车和油门就能实现熄火停车与点火启动之间的灵活转换，而无须拧动钥匙。

由于内燃机在怠速状况下的燃烧状况要比正常运行时差，排放的有害气体相对比例大，因此运用启停装置对于减少排放的效果更甚于减少燃油消耗的效果。据实际测试结果估计，汽车装备启停装置的节油效果可达 5% ~ 15%，而减排效果可达 10% ~ 20%。这是对整个运行循环来说的，而对于交通堵塞发生的路段周围的局部地区空气质量的作用就远远不是这个数值了。堵车现象越严重，启停系统的节能减排效果越显著。

关于汽车尾气的减排，我们再说说油品质量。汽油车尾气排放的颗粒物中硫酸盐占比较大，因此降低汽油硫含量可以直接减少颗粒物排放量。汽油质量从“国三”标准（即第三阶段车用汽油标准，下同）升级至“国四”标准，硫含量将从 150ppm（1ppm 为百万分之一）降至 50ppm，升级至“国五”标准，硫含量将进一步降至 10ppm；柴油质量从“国三”标准升级至“国四”标准，硫含量将从 350ppm 降至

50ppm，升级至“国五”标准，硫含量将进一步降至10ppm。除了硫含量的降低，油品升级同样还会降低烯烃以及锰添加剂的下降。

环保部科技标准司有关人士曾表示，经过测试，即使现有汽车不作任何改造，使用符合“国五”标准的汽油和柴油，汽车尾气中的有关污染物排放也将减少10%。与采用“国四”排放标准相比，符合“国五”排放标准的轿车尾气中的颗粒物将减少82%，氮氧化物减少25%。由此可见，油品升级对汽车行业减排的重要意义。

火电属于重污染行业，在节能减排方面理应充当排头兵的角色，而技术研发与升级改造就非常重要。比如PM2.5微颗粒聚合器，就是在传统的电除尘器前端加装该装置，使烟气在进入电除尘器前先预荷电，一部分烟气带正电荷，一部分带负电荷，然后经过混合，让细颗粒变成大颗粒，再进入电除尘器，使烟尘和细微颗粒更容易去除。测试结果表明，经过这套装置，PM2.5排放浓度可下降30%，烟尘排放浓度可下降20%。并且，这套装置具有占地小、投资省、运行成本低等特点，具备商业推广价值。

再如，高效旋风分离技术。采用该技术对制粉系统细粉分离器进行改造，单台机组每年节约煤耗252万元以上，氮氧化物排放降低200毫克/标准立方米。

水泥是继火电之后氮氧化物排放的第二大行业，目前主要有两大减排措施：推广低氮燃烧改造和安装烟气脱硝装置。据业内专家介绍，低氮燃烧改造属于工程控制措施，主要通过控制燃烧的温度来减少水泥生产过程中氮氧化物的排放量；烟气脱硝工程属于末端控制，主要是通过向烟气喷洒氨水、尿素等还原剂，将氮氧化物还原成无害的水和氮气。单纯的低氮燃烧技术改造，可使得水泥生产企业氮氧化物排放量削减约10%；低氮燃烧改造和烟气脱硝的综合运用效果更佳，大约可以减少65%的氮氧化物排放。

三是调整和替代，逐步向低污、清洁、环保的生产和生活方式过渡。

在中国的能源消费结构中，一次能源中69%靠煤，发电80%以上来自火电。而燃煤排放的二氧化硫等污染物，被公认为PM2.5重要来源之一。改变现有的能源结构，扩大清洁能源的占比，是非常重要的减排措施。

我们先说说“煤改气”。相对而言，天然气属于清洁能源，因为它完全燃烧后的产物是水和二氧化碳。使用天然气，能减少二氧化硫和粉尘排放量近100%，减少二氧化碳排放量60%和氮氧化合物排放量50%，并有助于减少酸雨形成，舒缓地球温室效应，从根本上改善环境质量。

“煤改气”的减排效果非常明显。以乌鲁木齐市为例，2012年进行大规模的“煤改气”工程，改造后天然气供暖比重达76%。当年，该市空气质量达标天数为292天，采暖季空气质量优良天数较2011年增加了近1倍，创造了大气污染治理工作开展以来的最好成绩。

但受制于天然气开采量和使用价格，“煤改气”只能在局部实现，天然气全面替代煤炭基本上是不可能的。

在发电方面，发展水电、风电、太阳能和核电等清洁能源，以改变火电一统天下的局面。

按照2013年1月发布的《能源“十二五”规划》，全国将开工建设水电1.6亿千瓦，到2015年，全国水电装机容量达到2.9亿千瓦。规划中表明，重点开工建设的（包括金沙江、雅砻江、大渡河、澜沧江、黄河上游、雅鲁藏布江等在内）将有超过50个大型水电站，金沙江下游河段的乌东德、白鹤滩、溪洛渡和向家坝4座电站都位列其中。

据《中国政协报》统计，单纯从数据上看，水电可谓治霾主力军：溪洛渡发电效益巨大，每年可替代燃煤2200万吨，减少二氧化碳排放量约4000万吨，二氧化硫约40万吨。向家坝电站年平均发电量300

多亿千瓦时，可替代同等规模的燃煤火电厂，相当于每年减少原煤消耗约 1400 万吨，每年减少二氧化碳排放约 2500 万吨、二氧化氮约 17 万吨、二氧化硫约 30 万吨。

全国风能详查和评价结果显示，中国陆上 50 米高度层年平均风功率密度大于等于 300 瓦 / 平方米的风能资源理论储量约 73 亿千瓦。其中，可开发利用风能储量（不包括海上）远超我国化石能源之和。据中国风能协会的统计数据，2013 年，中国风电新增装机容量为 1610 万千瓦，较 2012 年的 1296 万千瓦大幅提高 24%，中国风电累计装机已突破 9000 万千瓦，16.1GW 的总装机超过了市场预期的 15GW。

我们看一下吉林省发展风电带来的减排成效。十年来，吉林省风电发电量累计已达 221.51 亿千瓦时，与火力发电相比，相当于减排二氧化碳 1581.58 万吨。据测算，全省有林地面积 828.8 万公顷，森林年固碳量为 1277.66 万吨。“吉林省风电十年减排的二氧化碳，比全省森林全年固碳量还要多。”国网吉林电力调度控制中心水电及新能源处处长杨国新说。

风电发展面临的困难在于，风力发电不稳定，成本高。由此，并入原来火电为主的电网存在技术难度和既得利益集团在心理上的排斥。

太阳能热利用产业作为一种新兴可再生能源产业，在我国节能减排事业中发挥着巨大的作用。据估计，2015 年我国太阳能热利用年产量将达到 1 ~ 1.2 亿平方米，总保有量达到 4 亿平方米，相当于每年节电 280000MWth，年可替代标准煤 6000 万吨，年可减排二氧化碳 129000 万吨。

中国工程院院士潘自强认为，核电链是对环境影响极小的清洁能源，核电厂本身不排放 SO_2、PM 等大气污染物，核电站流出物中的放射性物质对周围居民的辐射照射一般都远低于当地的自然本底水平。核能属于低碳能源，一座百万千瓦电功率的核电厂和燃煤电厂相比，每年可以减少二氧化碳排放 600 多万吨，是减排效应最大的能源之一。因此，加快发展核电是我国华北、长江流域以及中南地区改善大气环境质量和治理 PM2.5 等大气雾霾的必要措施。

据了解，《核电中长期发展规划（2011 ~ 2020 年）》提出，到 2020 年，中国核电装机容量约为 5800 万千瓦，在建 3000 万千瓦；到 2030 年，需要近 200 台机组。

最后，再看一下汽车尾气。目前，绝大多数机动车使用的都是汽油或柴油，其排放的尾气是最重要的空气污染源之一。以电能替代汽油、柴油，将明显减少尾气的排放。当然，前提条件是发电行业中火电的占比下降。

从使用过程来看，相比燃油汽车，电动汽车是“零排放”，这一点对于缓解城市 PM2.5 等大气污染问题具有重要意义。从制造过程来看，电动汽车电池制造过程能耗要高于燃油汽车。从电力生产过程来看，其排放主要取决于电力的清洁程度。综合考虑电力生产过程和动力电池制造过程排放，我国当前的纯电动汽车排放要略低于汽油车，但略高于柴油车，减排效益并不突出。

但随着电源结构优化以及动力电池技术进步，电动汽车的减排效果将日趋显著。按照我国非化石能源占终端能源消费比重到 2015 年达到 11.4%，2020 年达到 15% 的目标测算，到 2015 年和 2020 年我国纯电动汽车的排放水平将低于常规汽油车与柴油车，约为常规汽油车的 75% 和 66%。

2. 如何通过城市布局和规划改变大气结构，从而有利于空气污染物的扩散？

无论雾，还是霾，PM2.5 浓度之所以超标，稳定的大气结构，颗粒物不易扩散，是共同的原因。反过来考虑，除减少污染物的排放外，打破大气结构的稳定性，加速空气的快速流通，则是治理雾霾的必然之选。

但问题是，要改变大气结构，就得呼风唤雨，而这只停留在神话传说之中，现代科学技术目前还是无能为力。有人会说，不是有人工降水、人工消雾等技术手段吗？用飞机把干冰、碘化银等撒播在云层中，消除逆温层，形成降雨。可是，不能忽略的是，这些的技术手段只在局部有效，并且成本非常高；像当今中国，差不多15%的国土都被雾霾笼罩的时候，人工影响天气的技术手段显得微不足道，正所谓“杯水车薪”。

然而，人类也并非完全无能为力。只要能在一定程度上改变大气的稳定结构，有利于空气中污染物的扩散，亦能对雾霾治理作出贡献。改变大城市的单一中心格局，重污染产业的地理布局合理化等，显然能减少静风现象，加快空气在水平方向上的流通，从而有利于颗粒物的扩散。

芬兰学者沙里宁在20世纪初期针对大城市过分膨胀所带来的各种弊病，提出城市规划中疏导大城市的理念——有机疏散论。他认为，没有理由把重工业布置在城市中心，轻工业也应该疏散出去。当然，许多事业和城市行政管理部门必须设置在城市的中心位置。很大一部分事业，尤其是挤在城市中心地区的日常生活供应部门将随着城市中心的疏散，离开拥挤的中心地区。挤在城市中心地区的许多家庭疏散到新区去，将得到更适合的居住环境。中心地区的人口密度也就会降低。

把个人日常的生活和工作即沙里宁称为“日常活动”的区域，作集中的布置；不经常的“偶然活动”（例如看比赛和演出）的场所，不必拘泥于一定的位置，则作分散的布置。日常活动尽可能集中在一定的范围内，使活动需要的交通量减到最低程度，并且不必都使用机械化交通工具。往返于偶然活动的场所，虽路程较长亦属无妨，因为在日常活动范围外绿地中设有通畅的交通干道，可以使用较高的车速迅速往返。

在二战还没结束时，时任英国首相丘吉尔就提出，英国当时只有3600万人口，却集中了500万的精英跟德国法西斯作战；战争一结束，这500万人就要结婚、生孩子、找工作，到哪里去好？如果这些人全部涌到伦敦来，伦敦就会“爆炸”。受沙里宁的思路的启发，丘吉尔请了一批规划学家推出“新城计划”，在英国伦敦之外布局了30多个卫星城市。具体实施方式就是在政府组建新城开发公司后，通过向国家财政借款，一次性地把农地征过来做新城规划和基础设施投资，然后再把土地卖出去、把钱收回来后实现滚动发展。此后，英国的“新城计划”发展成“新城运动”，影响了整整一代人。有了关于“大伦敦”的新城规划以后，“大巴黎”的新城规划也紧随其后。这些规划无一不遵循沙里宁的“有机疏散论”。

在中国，北京、上海等大城市也在兴建卫星城，以减轻单一中心（北京三环内、上海内环线内）过于集中导致的拥堵、污染等问题。但是，这些卫星城目前尚无法真正分散城市中心的压力，反而是出现了“睡城”和潮汐式交通拥堵的现象。

3.“煤老大”地位短期内难以撼动的原因是什么？

煤炭之所以能在一次能源中占69%、发电行业的80%以上来自火电，还是因为煤炭作为能源的相对优势：（1）储量大。据《1997世界能源统计评论》统计，至1996年底，世界煤炭探明的可采储量为1.03161×10^4亿t，储采比为224年，中国在煤储量最大的国家排行榜上排名第三。数据显示，中国已经查证的煤炭储量达到7241.16亿吨，其中生产和在建已占用储量为1868.22亿吨，尚未利用储量达4538.96亿吨。（2）技术成熟。煤炭开采在中国有几千年的历史，现代化技术近几十年突飞猛进，日趋成熟。与其他能源相比，煤炭的易获得性更高。（3）成本低。按同等发热量计算，北京市天然气、柴油、重油的价格约为动力煤价格的4倍、6倍和3倍。对各国的天然气价格进行比较，中国的天然气价格很高，约为美国的2.0倍，加拿大的4.5倍，英国的3倍。由此可见，在中国的化石能源价格中，煤是最便宜的，可以认为在中国煤炭是廉价的能源。

即使在环保主义盛行的美国，火电依然占发电行业的40%左右。按照美国市场目前的天然气、煤炭价格，天然气发电站每兆瓦时盈利3.04美元，而燃煤发电站盈利却可高达31.58美元。面对这样的情况，企业会选择哪种能源显而易见。

对比煤炭的强大优势，天然气、水电、风能、太阳能、核电等替代者就显得先天营养不良，再加上各种各样后天的原因，很难完全取代煤炭。

据预测，到2015年我国需要消耗煤炭40亿吨，如果全由天然气替代，约需2.2万亿立方米，而当前全球每年的天然气总消费量不过3万亿立方米。根据国土资源部最新发布的数据，2013年天然气产量1209亿立方米。显然，从天然气的供应看，根本无法支撑全面的“煤改气”工程。

正是基于上述的供需矛盾，2013年11月4日，国家发改委连发两份文件，要求切实落实“煤改气”项目的气源和供气合同，各地发展“煤改气”、燃气热电联产等天然气利用项目不能一哄而上。

与火电相比，清洁能源、零排放的水电却是发展缓慢。这个现象看起来比较奇怪，政府决策者们也不可能不知道水电的优势；但实际上，这种状况的背后却有着必然的道理：水电没有空气污染是不假，但水电也有自身的问题——对水生态、地质构造等一定会产生影响，并且这种影响要持续几十年甚至上百年，还有移民安置问题等。环境保护部固体废物与化学品管理技术中心主任凌江就曾说过，“水电在某种程度上可能比火电造成的污染更严重。”

关于水电所产生的不良影响这一话题，虽然几十年来争论不断，但对这些问题完全视而不见也并不是一个科学的态度；而决策者们在水电、火电之间作出选择，也只不过是“两害相权取其轻”罢了。

至于风能、太阳能、核电等新能源，则存在着不稳定性、安全隐患、价格高、与原有电网并网的技术难题等这样那样不易逾越的坎，同样无法对煤炭“一枝独秀”的消费格局构成冲击。

4. 在减排治理中遇到的最大阻力是什么？

面对着范围越来越广、持续时间越来越长的雾霾天气，在 PM2.5 面前“人人平等”，也没有人对减排等治理措施投出反对票。但是，对重污染行业的从业人员来说，要关停、增加治污成本等，就未必会支持，毕竟要亲手把自己的饭碗砸掉，难免会下不了手。归根结底，个体利益与整体利益、眼前利益与长远利益不一致的时候，并不是每个人都具有自我牺牲精神。

2014 年 2 月下旬，京津冀地区持续多日雾霾天气，环保部启动重污染天气应急机制，对 12 座城市组织了专项督查行动，主要抽查重点工业企业大气污染防治治理设施建设运行情况和达标排放情况。检查结果却十分令人忧虑，超过 60 家企业被“点名”，其中大部分集中在焦化、水泥、电解铝、钢铁等重污染行业。

督查组在河北唐山现场查看的 46 家工业企业中，34 家存在各类环境问题。河北鑫达钢铁有限公司多台烧结机未按期完成脱硫设施建设，经多次督查，仍不执行停产决定；其他整改措施进展缓慢。唐山安泰钢铁有限公司烧结机脱硫设施未建成仍在生产，唐山市丰南区经安钢铁有限公司、唐山东华钢铁企业集团有限公司、唐山瑞丰钢铁（集团）有限公司等都存在烧结机生产时脱硫设施不运行等问题。

“企业都在耍猫腻，减排在做手脚。我们在正定县金石化工公司暗访时发现两个烟囱都向外排烟，但第二天明查时，企业则称部分设施故障，当日停产。”华北督查中心相关负责人说。他还表示，经检查发现，该企业所购买的脱硫装置实际上并没有安装在线监控设施，而另一方面，该企业仍保留原有烟道，留有旁路，检查的时候停，不检查的时候仍然利用这个“口子”排烟。

而很多地方环保在线监测设备基本形同虚设，数据失真情况严重。新乐市东方热电有限公司脱硫设施不能正常运行，监测数据混乱，特别是当实地测量其烟气出口数据时，却发现和企业在线监测设备显示的数据有明显差异。

具体到个人，也会出现类似的情况。汽车尾气是空气中 PM2.5 的重要来源之一；在一些城市，根据尾号限行是重要的减排措施。此举为强制性的，但轿车拥有者们真正从心里赞成的却没有几个，一来限行日不可能不出门，二则公交、地铁等不大可能在每家楼下都设站，乘坐的舒适性更是相差千万倍。所以，很多家庭为了避开限行日，反而是购买了第二辆轿车。

再如，雾霾日对接送子女上学的家长来说，面临着两难选择：开车接送则加重空气污染，改乘公交车无疑对小孩的健康不利。这种情况下，大多数家长还是会作出第一种选择。

5. 卫星城规划在中国鲜有成效的原因何在？

有机疏散论和卫星城规划在中国遇到的最大挑战就是，有着两千多年历史的一元中心文化，集中容易分散难。有利于缓解“大城市病”的规划方案，最后却是个四不像，“画虎不成反类犬”。

华人首富李嘉诚有一句名言，“决定房地产价值的因素，第一是地段，第二是地段，第三还是地段。”地段论在房价上表现得淋漓尽致。2014 年年初，北京三环内的高品质楼盘没有低于 5 万元 / 平方米，五环外新盘的价格则在 3 万元 / 平方米左右。

地段的好坏，显然是以到市中心的距离为衡量标准的。离市中心越近，房价越高，自然就业机会越多，配套设施越齐全，上下班越方便。之所以如此，显然跟城市规划相关，市中心政府部门多，医院、学校等多，能够提供就业机会的单位也多。

我们再看看北京周边的那些卫星城——天通苑、回龙观、通州、黄村、燕郊等，离市中心远，房价相对便宜，配套设施不够齐全且服务水平相对较低，能够提供的就业机会少之又少。于是乎，就发生这样一种现象：它们都成为名符其实的“睡城”，早晨人潮汹涌赶到市中心上班，为挤上地铁不得不早起，或者“曲线上班”（先反向乘车到起点站，然后再坐车至市中心）；傍晚，再伴随下班的人流回家，或者为了错峰不得不加班到很晚，差不多是赶末班车回家。住建部副部长仇保兴在公开场合承认，像北京回龙观这类新城是失败的。

国内的卫星城为什么无法减轻市中心的压力，反而像摊煎饼一样越摊越大呢？当然跟城市规划相关，卫星城就业机会少、配套设施不健全是其致命伤，很多人白天去市中心上班，只是晚上回来睡觉。那是否容易改变这种状况呢？把那些政府机构、企业、学校、医院、商业等搬迁到卫星城不就好了？其实，这样的搬迁并不容易。即使搬迁成功，亦难保证大多数居民不去市中心工作。

真要深究这一切背后的原因，显然跟城市规划、政府决策等没有必然联系，而是中国传统文化的根深蒂固，难以改变。这个传统文化就是两千多年来形成的一元中心文化。从尧舜禹开始，我们这个民族非常强调领袖的作用。从夏朝到清朝，无论奴隶制还是封建制，统一是主流的，集权是延续传承的。历史上，都城是地理中心，皇帝是行政中心，“普天之下，莫非王土；率土之滨，莫非王臣。”

新中国，北京是首都，是“中国的政治、文化、科教和国际交往中心，中国经济、金融的决策和管理中心，也是中华人民共和国中央人民政府和全国人民代表大会的办公所在地。”自然，离这个中心越近，优越感越强，机会也越多。

诗人柯岩写过一首著名的诗《周总理，你在哪里》，其中有这样几句："我们回到祖国的心脏，我们在天安门前深情地呼唤。"北京是中国的心脏，天安门是北京的心脏，这是亿万中国人的一个共识。

当卫星城的多元分散思维碰上中国传统的一元中心文化，也难怪"淮南为橘，淮北为枳"。

后记　你也能成寿星

从年初的构思、提笔到现在接近尾声，写写停停中一年光阴转瞬即逝。对生活在京城及周边省份的人们来说，雾霾天气早已司空见惯，冬春尤甚。

只不过，心态趋于平和。无论久违的 APEC 蓝、阅兵蓝，还是浓雾重重，生活毕竟还要继续。甚至有人从另一个角度去思考：雾霾面前人人平等，不管你是平头百姓，还是亿万富翁，抑或高层领导，都得“同呼吸”。

还有人“苦中作乐”，编出各种幽默的段子。如北京去哪儿啦？如央视大楼，没人的时候耍流氓，把裤衩一脱到底。再如，一司机打电话到交通广播，雾太大了，车过路口才发现是红灯，该怎么办？主持人告诉他，别着急，摄像头根本就照不清车牌号。

生活还要继续，健康谁都不能不考虑。雾霾时代该如何养生？相信读完本书，每位读者都已找到属于自己的答案。

也许有人还是会问，你能否对这一主题作个简单的概括和总结？你又有什么样的人生感悟呢？

《智取威虎山》本来是一出革命样板戏，可到了香港导演徐克的手里，却变成 3D 的 007 谍战大片，一本正经的杨子荣满嘴黑话，还唱着二人转。影片的结尾，在年夜饭的家宴上，韩庚又想象出一个飞机大战的结局：座山雕欲驾机逃跑，杨子荣紧追不舍，最后座山雕坠下山崖。

明朝两百多年的历史，凄风苦雨、打打杀杀，到了作家当年明月（石悦）的笔下，变得好玩、逗比。《明朝那些事儿》厚厚7本书的篇幅讲述了王侯将相、兴衰起落、风云变幻，但在书的结尾，作者却讲了一个发烧级“驴友”明朝地理学家徐霞客的故事，一生致力于祖国的旅游事业，而不是考大学文凭和公务员。“成功只有一个——按照自己的方式，去度过人生。”这就是他的人生信条和价值所在。

好了，我们也不妨换个角度，重新梳理一下思路，为本书画上个不一样的句号。

“老神仙”李清云

300年前，有一个叫陈远昌的人，他精通中医。他不是什么名人，早年经历也没有什么史料可查。有人说他是上海人，也有人说他是云南人。他后来改名为李清云，至于为什么改名，连姓氏都改了，其中缘由没有人说得清。

故事从1820年，也就是清朝嘉庆二十五年开始。这一年，李清云只身一人来到四川开县的陈家场。李清云身材魁伟，体态肥胖，秃头无发，皮肤光滑无皱纹，肌肉结实，当时看上去大概50多岁。但他自称已150多岁，在100年前来过开县，能讲出陈家场附近百年前的人名和情况。

李清云会武功，以卖草药为生，此后一直在开县定居，并娶妻向氏。他生活习惯异于常人，不饮酒、不喝茶、不抽烟，吃饭定时定量，早睡早起；闲时闭目静坐，两手置于膝上，昂首挺胸，几个小时一动也不动；左手蓄长指甲，常用小竹管套在手指上保护指甲，长至六寸左右即剪下置于木匣内保存，他死时有指甲壳一小匣；平时寡言少语，从不谈及无关的话。别人问及年龄，仅答200多岁。究竟生于何朝、何年、何地？均无人知晓。

李清云擅长眼科和骨科，1820年雇用14岁的少年向此阳为其挑药担，常年游乡治病，对富有人家收取高额药费供养全家生活。

1927年，李清云应四川军阀杨森的邀请去万县传授养生之道。杨森对他敬若上宾，为他特制全身新衣，请照相馆照相放大陈列在橱窗里，标明“开县二百五十岁老人李清云肖相，民国十六年春三月摄于万州”。一时之间省内各报竞相作为奇闻报道，轰动全川。

1933年，李清云病逝，葬于开县长沙镇义学村李家湾。

据1933年刊登在《时代》杂志和《纽约时报》的讣闻，李清云享年256岁，他娶了23位妻子，养育了180位子女。即便有这样的媒体报道，亦无法证明李清云确实活了256岁，因为他卒于1933年有据可考，出生时间却无从查证，只不过是口头说法。

但根据现已掌握的资料，有一点是确定的，那就是李清云的年龄至少有150岁。李清云雇用的挑担少年向此阳，是现居四川开县长沙镇李家湾的黎广松的外公，生于1806年，活了93岁，死于1899年。向此阳14岁时开始给李清云挑药担子，据当时人的描述，李清云看上去50多岁。我们不排除有的人面相老，未老先衰。但是40多岁的人看上去50多岁还有可能性，20、30岁的人看起来50多岁却绝无可能。即便李清云在1820年算40岁的话，那他的年龄也超过了150岁。

有确凿文件证明的、世界上最长寿的人是法国的詹妮·路易·卡门，生于1875年2月21日，死于1997年8月4日，享年122岁164天。显然，李清云的寿命远长于卡门。假设向此阳也活到1933年的话，他的寿命都长于卡门，就更不要说李清云了。

神而不秘的长寿秘笈

如果说人生是一场比赛的话，生命的长度和质量无疑是唯一的判断标准，而非财富、名誉、地位等等。当整天病病歪歪，甚至早夭的时候，一切都只是浮云！

我们再看一个历史故事。朱元璋是明朝的开国皇帝，他真正地统一天下是从打败元末农民起义领袖陈友谅开始的。这个故事的主人公叫张定边，他是陈友谅手下的一员猛将。在陈友谅战败后，又经历了一些大大小小的战争，张定边带着陈友谅的儿子陈理投降了朱元璋。但他拒绝朝廷的任用，出家当了和尚。

《明朝那些事儿》一书中这样写道："具有讽刺意味的是，他似乎要和朱元璋斗气，一口气活到永乐十五年，年一百岁。朱元璋死后他还活了二十年，也算给陈友谅报了仇。诸位可以借鉴，遇到恨透一个人，想要拿刀去砍人的时候，用张定边的事迹勉励一下自己，不要生气，修身养性，活得比他长就是了。"

如此看来，100 岁的张定边绝对是我们的榜样，很多人在他的年龄面前只有甘拜下风。超过 150 岁的李清云更是万众敬仰的老神仙，大家也只有高山仰止的份儿。

当然，我知道每位读者此刻的心理，其实笔者跟您也是一样的。闻道有先后，养生无早晚，现在开始应当还不算晚吧！那李清云的长寿秘笈到底是什么？我们又该从他身上学到哪些保健方法和技巧呢？

从目前的公开资料看，李清云的养生之道大概有以下几方面：

一是生活有规律。他不饮酒、不喝茶、不抽烟，吃饭定时定量，早睡早起。李清云说："食不过饱，过饱则肠胃必伤；眠不过久，过久则精气耗散。余生二百多年，从未食过量之食，亦不作过久之酣眠。"他还告诫人们：寒暖不慎，步行过疾，酒色淫乐，皆伤身，损伤之极，即可亡身。所以，按着先人的养生术，行不疾行，目不久视，耳不极听，坐不至疲，卧不至极；要先寒而衣、先热而解，要先饥而食、先渴而饮，食欲数而少、不欲顿而多；要无喜怒哀乐之系其心，无富贵荣辱之动其念。又说，饥寒痛痒，父母不能代，衰老病死，妻子不能替。只有自爱自全之道，才是养生的准则和关键。

二是通过食疗和体育锻炼来养生。李清云是一个坚定的素食主义者，常年用枸杞煮水代茶饮。先说一下素食。至于素食和长寿之间有没有必然联系，肯定者和否定者都能拿出相应的调查数据，并且分析得头头是道。对此，我们不作过多的评论。但笔者认为，多吃素食有益于身体健康，这一点是确定无疑的。首先，多吃素食跟《黄帝内经》倡导的“五谷为养，五果为助，五畜为益，五菜为充”一脉相承，所谓的荤素营养搭配，一定是以素食为主的；其次，素食可以降低胆固醇和饱和脂肪酸的摄入量，防止胆固醇进入血液，减少肥胖并高胆固醇血症和冠心病等的发生，也可以调节代谢功能，加强皮肤的营养。

有关枸杞能驻颜防老、延年益寿的功能，在我国古代医书上早有记载。《本草经疏》云：枸杞子，润而滋补，兼能退热，而专于补肾、润肺、生津、益气，为肝肾真阴不足、劳乏内热补益之要药。现代医学也证明：枸杞子含有胡萝卜素、硫胺素、核黄素等多种有益人体的营养成分，并具有抑制脂肪在纤维内蓄积、促进肝细胞的新生、降低血糖、降低胆固醇等作用。其“返老还童”的作用表现为：可刺激性腺及内分泌腺，增加荷尔蒙的分泌，强化脑细胞和神经细胞的生理功用，还可避免人随年龄增长而出现血中积存毒素的现象，从而维持体内各组织的正常功能。当然，枸杞也并非万金油式的食材，什么人都能食用。由于枸杞温热身体的效果相当强，患有高血压、性情太过急躁的人，或平日大量摄取肉类导致面泛红光的人最好不要食用。正在感冒发烧、身体有炎症、腹泻等急症患者在发病期间也不宜食用。另外，食用枸杞不够过量，健康的成年人每天吃 20 克左右的枸杞比较合适。

李清云酷爱体育运动，尤其喜欢游历名山大川，经常到各地采药谋生。他在《长生不老秘诀》一书中说过，长寿的关键在于健身，要想健身就离不开体育锻炼，而锻炼的方法也很重要。如果锻炼不得其法，那就很难取得好的效果。李清云认为，体育锻炼要遵循“刚柔相济，阴阳调和”的原则。他又进一步加以阐述说：“至（于）我所谓健身法者，合乎阴阳，调乎刚柔，不偏不激，而足以强身健魄之祛也。”

三是内心保持平静、开朗。李清云曾根据古代养生老人圃翁的养生理论，总结出了“慈、俭、和、静”四字真言。

所谓慈，即仁慈、慈爱。李清云常年游乡治病，以卖草药为生，他对富人们收取高额药费，以供全家生活。闲时，他常到高桥附近约人打牌，每次都要“输”掉 120 文左右，其目的在于让牌友赢够当天的饭钱。李清云认为：这种慈祥、仁爱的快乐心情，足以抵御各种灾害，可以使人健康长寿，颐养天年。

所谓俭，即节省或节制之意。李清云的“俭”是多方面的。他在他的“长生总诀”中说道：简事者，即凡事不宜求过之谓也。如食中珍馐，衣中绫罗，身中名位，财中金玉，此皆分外之玩好，足以乱我心神者，宜远避之。简事之旨，如是而已。他认为，俭于饮食则养脾胃；俭于嗜欲则聚其精神；俭于言语则养其气息，俭于交游则可择友寡过，俭于酒色则清心寡欲；俭于思虑则可免除烦恼和困扰，凡事省得一分，则受一分之益。其意可谓精到。

所谓和，即和悦之意。李清云认为：君臣和则国家昌兴，父子和则家宅安乐，兄弟和则手足提携，夫妻和则闺房静好，朋友和则互相维护。古人认为，要使体内精气永远充沛，就得保持平和无欲心。而李清云的“和”，与历代养生家的主张则有着相同之处。他自己为人厚道，从不发怒，故邻人多愿与他相处。

所谓静，就是清静、冷静、安泰之意。也就是说身不过劳，心不轻动。李清云认为，神伤甚于体伤，“神之不守，体之不康。”李清云闲时就将两手置于膝上，昂首挺胸，闭目静坐，几个小时一动也不动。他平时寡言少语，从不谈及无关的话。

归结一下，李清云之所以长寿，首先跟他的身份密不可分，他精通中医，对养生有自己的独到见解。也就是说，必须对养生有正确的认识，认同“法于阴阳，和于术数”、“食饮有节，起居有常”等理念，同时意识到健康的重要性。

光有一个正确的认识还不够，更重要的是必须做到两点：为养生坚持不懈地投入，这包括金钱、时间、人力、物力等；不断进行自我心理调节，保持一个良好的心态，“恬淡虚无，真气从之，精神内守，病安从来？”

什么投资只赚不赔？

提到养生方面的投入和投资，当然还有疾病治疗方面的花费，我们不妨从头说起。

投资是一个为大众熟知的名词，但要给它下个定义却并不容易。笔者见过解释得较为全面、通俗的说法是：所谓投资，是指用现在确定的东西（包括人力、财力、物力等）赢取未来不确定收益的过程。当然，这种不确定性有着较高的概率。如果事前明知成功概率较低，还执意投入的话，那就是风险投资，甚至是赌博。

健康投资，则是指投入现有的一些资源把身体健康的状态尽可能延长的过程。跟普通投资相比，健康投资的不同之处在于：

（1）普通投资投入的资源都可以货币化；对健康投资来说，资金投入只能占较小的一部分，投资者本人的亲自参与和高度认可更为重要。

（2）普通投资是以现在的确定性换取未来的不确定性；健康投资则是以现在的确定性换取未来的确定性，投资的目的是为了身体健康，这是一种确定性状态。

（3）从投资目的看，财富是有价的，健康是无价的。所以，健康投资是世界上性价比最高的投资，小投入，大回报。

（4）从成功概率看，健康投资成功的可能性远远大于普通投资的成功可能性。

与之相联系的，还有一个概念叫健康消费。它是指当疾病出现的时候，为了重新回到身体健康的状态而不得不作出的各种消费行为。两者最大的不同在于，健康投资着眼于长期，防患于未然；健康消费着眼于生病后的治疗，而之前对健康完全忽视，尽管医疗保险可以对冲掉部分费用，但生病期间生活质量的下降无法避免，并且当疾病严重的时候，金钱将不是万能的。面对有限的医疗技术和手段，医生无能为力，病人悔之晚矣。

但是，现实并不乐观，很多人依然只有健康消费，而无健康投资。国家卫生与计划生育委员会宣传司司长、新闻发言人毛群安曾指出："一个人一生中在健康方面的投入，60% 至 80% 花在临死前一个月的治疗上！"

《黄帝内经》的《素问·四气调神大论》就有这样的话："圣人不治已病治未病，不治已乱治未乱，此之谓也。夫病已成而后药之，乱已成而后治之，譬犹渴而穿井，斗而铸锥，不亦晚乎。"

翻译成现代文就是：圣人不治已经发生的病而治尚未发生的病，不治已经出现的混乱局面，而是未出现之前就早有打算。当你生病了才去求药方，混乱已经出现才去想治理的方法，就好比是口渴的时候去打井挖水，临上战场才去铸造兵器，这不是太晚了吗？

可以说，治未病与健康投资是紧密联结在一起的。

种下希望　就会收获

“春天又来到了，花开满山坡，种下希望就会收获。”这是2014年神曲《小苹果》中的一句歌词，它描画的是自然界的规律：今天的行为决定明天的结果。笔者此时想到理财业流行的一句话，“冬天是由夏天决定的。”该怎样很好地解决养老问题，退休后生活质量的高低，确确实实是由盛年工作期间的财务安排决定的，而不能全部指望“养儿防老”。

对养生来说，也是如此。生命的长度和年老时的身体状况，绝对是由年轻时的健康投资决定的。

李清云就认为，人的寿命有长有短，是由元气所主宰的。他形象地把爱护与不爱护元气比作蜡烛存放的位置：若是把点燃的蜡烛放于罩笼内，燃烧的时间相对就比较长；若是把蜡烛置于风雨中，燃烧的时间就短得多了，甚至立即熄灭。

他非常欣赏老子的话：“毋劳汝形，毋摇汝精，毋使汝思虑萦萦（缠绕）。寡思路以养神，寡嗜欲以养精，寡言语以养气。”翻译成现代文就是：不要使你的身体过度劳累，不要使你的精神轻易动摇，不要使你自己思虑过度。少想让人疲惫的事情来养自己的心神，少放纵欲望来养精力，少说多余的话避免伤气。

显然，以上观点跟《黄帝内经》倡导的理念一脉相承，大家一定记得前面章节提到的“是以志闲而少欲，心安而不惧，形劳而不倦，气从以顺，各从其欲，皆得所愿”。

而按照上述要求去做，爱护元气，保养生命，确实并不容易（第九章分析过原因），且需要坚持不懈地投入。投入的不光是金钱，还包含时间、意志力、配合度等诸多因素。

比如食疗，即使食材的成本忽略不计，你也必须考虑坚持吃几样食材，时间一长其接受度会下降，会觉得腻味，考验人的意志力。

比如体育锻炼，你可能需要支付场地费和教练费，即使不需要这些费用，你总得花费时间。人的天性总是懒惰的，你能分配出多少时间来用于锻炼？哪怕你坚持运动多年，偶然一次特殊原因（如出差、身体不舒服等）缺席并由此揭开不想锻炼的序幕，还是有可能让人前功尽弃。

比如按摩、熏蒸、艾灸、刮痧、拔罐等中医调理，自己能独立操作的并不多，毕竟很多穴位自己够不着，有的则需专业的工具和技术；而请专业的调理师来操作，显然是需要一定费用的。

诚然，跟身体健康相比，所有的资金支出都显得微不足道。比如脾虚造成的便溏，频繁排便不仅影响了正常的工作生活，而且会导致气虚，影响心肺功能，使身体状况更加恶化。比如性功能障碍，不仅影响了个人的健康，而且对家庭的和谐、幸福极具破坏性。相应的中医调理能改善这些症状，又岂是货币所能衡量的。

再如针灸，必须找经验丰富的中医来操作。这是一门技巧性非常强的治疗方法，针刺穴位的准确性、角度、深度都非常有讲究，毕竟谁都不想成为别人练习针灸的试验品。在针灸上，金钱、时间、承受度等统统都得投入。

还是那句话，所有的健康投资都是性价比极高的，跟健康、长寿比，所有投资都微不足道。

仁者恒寿

李清云之所以高寿，不光是养身，更重要的是养心。保持内心的平静、开朗、乐观，是健康、长寿的关键。

我们不妨从留世的资料中，再来学习一下李清云提出的“养心十诀”。具体如下：

（1）打坐

打坐是以坐的形式进行练功，在打坐中动用调心、调息和调身的方法，达到练精化气，练气化神，练神还虚，延年益寿。

（2）降心

降心就是降低对一切事物的要求，对物质没有过分的要求。宽以待人，遇事不钻牛角尖，遇到矛盾则自动调节情绪，严于己宽待人，达到心理平衡。

（3）炼性

在静中不断检讨自己的不足，检讨自己的行为，磨炼自己的性格，净化自己的灵魂。有的人遇事只想自己，不为别人设想，火冒百丈，一触三跳，造成不该发生的事故。

（4）超界

古有三界之说，即天界、地界、人界，也有超界之说："超出三界外，不在五行中。"老子《道德经》中指出："人法地，地法天，天法道，道法自然。"道法自然，是顺乎事物、顺其自然的最高境界。

（5）敬信

敬信就是敬师信道，尊师重教。修炼者，欲得真传，师者必须察其德行，审其根基。因此，敬师信道、尊师重教，是修炼养心的第一要义。

（6）断缘

断缘，意即欲缘不接近，且坚决地断绝一切俗缘，集中精力，潜心参悟。

（7）收心

"神虑淡则气血和"是降心的要求。收心则是进一步的要求，在任何曲折和坎坷的人生旅途中，唯其心不动，才能做到富贵不能淫，贫贱不能移，威武不能屈。

（8）简事

只求与人为善，把一切事情简化，人的思想也净化了。人生最忌“贪”，一贪妄念就多了，繁琐的事就多不胜多了。

（9）真观

《道德经》中讲“常无欲以观其妙……玄之又玄，众妙之门”。真观，不能形之于笔墨，不能道之于口头，只有修炼到一定程度，悟之又悟，玄之又玄，缘分一到，“道”常无为，而无不为。

（10）泰定

泰定，可作完全无杂念解。人修炼到完全无杂念是比较难的，但能炼到基本无杂念，有杂念产生就能加以控制的境界是可以做到的。古语有云：“道盛德充，人安国理，何忧无尧舜之寿耶？”

显然，除打坐是一种身心调理的动作外，其他都是养心的方法，通过自我心理调节使内心保持平静、开朗、乐观。

俗话说，殊途同归。李清云的养心秘诀，跟《黄帝内经》里讲的“恬淡虚无”原本就是一回事，只不过表述各异罢了。

笑一笑，十年少；愁一愁，白了头。你若能笑对人生，自然健康长寿；你若整日愁眉苦脸，凡事斤斤计较，不但影响别人的情绪，更重要的是影响自己的身体健康。

上世纪 90 年代，有位诗人广受追捧，他的诗集曾经洛阳纸贵，一册难求。他的名字叫汪国真。他的诗通俗易懂，又饱含哲理，也是心理调节的一剂良药。我们不妨重温一下这首短诗：

假如你不够快乐，

也不要把眉头深锁。

人生本来短暂，

为什么还要栽培苦涩？

打开尘封的门窗，
让阳光雨露洒遍每个角落。
走向生命的原野，
让风儿熨平前额。
博大可以稀释忧愁，
深色能够覆盖浅色。

最后的几句话

是的，该结束了。

回到我们的主题上来。雾霾时代该如何养生，其实不外乎这样几句话：雾霾严重的时候，尽量少出门，选择适当的工具或方法来防霾。面对这个隐形杀手，我们不能硬碰硬，不能暴露其中。大家一定记住，“虚邪贼风，避之有时”。

雾霾时代，我们更要树立养生意识，养成科学的生活习惯。对于身体健康，一定财力、物力、时间的投入，都是必须的。以其等重疾缠身时后悔不已，钱还在，人没了，不如在最辉煌的年龄，早作打算，分些资源、时间、空间出来，多关爱自己。

要健康长寿，保持一个好的心态非常重要。不涉及原则性问题，就不要较真；多想想别人的好，多想想自己的不足；凡事简单些，心就不会那么累；虚怀若谷，才能学会包容。要享受生命的过程，而非牢骚满腹，抱怨重重。

作家刘恒的小说《贫嘴张大民的幸福生活》，描写了北京普通市民家庭的生活，痛并快乐着，让人感触良深。这本书后来被改编成电影《没事偷着乐》，广受好评。笔者非常欣赏电影结尾处的一段对话，特抄录如下：

“儿子，你今天玩得高兴吗？”

“高兴，我特别幸福。”

“云芳，咱儿子都知道幸福啦。”

“爸，玩完这回还有别的幸福吗？”

“只要你好好活着，就能碰到好多好多的幸福。我的儿子啊，你就没事偷着乐吧！”

这不就是人生的真谛吗？！

2015年1月2日